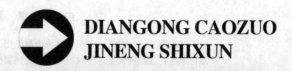

DIANGONG CAOZUO
JINENG SHIXUN

电工操作
技能实训

主　编　刘希村　谭　政

副主编　郑　丽　周栾爱

参　编　玄春朋　李日广

编　审　谭　政

U0300122

中国电力出版社
CHINA ELECTRIC POWER PRESS

内 容 提 要

本书以模块化的方式，在每个模块中都给出了本模块的知识目标、能力目标以及器材准备，读者可根据这些内容对本模块将要介绍的内容有初步了解，同时在模块中安排了不同的学习任务和实训技能环节，具有技术性、实用性和可操作性强的特点。

本书内容包括常用电工工具与电工材料、室内电气线路安装、电缆敷设与接头、常用电工仪表、接地与接零、常用低压电器、三相异步电动机控制线路及故障分析、三相异步电动机拆装与检修、变压器安装与检修、电子组装与调试等。

本书可作为高职高专电气自动化、机电一体化、机械、船舶等专业的实训教材，也可供中高级职业技能培训和从事电工电子技术的有关人员学习使用。

图书在版编目（CIP）数据

电工操作技能实训/刘希村，谭政主编. —北京：中国电力出版社，2015.2（2023.8重印）

ISBN 978-7-5123-6972-6

Ⅰ.①电… Ⅱ.①刘…②谭… Ⅲ.①电工技术 Ⅳ.①TM

中国版本图书馆 CIP 数据核字（2014）第 308660 号

中国电力出版社出版、发行

（北京市东城区北京站西街 19 号 100005 http://www.cepp.sgcc.com.cn）

三河市百盛印装有限公司印刷

各地新华书店经售

＊

2015 年 2 月第一版 2023 年 8 月北京第八次印刷

787 毫米×1092 毫米 16 开本 17 印张 415 千字 1 插页

印数 11501—12500 册 定价 **39.80** 元

前　言

多年来，苦苦寻求学生迅速成才之路，不知是老师努力不够，还是学生缺乏动力、兴趣，效果总不太令人满意。向传统的教学理念挑战，向传统的教学方法挑战，我们试着从这本书开始。

本书以模块形式编写，各模块既相互独立，又相互联系，相关专业根据需要可灵活选择，优化组合。

本书根据专业培养目标和职业技能标准，遵循"听""看""写""思""动"的教学规律，使知识与能力、训练与考核相结合，精讲精练，重点放在工艺技能训练上，注重培养学生独立操作和分析解决问题的能力。教学可采用模块教学法（即讲解与演示——操作与指导——考核与总结），也可采用项目教学法（即每个模块分成一个或几个教学项目，根据项目要求先让学生看书自学，设计完成教学项目的方案，在老师的指导下实施项目操作，根据操作情况进行总结考核），还可根据各院校实际情况，实行现场教学，把宿舍、教室、实验室、实训车间、校园供电系统等的电气设备作为学习培训的目标，让学生从身边的电气知识学起。教学方法千变万化，靠的是老师的组织和创造性的发挥。

本书既可作为高职高专电气、机电、机械、船舶等专业电气安装与检修，理实一体化教材，也可供中高级职业技能培训和从事电工电子技术的有关人员学习使用。

本书由谭政、刘希村统稿。由于编者水平有限，书中错误在所难免，敬请读者批评指正。

编　者

2015 年 2 月

目 录

绪　　论

当今，社会的进步、科技的发展日新月异。随着信息技术、电子技术、自动控制技术的发展，各行各业机械化、自动化水平越来越高，对这些设备的安装与调试，使用与维护，需要一大批既懂"机"又懂"电"，"强""弱"电结合的中、高级应用型技术人才。本书正是为满足这一需要而编写的。

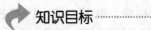

知识目标

了解本课程的内容及要求；了解职业等级证书及上岗证书的情况；懂得电工实训操作的要求；掌握电气安全操作常识。

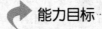

能力目标

掌握灭火器的使用方法；掌握触电急救的操作要领。

器材准备

干粉灭火器、泡沫灭火器、人体救助模型。

一、课程的内容及能力要求

1. 内容

（1）电工工具正确使用与保养，电工材料的规格型号及选用。

（2）室内配线，灯具及配电箱（柜）安装。

（3）电缆敷设及接头制作工艺。

（4）电工仪表的正确使用。

（5）电气接地与接零技术。

（6）低压电器的安装与维修。

（7）电动机基本控制线路的识读、安装接线、故障分析与排查。

（8）电动机拆装与检修。

（9）变压器安装与检修。

（10）电子线路及焊接工艺。

2. 能力要求

（1）能够熟练使用电工工具、电工仪器仪表，正确选择电工材料。

（2）能够分析并看懂电工电子线路图。

（3）能够对设备进行安装调试和运行检修。

（4）能够对电动机、变压器进行安装检修。

（5）能够对机械电气故障进行分析并加以排除。

（6）能够正确处理电气设备安全事故并进行触电急救。

总之，职业技术院校的毕业生要达到国家规定的中、高级职业技术能力水平，电工还要取得上岗资格证书。

二、职业技能等级证书和电工作业资格证书

职业技术等级证书分为初级、中级、高级、技师和高级技师 5 个级别，由国家劳动和社会保障部组织颁发。各省市或行业实施职业技能培训考核，并由经过政府批准的考核、鉴定机构负责实施职业技能的鉴定，考核合格者可获得职业技能证书。

职业技术院校中、高级维修电工理论考试内容包括电工电子、电气控制、电力拖动、电动机变压器结构原理、安装检修、电工工艺、PLC 技术、变频器自动控制等知识，考试时间为 90 分钟。实际操作考试主要包括电气配线、电气测量、电机拆装与检修、机床线路故障排除、电子线路安装制作等，考试时间约 4 个小时，两门各得 60 分以上为合格，80 分以上为良好。

电工作业资格证书是根据原国家经贸委发布的《特种作业人员安全技术考核管理办法》，在全国推广使用的具有防伪功能的 IC 卡《中华人民共和国特种作业操作证》，是广大电气从业人员必须取得的"上岗证书"，由省市技术监督部门组织考核发证。主要考试内容包括：电工安全操作知识和电气应知应会知识。电工作业资格证书每两年复审考核一次，通过考核培养广大电气从业人员安全意识、防范意识，提高其操作水平，保证安全生产，更好地为企业和社会服务。

三、电气操作实训的基本要求

电工工艺主要包括电工安装工艺和电工检修工艺，是操作技术的规范和标准。目前，一些电气设备生产企业为了提高自身产品的市场竞争力，不断研发和提高产品质量，把生产的设备称作"电气工艺品"，这样对电工工艺的要求标准越来越高，同样对电气作业人员技术水平的要求也越来越严格。为此，职业技术院校电气、机电等专业开设电工工艺及实训课程是十分必要的。电气实训主要在校内实训中心、专业教室或实验室，校内校外实习基地、实习工厂及在电气安装现场进行。为了保证实训的安全正常进行，完成实训目标，在实训过程中应注意以下几点。

（1）认真听。实训教学一般是先讲后练，老师讲解的主要是实训的关键和要点，还有实际工作经验及注意事项，只有听明白了，做起来才能得心应手。

（2）仔细看。一看老师操作示范，老师示范一般要演示几次，一次没看清也不要着急，必要时可以请老师单独示范。二看老师板书，板书内容大多是老师的操作要领，或书本知识的概括总结，不仅要看明白，还要记在笔记本上。

（3）做好笔记。俗话说，"好记性不如烂笔头"，记好笔记便于复习记忆，是巩固提高的重要方法。

（4）反复思考。孔子说："学而不思则罔。""听""看""写"后还要经过大脑的反复思考，将相关内容的逻辑关系搞明白，以避免误解和蒙蔽。

（5）勇于动手。动手操作是进一步巩固理论知识，掌握技术技能的重要途径，只有勇于动手，乐于动手，才能把书本的、他人的知识变成自己的，使自己的能力得到提高。

（6）操作有序。实训时每位学员首先要把自己的工具、器材摆放整齐，其次把拆卸

的工件有序摆放，这样做有利于培养严谨的工作作风和良好的操作习惯。

（7）严肃守纪。动手操作特别是与"电"打交道是一件严肃的事情，不得马虎，要严格按照电气操作的工艺要求仔细作业，反复实践。实训现场不得随意离岗、串岗、喧哗、嬉戏。

（8）珍爱器材。电工实训的设备器材比较贵重，珍爱设备器材，爱护仪表工具，节约电线电料，这是我们中华民族的美德，也是学员应具备的素质。

（9）注重安全。安全是两方面的，一是人身安全，二是设备安全，只有注重安全，树立安全意识才能防患于未然，保证实训顺利进行。

（10）工完场净。操作完毕，细心收拾清点工具材料，不要乱堆乱放，搞好设备及环境的清洁卫生，以保证设备的完好率、利用率。

四、电气安全常识

电有"电老虎"之称，对从事电气操作的人员来说，除了有一定技能，还应懂得电气作业的人身安全常识、电气消防常识、触电急救常识。

（一）人身安全常识

（1）电气从业人员要精神正常、身体健康。凡患有高血压、心脏病、神经系统疾病、听力障碍、色盲等都不能从事电工工作。

（2）电气安装时，严格遵守安全操作规程和有关规定，不可抱有侥幸心理，要穿工作服、工作鞋，使用单梯不可太陡或太坡，人字梯中间要有拉绳。

（3）电气维修时注意拉闸停电，验电后先用手背触及电气部分，确保"万无一失"。

（4）注意操作场所周围环境状况，临近带电体工作时要保证有可靠的安全距离。

（5）切实做好防止突然送电的各项安全措施，如短路接地、锁上刀闸、悬挂警告牌等。

（6）高空作业时要系牢安全绳，材料工具要放好，以防坠落，并严禁抛掷。恶劣天气（风力6级以上）不得高空作业。

（二）电气消防常识

资料统计表明，30%的火灾是由电气隐患引起的。电在生产、传输、变换、分配和使用过程中，由于线路短路、触点发热、电刷打火、过载运行、绝缘老化、使用不当等原因，都有可能引起火灾。电气从业人员要掌握必要的消防知识，以便在发生火灾时能正确地使用灭火器材，指导和组织人员迅速灭火。

（1）在扑灭电气火灾的过程中，应注意防止触电，注意防止充油设备爆炸。

（2）如果火灾现场尚未停电，应迅速切断电源，如拉闸、断线等。断线时应错开不同相线的位置，分别断切。

（3）不能用泡沫灭火器带电灭火，带电灭火应采用干粉、二氧化碳、1211等灭火器材。

（4）人及所持灭火器材与带电体之间保持安全距离。如10kV不得小于0.4m，用水枪带电灭火时，宜采用喷雾水枪，喷嘴要接地。

（5）对架空线路等空中设备灭火时，人与带电体之间的仰角不应超过45°，以防止落物危及人身安全。

（6）充油设备外部灭火时，可用干粉灭火器灭火，内部着火时，除应及时切断电源

3

外，应将油放进储油槽，用喷雾水枪、泡沫灭火器灭火，电缆沟的油可用泡沫灭火。

总之，对电气火灾要贯彻"预防为主"的原则，防患于未然。一旦火灾发生不要惊慌失措，要迅速报警，使用合理的灭火器材，奋力扑救。

（三）触电急救常识

人体发生触电后极易出现心跳和呼吸骤停现象。心肺复苏（Cardio Pulmonary Resuscitation，CPR），是针对骤停的心跳和呼吸采取的救命技术。心脏骤停后，全身重要器官将发生缺血缺氧，特别是脑血流的突然中断，在 10s 左右患者即可出现意识丧失，4～6min 脑循环持续缺氧开始引起脑组织的损伤，而超过 10min 将发生不可逆的脑损害。CPR 成功率与开始抢救的时间密切相关。从理论上来说，心源性猝死者每分钟大约有 10% 的正相关性：心搏骤停 1min 内实施 CPR，成功率大于 90%；心搏骤停 4min 内实施 CPR，成功率约 60%；心搏骤停 6min 内实施 CPR，成功率约 40%；心搏骤停 8min 实施 CPR，成功率约 20%，且侥幸存活者可能已脑死亡；心搏骤停 10min 实施 CPR，成功率几乎为 0。CPR 白金时间为 1min 内，黄金时间为 4min 内，白银时间为 4～8min，8～10min 后为白布单时间。因此，时间就是生命。

当发现有人触电时，施救大约分为 4 个步骤：使触电者迅速脱离电源；迅速判断患者受伤害程度；拨打急救电话；现场施救。其中，使触电者迅速脱离电源，是急救的关键环节。切断电源要根据具体情况采取不同的方法：当急救者离开关较近，应迅速拉下开关；当距离较远时，可用干燥的木棒、竹竿将电线挑开，也可用绝缘手钳断切导线；当触电者在高空发生触电时，要考虑正确降落的方法，避免摔伤。当触电者脱离电源后，应立即将其置于通风干燥的地方平躺，松开衣裤，在 10 秒内检查其瞳孔、呼吸、心跳与知觉，初步了解其伤害情况。

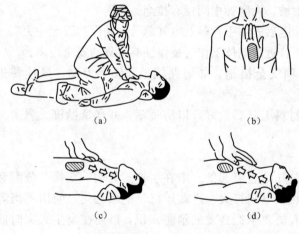

图 0-1　胸外按压法
（a）急救者跪跨位置；（b）手掌压胸位置；
（c）挤压方法示意；（d）放松方法示意

对轻微伤害者，应给予关心、安慰和适当休息；对失去知觉、心跳呼吸微弱或完全停止者，应立即开展现场施救。施救者不要紧张、害羞，方法要正确，力度要适中，争分夺秒耐心救治。心肺复苏有 3 个关键步骤（CAB）：C——胸外按压（见图 0-1）；A——开放气道；B——人工呼吸。

1. 胸外按压法操作要领

（1）按压部位，用中食二指沿肋骨向中移滑，在两侧肋骨交点处寻找胸骨下切迹（心口窝上），切迹上方两指处（两乳头正中间）为按压点。

（2）施救者跪骑在触电者身上，两手重叠，手指交叉，用掌根垂直平稳按压，深度大于 5cm，频率大于 100 次/min。

（3）放松时手不要离开按压点，以免错位，要充分松弛，使血液回流畅通。

2. 开放气道操作要领

仰头提颏法：用一只手的掌外侧按住患者的前额，另一只手提起患者的下巴颏，保持其呼吸道畅通。如果患者口腔内有异物，应采用头偏向一侧体位，用食指将异物取出。

3. 口对口（或鼻）人工呼吸操作要领

（1）施救者跪趴在患者头部一侧，用按在前额一手的拇指与食指捏住伤员鼻子（以防漏气），另一手扳住下巴使伤员的口张开。

（2）深吸一口气，用自己的嘴唇包住伤员张开的嘴吹气（约60ml）先吹两口，观察胸廓是否隆起。如果未见明显胸廓隆起，应重新开放气道后再做人工呼吸。

（3）每次吹气持续 1～1.5s，一次吹气完毕立即与伤员脱离并松开鼻子，使鼻孔通气（约2s），并观察伤员胸部向下恢复时，有气流从口腔排出，如此反复进行每分钟约 12 次，如图 0-2 所示。

（4）如果伤员牙关紧闭，下颌骨骨折及嘴唇外伤，难以采用口对口吹气时，用口对鼻吹气，方法同上。

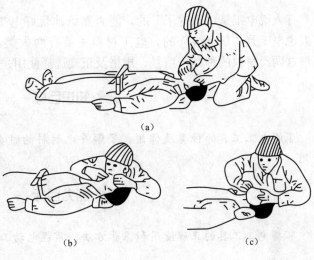

图 0-2 人工呼吸法

(a) 触电者平卧姿势；(b) 急救者吹气方法；(c) 触电者呼气状态

4. 注意心脏按压必须同时配合人工呼吸

如果单人抢救时每按压 15 次吹气 2 次；若双人抢救时，每挤压 5 次吹气 1 次，一人吹气，一人挤压，吹气应在胸外按压的松弛时间内完成，如此反复交错进行。每 5 个循环后重新评估。

5. CPR 终止条件

（1）患者已经恢复自主呼吸和心跳。

（2）有专业医务人员接替抢救。

（3）医务人员确定患者已经死亡。

✐ 实训内容及要求

1. 参观认识灭火器材，进行灭火演习。

要求根据不同电气设备的火情，正确采取不同的灭火器材，进行灭火。

2. 在实验室对模拟人进行心肺复苏练习。

要求比较熟练地掌握心肺复苏方法的操作要领。

模块一
常用电工工具与电工材料

有人说电工是"玩钳子"的，能否熟练地玩好电工工具反映出技术水平的高低。也有人说电工是"玩电线"的，电工材料主要有两大类，一是导电材料，二是绝缘材料。了解这两类材料的种类、型号、规格及正确选择使用是电工的基本能力。

知识目标

了解电工工具的种类及作用；了解导电材料的种类及选择；了解绝缘材料的种类及使用。

能力目标

掌握电工工具的正确使用和保养方法；掌握电动工具的正确使用和保养方法。

器材准备

常用电工工具、电工材料。

分块一　常用电工工具

古人云："工欲善其事，必先利其器"，讲的是工具的重要性。电工操作离不开工具，工具质量不好或使用方法不当，会直接影响操作质量和工作效率，甚至会造成生产事故。正确地使用和保养好工具对提高工作效率和安全生产具有重要意义。学习电工工具，应熟悉掌握工具的名称、用途、结构、型号规格、握法及注意事项等。

一、常用工具

（一）验电器

验电器又称电压指示器，是用来检查导线和电器设备是否有电的工具，分为高压验电器和低压验电器两种。

1. 低压验电器

低压验电器又称电笔，有螺丝刀式 [见图 1-1（a）] 和钢笔式 [见图 1-1（b）]，它们由氖管、电阻、弹簧和笔身等组成。

使用方法及注意事项如下。

（1）测量前检查电笔结构是否完整，是否有损伤。

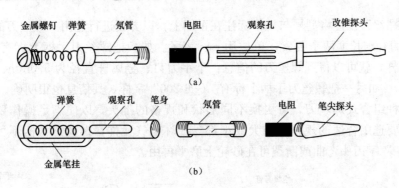

图 1-1　低压验电器

(a) 螺丝刀式；(b) 钢笔式

（2）测量前识读电笔手柄上标注的测量范围，确保未超范围测量。

（3）初次使用或不能确定好用的电笔测量前应在确认有电的地方试测。

（4）测量时手指触及尾部金属部分（笔挂或螺母）形成感应的通电回路，不要挡住氖管以便观察结果。

（5）使用时注意避光，以防误判。

（6）被测带电体相间、相地之间距离较小时要注意避免因测量造成短路与接地。

不同电笔的检测电压范围也有区别，低压电笔的测量范围一般在 100～1000V。氖光管两极发光是交流电，一极发光是直流电，发光极为负极。握法如图 1-2 所示。

2. 高压验电器

高压验电器用于测量 1000V 以上电压的器具，结构如图 1-3 所示。

使用高压验电器时，必须戴绝缘手套，手握部分不得超过保护环，人体与带电体要保持一定

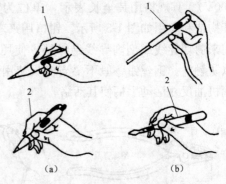

图 1-2　低压验电器握法

（1 为正确握法，2 为错误握法）

的安全距离（当带电体电压为 10kV 时，安全距离应在 0.7m 以上）。在木质电杆或扶梯上测试时，要装接地线。新式的验电器具有发光、发声和转轮三种显示功能，以防误判。

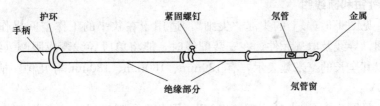

图 1-3　高压验电器

（二）螺丝刀

螺丝刀（见图 1-4）又称改锥或起子，是用来紧固或拆卸螺钉的工具，一般分为"一"字形和"十"字形两种。

电工用的螺丝刀必须有绝缘手柄，按材质不同常见的有橡胶、塑料、木头等。其他工种可选用通心螺丝刀。

规范的螺丝刀往往将型号与规格标注在手柄上，以方便进行选用。螺丝刀的规格主要包含金属杆直径与长度两个要素，单位用 mm 表示。如一把螺丝刀手柄上标有"⊕5.0 * 100mm"字样，就可以得到螺丝刀的信息：十字刀口、金属杆直径为 5.0mm、金属杆长度为 100mm。如另一把螺丝刀手柄上标有"⊖6-200"字样，其信息也很明确。

还有一种组合式螺丝刀，可更换不同形状和规格的批头，以便满足操作要求。使用螺丝刀时，要选用合适的规格，或大或小都易损坏电气元件，螺丝刀木柄不可锤击，以防裂损。"一"字刀头弯曲或断裂可在砂轮上磨平再用。

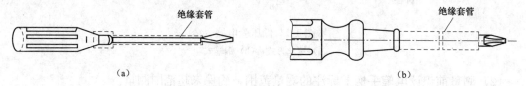

图 1-4　螺丝刀
（a）一字螺丝刀；（b）组合式螺丝刀

（三）钢丝钳

钢丝钳是一种夹持或紧固金属件，切断金属丝的工具。柄部套有绝缘套管（耐压 500V）。其规格用其全长表示，单位为 mm，常用的有 150mm、175mm、200mm 三种。其构造和应用如图 1-5 所示。钳口用来弯绞或钳夹导线；齿口用来紧固或松动螺母；刀口用来剪切导线或剖削导线绝缘层。使用钢丝钳之前，须查看其柄部绝缘套管是否完好，以防触电。钢丝钳一般不要当榔头使用，以免钳轴弯曲使用不灵活，若钳子生锈可点几滴机油反复活动手柄使其活络。

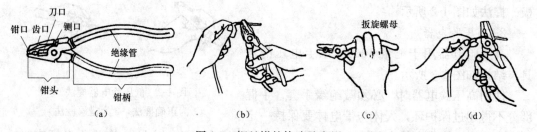

图 1-5　钢丝钳的构造及应用
（a）构造；（b）弯绞导线；（c）紧固螺母；（d）剪切导线

（四）尖嘴钳和断线钳

尖嘴钳［见图 1-6（a）］的头部"尖细"，适用于在狭小的工作空间操作，夹持较小的螺钉、垫圈，导线及电气元件。在安装配线时，能将单股导线弯成眼圈（线鼻子）。尖嘴钳的规格以其全长的毫米数表示，有 130mm、160mm、180mm 等几种。柄部套有绝缘管，耐压 500V。

断线钳［见图 1-6（b）］的头部"扁斜"，因此又称斜口钳，是专供剪断线材及导线、电缆等用的。它的柄部有铁柄、管柄、绝缘柄，绝缘柄耐压为 500～1000V。

（五）剥线钳

剥线钳（见图 1-7）是用来剥落小直径导线绝缘层的专用工具。它的钳口分为切口和压线口两部分，切口又分大小不同的口径，用以剥落不同线径的导线绝缘层。其柄部是绝缘的，耐压为 500V。剥线时，右手持钳，左手持线，使钳口冲左（或上），切口冲上

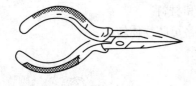
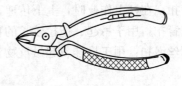

（a）　　　　　　　　　　　　　　　　　（b）

图 1-6　尖嘴钳和断线钳

（a）尖嘴钳；（b）断线钳

（或右），掌握最舒服正确的握法，不要握反。

（六）电工刀

电工刀（见图 1-8）是用来剖切导线、电缆的绝缘层，削制木器的专用工具。使用前应先开刃（磨刀），用粗细两面的磨石，先粗磨后细磨，刀口正反两面磨，将刀刃磨成一条均匀的黑线。电工刀磨好后不可随意对人比划，以免伤人。使用时，电工刀的刀口应朝外剖削，以免伤手。剖削导线绝缘层时，刀面与导线成 30°角倾斜切入，以免割伤导线芯。

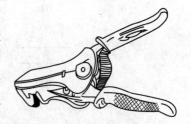

图 1-7　剥线钳

（七）活扳手

活扳手（见图 1-9）是用于紧固和松动螺母的一种专用工具。主要由活动扳唇、呆扳唇、扳口、蜗轮、轴销等构成，其规格以长度×最大开口宽度（mm）表示，常用的有 150×19（6in）、200×24（8in）、250×30（10in）、300×36（12in）等几种。使用时，按图 1-9（b）所示方向

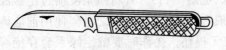

图 1-8　电工刀

施力（不可反用，以免损坏活动扳唇）。扳动较小螺母时的握法如图 1-9（c）所示。扳手不能当榔头使用以免损弯轴销，使用不便。

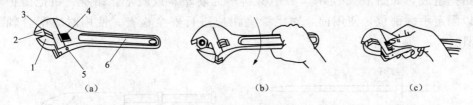

（a）　　　　　　　　　　（b）　　　　　　　　　　（c）

图 1-9　活扳手的结构及其使用

1—活动扳唇；2—扳口；3—呆扳唇；4—蜗轮；5—轴销；6—手柄

（八）绳扣

麻绳是用来捆绑、拉紧、提吊物体的。常用的麻绳有亚麻绳和棕麻绳两种，质量以白棕绳为佳。钢丝绳广泛用于各种起重提升和牵引设备中，是由单根钢丝拧成小股，再将小股拧在一起而成的。

常用的几种绳扣，如图 1-10 所示。

（1）直扣：用于加长麻绳。

（2）猪蹄扣：在抱杆顶部等处绑绳时使用，也可在打包装时挂钩使用。

（3）抬扣：用于抬起重物，调整和解扣都比较方便。

（4）背扣：在杆上作业时，上下传递工具和材料。

（5）倒背扣：用于吊起、拖拉较长的物体，可防物体转动。

（6）钢丝绳扣：用于拖挂或起吊重物。

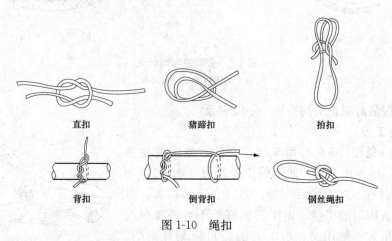

直扣　　　　　　　猪蹄扣　　　　　　　抬扣

背扣　　　　　　倒背扣　　　　　　钢丝绳扣

图 1-10　绳扣

二、绝缘工具

（一）绝缘棒

绝缘棒是一种电工安全操作用具，是用来闭合或断开高压油开关、跌落式刀开关、跌落熔丝。由工作部分、绝缘部分和手柄部分组成（见图 1-11）。其材质是浸渍过绝缘漆的木材、硬塑料、玻璃钢等性能好的材料制成。一般有 10kV 和 35kV 之分。使用前应确定绝缘棒是否符合额定电压，是否在有效期内，有无损伤。操作时要戴绝缘手套穿绝缘靴等。

（二）绝缘夹钳

绝缘夹钳是一种安全操作用具，主要用于拆除熔断器等。绝缘夹钳由钳口、钳身、钳把组成，如图 1-12 所示，所用材料多为硬塑料或胶木。钳身、钳把由护环隔开，以限定手握部位，使用前，对绝缘夹钳应进行安全检查。使用时应配合辅助安全用具。

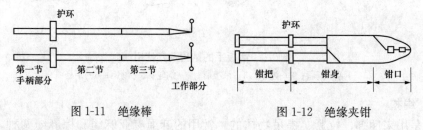

护环

第一节　　第二节　　第三节
手柄部分　　　　　　　　　工作部分

图 1-11　绝缘棒

护环

钳把　　　钳身　　钳口

图 1-12　绝缘夹钳

（三）绝缘手套

绝缘手套，使人的两手与带电体绝缘，是避免触电的安全防护用具。采用绝缘性能好的橡胶或乳胶制成，规格有 5kV 和 12kV 两种。5kV 绝缘手套在电压 1kV 以下作业，用作辅助安全用具；在 250V 以下作业时可作为基本安全用具。12kV 绝缘手套在 1kV 以上作业时只能用作辅助安全防护用具；在 1kV 以下作业时可用作基本安全用具，如图 1-13 所示。

（四）绝缘靴（鞋）

绝缘靴（鞋）的作用使人体与地面绝缘，是一种辅助安全用具。其规格有 20kV 绝缘短靴、6kV 矿用长筒靴和 5kV 绝缘鞋。20kV 绝缘靴在 1～200kV 高压区内可用作辅助安全用具。6kV 长筒靴适用于井下潮湿地带作业，在操作 380V 以下的电压电器设备时可作为辅助安全用具。5kV 绝缘鞋也称电工鞋，在 1kV 以下作为辅助安全用具，1kV 以上禁止使用，如图 1-14 所示。

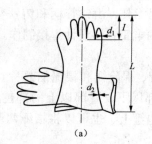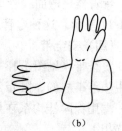

图 1-13　绝缘手套
(a) 橡胶绝缘手套；(b) 乳胶绝缘手套

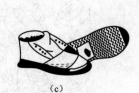

(a)　　　　　　(b)　　　　　　(c)

图 1-14　绝缘靴（鞋）
(a) 20kV 绝缘靴；(b) 6kV 矿用长筒靴；(c) 5kV 绝缘鞋

三、安装工具

（一）导线压接钳

导线压接钳简称压线钳，是连接导线时将导线与连接管压接或导线与接线端子（线鼻子）压接在一起的专用工具，能较大地提高工作效率。分为手压钳和油压钳两类，如图 1-15 所示。

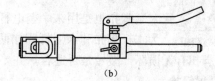

(a)　　　　　　　　　　　　(b)

图 1-15　压接钳
(a) 手压钳；(b) 油压钳

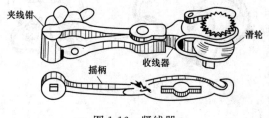

夹线钳　　滑轮　　收线器　　摇柄

图 1-16　紧线器

（二）紧线器

紧线器是用来收紧架空导线的专用工具，由夹线钳、滑轮、收线器、摇柄等组成，分为平口式和虎口式两种，如图 1-16 所示。紧线钳用来夹紧导线，滑轮上固定有细钢丝绳或 8 号铁线，绳或线的另一端固定在横担上，用手柄转动滑轮使绳、线缠在滑轮上，导线随之被收紧。

（三）弯管器

弯管器是弯曲线管用的专用工具，由铁管柄和铸铁弯头组成，其外形和使用方法如图 1-17 所示。这种弯管器一般由电工自己设计焊接制作。

（四）安全带

安全带（见图 1-18）是腰带、保险绳和腰绳的总称，是用来防止安装施工人员发生空中坠落事故的。腰带系在腰部以下、臂部以上的部位。保险绳一端与腰带紧固连接，另一端用保险挂钩系在横担、抱箍上。也可以将腰绳两端固定腰带上，中间套挂在杆子或横担上。

图 1-17　弯管器　　　　图 1-18　安全带

（五）踏板和脚扣

1. 踏板

踏板又称登高板，用于攀登电杆，由板、绳、钩组成，如图 1-19 所示。板由坚韧的木材制成，一般为 630mm×75mm×25mm。绳索是直径为 16mm、长为 2.6～4m 的白棕绳或尼龙绳。使用时要检查是否完好无损，挂钩时必须正挂（钩口向上、向外），以免脱钩。

图 1-19　踏板

2. 脚扣

脚扣也是用来攀登电杆的工具，主要由弧形扣环、脚套组成，分为木杆脚扣和水泥杆脚扣两种，如图 1-20 所示。使用脚扣登杆时，要首先检查脚扣有无损坏，型号是否适合，并要与安全带配合使用。

（六）射钉枪

射钉枪，是一种安装工具。用火药爆炸产生的高压推力将射钉射入钢板、混凝土或砖墙内，起固定和悬挂作用。主要由器体、器弹两大部分构成，如图 1-21 所示。注意：射钉枪装上钉、弹后枪口严禁对人；作业面的后面不准有人；不得在大理石、铸铁等易碎物体上作业。若在弯曲状表面上（如线管、角钢等）作业时应加防护罩以保安全。射钉枪使用后要拆卸擦拭，加油保养以防生锈。

图 1-20　脚扣

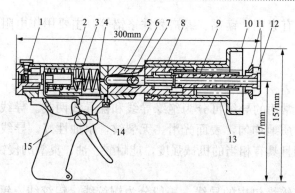

图 1-21 射钉枪构造示意图

1—按钮；2—撞针体；3—撞针；4—枪体；5—枪铣；6—轴闩；7—轴闩螺针；8—后枪管；
9—前枪管；10—坐标护罩；11—卡圈；12—垫圈夹；13—护套；14—扳机；15—枪柄

四、电动工具

（一）手电钻

手电钻的作用是在工件上钻孔，主要由电动机、钻夹头、钻头、手柄等组成，分为
手提式、手枪式两种，其外形如图 1-22 所示。手电钻通常采用电压为 220V。

（二）冲击钻

冲击钻的主要作用是在墙壁或梁柱上冲打孔眼。其外形与手电钻相似，如图 1-23 所
示。当把"锤"调节到"钻"的位置时，可作为电钻使用；当调节到"锤"的位置时，
作为电锤使用。

使用电钻、冲击钻等电工工具要注意检查电源线有无破损，以防漏电；最好不要戴
线手套，以防金属屑挂住伤手。

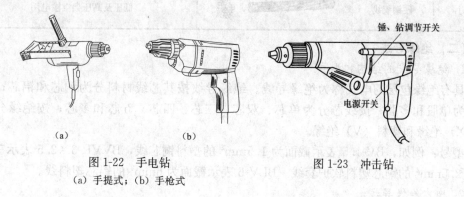

（a）　　　　　　　　　　　（b）

图 1-22 手电钻　　　　　　　　　　　　　　图 1-23 冲击钻
（a）手提式；（b）手枪式

分块二　常用导电材料

导电材料的用途是传输电流，一般分为良导体材料和高电阻材料两类。

常用良导体材料有铜、铝、钢、钨、锡等。其中，铜、铝、钢主要用于制作各种导
线或母线；钨的熔点较高，主要用于制作灯丝；锡的熔点低，主要用作导线的接头焊料
和熔丝。

常用高电阻材料有康铜、锰铜、镍铬和铁铬铝等，主要用作电阻器和热工仪表的电阻元件。

一、导线

导线又称电线，常用的导线可分为绝缘导线和裸导线两类。导线的线芯要求导电性能好、机械强度大、质地均匀，表面光滑、无裂纹，耐蚀性好。导线的绝缘包皮要求绝缘性能好，质地柔韧且具有相当的机械强度，能耐酸、油、臭氧的侵蚀。

（一）裸导线

裸导线是指没有绝缘包皮的导线，一般分为铜绞线、铝绞线、钢绞线，是由多根单线绞合在一起的。铝绞线分为带钢芯的和不带钢芯的，带钢芯的又有单芯和双芯之分。铜绞线一般用在低压架空线，铝绞线一般用在高压架空线，钢绞线一般用在高压架空线的屏蔽线（避雷线）及电杆拉线。裸导线的材料、形状常用符号表示：铜用字母"T"表示；铝用"L"表示；钢用"G"表示；硬型材料用"Y"表示；软型用"R"表示；绞合线用"J"表示；截面用数字表示。例如，LJ-35 表示截面为 35mm² 的铝绞线。LGJ-50/8 表示截面为 50mm² 的钢芯铝绞线（50 是指总截面，8 是指钢芯截面）。绞线的型号及作用见表 1-1。

表 1-1 绞线的型号和作用

型号	名称	结构	主要用途
LJ	硬铝绞线		低压及高压架空输电用
LGJ	钢芯铝绞线		需要提高拉力强度的架空输电用
TJ	硬铜绞线		低压及高压架空输电用

（二）绝缘导线

1. 绝缘导线的结构和型号

具有绝缘包层的电线称为绝缘导线。绝缘导线按其芯线材料分为铜芯和铝芯；按股数分为单股和多股；按线芯分为单芯、双芯、三芯、四芯、五芯和多芯；按绝缘分为橡皮（X）绝缘和塑料（V）绝缘。

型号：例如，BV-1.5 表示截面为 1.5mm² 的塑料铜芯线，BVVR-3×2.5 表示三芯截面为 2.5mm² 的铜芯塑料软护套线。BLV-6 表示截面为 6mm² 的铝芯塑料线。

2. 橡皮绝缘导线

橡皮绝缘导线是由橡皮做绝缘层再包一层棉纱或玻璃纤维做保护层的导线。单股用作室内敷设，多股多用于低压架空线。由于塑料绝缘线的优势，橡皮绝缘线基本被取代。

3. 塑料绝缘导线

塑料绝缘导线用聚氯乙烯作绝缘包层，又称塑料线，具有耐油、耐酸、耐腐蚀、防潮、防霉等特点，常用作 500V 以下室内照明线路，也可直接敷设在空心板或墙壁上。

各种绝缘导线如图 1-24 所示。常用绝缘导线的载流量见表 1-2。

表 1-2　　　　　　　　　　　　　绝缘导线在常温下参考载流量

线芯截面积（mm²）	橡皮绝缘电线安全载流量（A）		聚氯乙烯绝缘电线安全载流量（A）	
	铜芯	铝芯	铜芯	铝芯
0.75	18	—	16	—
1.0	21	—	19	—
1.5	27	19	24	18
2.5	33	27	32	25
4	45	35	42	32
6	58	45	55	42
10	85	65	75	59
16	110	85	105	80

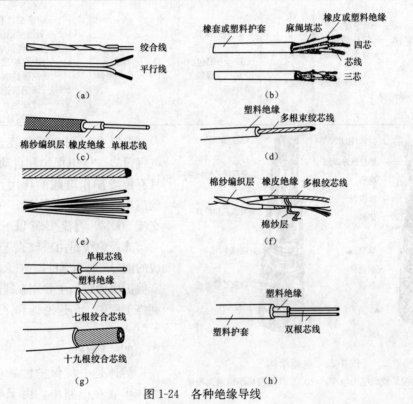

图 1-24　各种绝缘导线

（a）绝缘双根平行（绞合）软线；（b）橡套软线；（c）铜（铝）心橡皮线；（d）绝缘铜（铝）软线；
（e）裸铅绞线、钢芯铝绞线；（f）花线；（g）绝缘铜（铝）芯线；（h）绝缘和护套铜（铝）芯双根或三根护套线

二、母线

母线（汇流排）简称铜排、铝排，是用来汇集和分配电流的导体。有硬母线和软母线之分。软母线用在 35kV 以上的高压配电装置中，硬母线用在高低压开关柜和变电站、开关站的设备连接中。

硬母线用铜、铝材料做成，其形状有管型、矩形、槽型。矩形母线规格按宽厚有 25×4、25×5、40×4、40×5、……、125×8、125×10 等。为了便于识别线序和防治腐蚀，母线要进行涂漆，黄、绿、红三色分别代表 L1、L2、L3 三相。硬母线造型有立弯、折弯（波弯）、平弯、扭弯。母线固定安装的螺栓处要挂锡或者涂银以防氧化。为加强绝缘有的要套冷、热缩管。

三、电缆

电缆是一种多芯导线，其线芯互相绝缘，外加各种护套保护层的导线。种类有电力电缆、控制电缆、通信电缆、光纤电缆。

电力电缆是传输电能的载体。以前有油浸纸绝缘、橡胶绝缘，现在基本被全塑电缆代替。全塑电缆有单芯、两芯、三芯、四芯和五芯，材质有铜芯和铝芯。其型号组成和含义见表 1-3。电缆结构如图 1-25 所示。

表 1-3　　　　　　　　　　　　　　电缆型号组成和含义

型号组成	绝缘代号	导体代号	内护层代号	派生代号	外护层代号
代号含义	Z——纸绝缘 X——橡皮绝缘 V——聚氯乙烯绝缘 YZ——交联聚乙烯绝缘	T——铜心 L——铝心	H——橡套 Q——铅包 L——铝包 V——聚氯乙烯护套	P——干绝缘 D——不滴流 F——分相铅包	1——麻被护层 1——钢带铠装麻被护层 1——细钢丝铠装麻被护层 5——粗钢丝铠装 11——防腐护层 11——钢带铠装有防腐层 20——裸钢带铠装 30——裸细钢丝铠装 120——裸钢带铠装有防腐层

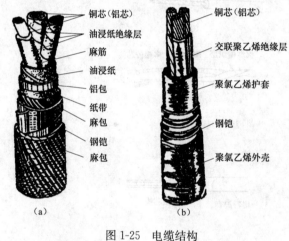

图 1-25　电缆结构
(a) 油浸纸绝缘电力电缆；(b) 交联聚乙烯绝缘电力电缆

控制电缆用在配电装置中，连接电气仪表、继电保护和自动控制回路，具有传导操作电流的作用。其结构比较简单，只是线芯较多，一般运行在交流 500V，直流 1kV 以下。

光纤电缆是由玻璃或透明聚合物构成的波导纤维作缆芯，加涂覆包层和外套保护层构成。主要用在通信、自动化网络工程中，传递通信和网络信号。

四、熔体

熔体是一种保护性导电材料。将熔体串联在电路中，由于电流的热效应，在正常情况下熔体虽然发热但不会熔断，当发生过载或短路导致电流增大时，就会使熔体温度急剧上升而熔断。切断电路，从而起到保护电气设备的作用。制造熔体的材料有两类：一类是低熔点材料，如铅、锡、锌及其合金（宜于小电流使用）；另一类是高熔点材料，如银、铜等（大电流情况下使用）。熔体一般做成丝状（又称保险丝）或片状，是各种熔断器的核心组成部分。

分块三　常用绝缘材料

绝缘材料，又称电介质，是一种相对的不导电物质。主要作用是把带电部分与不带电部分分开；把电位不同的导体相互隔开。

一、绝缘材料的分类和耐热温度等级

绝缘材料按化学性质可分为无机绝缘材料（如云母、石棉、大理石、瓷器、玻璃、硫黄等），有机绝缘材料（如树脂、橡胶、棉纱、纸、麻、丝、漆、塑料等）和混合绝缘材料（由以上两种材料经加工制成的各种成型绝缘材料）。

常用绝缘材料按其在正常运行条件下允许的最高工作温度分为 7 个耐热等级（见表 1-4）。

表 1-4　　　　　　　　　　　　绝缘材料的耐热等级

级别	绝缘材料	极限工作温度（℃）
Y	纯有机材料，如棉、麻、丝、纸、木材、塑料等	90
A	有机材料的化学处理，如黑胶布、沥青漆等	105
E	有机材料的化学处理，成为复合材料，如高强度漆包线等	120
B	无机材料的化学处理，如聚酯漆、聚酯漆包线等	130
F	无机材料和有机材料混合高温高压，如层压制品、云母制品等	155
H	无机材料的化学补强处理，如复合云母、硅有机漆等	180
C	纯无机材料，如石英、石棉、云母、电瓷、玻璃等	180 以上

二、电工漆和电工胶

电工漆主要分为浸渍漆和覆盖漆。浸渍漆主要用来浸渍电气线圈和绝缘零部件，填充间隙和气孔，以提高绝缘性能和机械强度。覆盖漆主要用来涂刷经浸渍处理过的线圈和绝缘零部件，形成绝缘保护层，以防机械损伤和气体、油类、化学药品等的侵蚀。

电工胶有电缆胶和环氧树脂胶。电缆胶由石油沥青、变压器油、松香脂等原料按一定比例配制而成，可用来灌注电缆接头、电器开关及绝缘零部件。环氧树脂胶低分子量的用来浇注绝缘使用，中分子量的制造高强度的黏合剂，高分子量的用来配制各种漆。

三、塑料

塑料是由天然树脂或合成树脂、填充剂、增塑剂、着色剂、固化剂和少量添加剂配制而成的绝缘材料。其特点是比重小，机械强度高，介电性能好，耐热、耐腐蚀、易加工。塑料可分为热固性塑料和热塑性塑料两类。

热固性塑料主要用来制作低压电器、电能表的外壳及零部件。热塑性塑料主要用来制作各种电线、电缆的绝缘层，也可以做成管材。

四、橡胶橡皮

橡胶分为天然橡胶和人工合成橡胶。天然橡胶是橡胶树干中分泌出的乳汁经加工而制成的，其可塑性、工艺加工性好，机械强度高，但耐热、耐油性差，硫化后可做各类电线、电缆的绝缘层及电器的零部件等。合成橡胶是碳氢化合物的合成物，可制作橡皮和电缆的防护层及导线的绝缘层等。

橡皮是由橡胶经硫化处理而制成的，分为硬质橡皮和软质橡皮两类。硬质橡皮主要用来制作绝缘零部件及密封剂和衬垫等。软质橡皮主要用于制作电缆和导线绝缘层、橡皮包布和安全保护用具等。

五、绝缘布（带）和层压制品

绝缘布（带）主要用于在导线电缆连接处的绝缘包扎。

层压制品是由天然或合成纤维、纸或布浸（涂）胶后，经热压而成，常制成板、管、棒等形状，以供制作绝缘零部件和用作带电体之间或带电体与非带电体之间的绝缘层，其特点是介电性能好，机械强度高。

六、电瓷

电瓷是用各种硅酸盐或氧化物的混合物制成的，其性质稳定，机械强度高、绝缘性能好、耐热性能好。主要用于制作各种绝缘子、绝缘套管、灯座、开关、插座、熔断器零部件等。

（一）低压绝缘子

低压绝缘子用于绝缘和固定 1kV 及以下的线路导线。分为低压针式绝缘子、蝶式绝缘子、柱式绝缘子和拉线绝缘子，如图 1-26 所示。

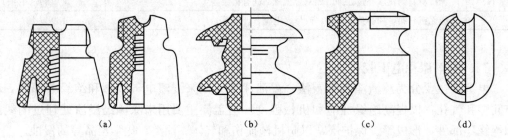

图 1-26　低压绝缘子

(a) 针式绝缘子；(b) 蝶式绝缘子；(c) 柱式绝缘子；(d) 拉线绝缘子

（二）高压绝缘子

高压绝缘子用于绝缘和支持高压架空线路。高压绝缘子分为针式绝缘子、蝶式绝缘子、悬式绝缘子和拉线绝缘子，如图 1-27 所示。

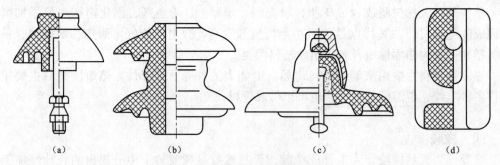

图 1-27　高压绝缘子

(a) 高压针式绝缘子；(b) 高压蝶式绝缘子；(c) 高压悬式绝缘子；(d) 高压拉线绝缘子

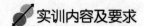 实训内容及要求

1. 各种电工钳子的保养。

要求：加几滴机油反复活动钳柄，使其灵活自如。

2. 电工刀开刃。

要求：先在磨石粗面反复磨，再在细面磨使其锋利。

3. 打绳扣。

要求：熟练掌握几种绳扣的打法和使用场所。

4. 用脚扣进行登杆练习。

要求：登杆时要配有安全带（绳），初学者一般不要超过 3m。

分块四　导线的剥切、连接、挂锡、包扎

室内配线除线槽、线管内不允许有接头外其他地方难免有接头，导线的接头前如果是绝缘导线应先剥去绝缘皮层，清除氧化物后，再进行连接。

一、绝缘导线的剥切

绝缘导线的剥切：一是剥削绝缘皮层，二是断切导线。绝缘导线如果线较细可用钳子直接剥除绝缘皮层，方法是右手握住钳头自然合拢，被夹持的导线从食、中指间伸出，用左手拉线即可剥除。若导线较粗则要用电工刀剥削，剥削时先用刀口绕导线一周，再斜 45°切入导线，刀口朝外推切，以防伤手。较粗导线断切时，右手握钳，钳刃夹持导线放在大腿根上，脚跟抬起，左手扳持导线，右手压钳左手向上扳线使导线切断。

如果导线是铅包绝缘导线，应将导线置于硬物表面，用电工刀在铅包上绕一周，然后上下扳动导线使铅层断裂，把铅皮拉下。当切除内皮层时注意不要伤及导线（见图 1-28）。

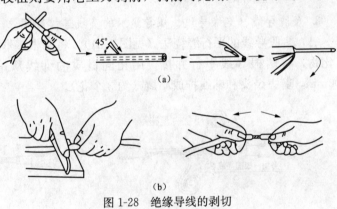

图 1-28　绝缘导线的剥切

(a) 剥绝缘导线皮层；(b) 剥铅包导线

二、导线的连接

导线连接分为直线连接（"一"字）（目的是加长导线）和分支连接（"T"字）（目的是在干线上引出分支另接电器）。两种连接形式又因单股和多股导线连接的方法而不相同。

1. 单股导线的直线连接要领

（1）两线头各剥去绝缘皮层 30～40mm。

（2）两线头十字交叉拧 1～3 个 "X"。

（3）两线头分别紧密缠绕 3～5 圈，剪去余头，并压紧毛刺。

（4）两线头缠好后距绝缘层约 5mm，这样易于包扎绝缘（见图 1-29）。

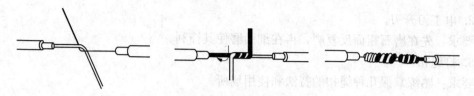

图 1-29　导线的连接

2. 单股导线的分支连接要领

（1）干线剥去皮层 15～30mm，支线剥去皮层 30～50mm。

（2）支线在干线上打一个大钩，承受拉力，然后在干线上紧密缠绕 3～5 圈。

（3）剪去余头，压紧毛刺，连好的支线距干线绝缘层左右不要超过 5mm（见图 1-30）。

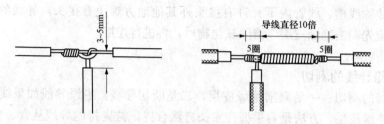

图 1-30　导线的分支连接

3. 多股导线（绝缘导线、裸导线）的直线连接要领

（1）多股导线的平行缠绕法（见图 1-31）。将两根多股铜或铝导线，用砂纸打磨去掉氧化物，将两根导线平行并拢，用相同材质的绑线从中间或一端缠绕，缠绕 150～200mm，剪去余头和辅线拧成小辫（约 3 个花）。

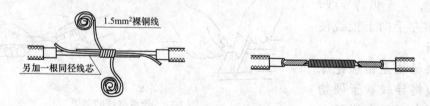

图 1-31　多股导线的平行缠绕法

（2）多股导线的交叉缠绕法（见图 1-32）。将两根导线去氧化物，拉直并分开成伞骨状，把伞骨状的线头隔开对插，再并拢捏平。在并拢线的中间扳起一根线芯，按顺时针方向缠绕 3～5 圈，再扳起一根线芯并与前根十字交叉，压平剪去前根的余头，继续缠绕，如此方法缠绕的最后一根线芯，剪去余头拧成小辫。

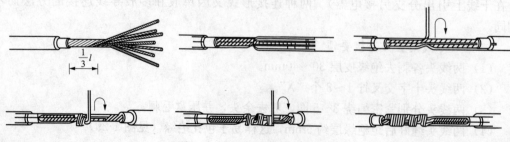

图 1-32　多股导线的交叉缠绕法

两种缠绕法的操作要领如下。

（1）两腿分开略宽于肩，右手持钳钳刃朝外，左手持线置于右腋下，双腿稍微弯曲。

（2）放好绑线（绑线盘成盘并弯环），钳口送要用力（但不要夹断绑线），钳眼带要猛力（猛带绑线盘）。

（3）钳子与导线垂直并贴紧导线，以导线为轴心"送"与"带"，如此缠绕150～200mm（直线连接），最后绑线与辅线拧成小辫，剪去余头砸平小辫。

4. 多股导线的分支连接

先剥去干线绝缘皮层约300mm，支线500mm，将支线分成两组（七根的导线一组三根，一组四根）叉套在干线上，将两组支线分别紧密缠绕在干线上并压紧线头毛刺（见图1-33）。

图1-33　多股导线的分支连接

5. 导线的压接

为了提高工作效率，多股导线直线连接时常用压线管压接，铜绞线用铜管，铝绞线用铝管。将两线头去氧化层后，并行套上压线管，用压线钳压紧即可（见图1-34）。当导线与电气设备连接时又分螺钉压接、螺栓压接和瓦楞板压接。螺钉压接时单股导线应打"实回头"，以增加接触面积保证压紧；螺栓压紧时单股导线要弯"眼圈"。"眼圈"要圆，不能半环、三角环，并要顺时针安装；瓦楞板压接时，单股线应打"空回头"，目的也是增加接触面积保证连接质量（见图1-35）。

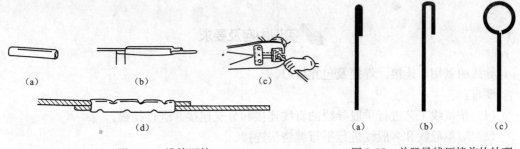

图1-34　线管压接
(a) 压接管；(b) 穿入压接管；(c) 压接；(d) 压接后的导线

图1-35　单股导线压接前的处理
(a) 实回头；(b) 空回头；(c) 眼圈

三、导线的挂锡

铜导线连接之后为了防止接头氧化，保证良好的接触，还需要用电烙铁挂锡、锡锅蘸锡、锡锅浇锡（见图1-36）。

无论哪种挂锡方法，导线都要清除氧化物并要加焊剂（焊膏、松香、稀酸），电烙铁使用前要检查电源线有无破损、漏电。烙铁头要放在金属支架上。蘸锡、浇锡时要戴手套，防止锡爆烫伤。

随着技术的进步，大型导线如汇流排已采取静电涂银新工艺，不但提高了工作效率，而且保证了工艺质量，减少不安全因素。

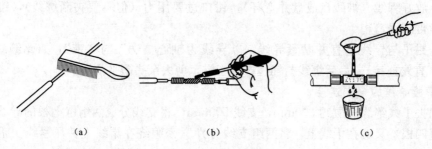

图 1-36 导线挂锡

(a) 清除氧化物；(b) 电烙铁挂锡；(c) 锡锅浇锡

四、绝缘的包扎

导线接头处理好后，绝缘导线要恢复绝缘。其方法可以套树脂纤维管或塑料绝缘套管，也可以套冷缩管、热缩管。如果用胶带缠绕包扎，其方法是从绝缘处一带宽（15～20mm）起头，斜45°，压1/2，拉紧往返缠绕一次，共4层。若室外还要包防水胶带，方法同上。导线垂直时注意裙口朝下，以防渗水影响绝缘（见图1-37）。

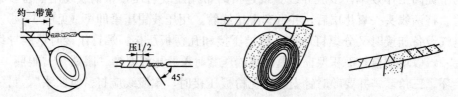

图 1-37 绝缘的包扎

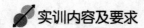

实训内容及要求

导线的剥切、连接、焊接及包扎练习。

要求：

（1）按接线工艺进行单股导线的直线连接和分支连接并进行挂锡。

（2）对单股线和多股线进行平行缠绕法连接。

（3）按接线要领对多股线进行交叉缠绕法连接。

（4）对连接好的绝缘导线进行绝缘包扎。

模块二
室内电气线路安装

室内配线是给建筑物的用电器具、动力设备安装供配电线路，有单相照明线路和三相四线制的动力线路。室内配线又分为明装和暗装，在掌握室内强电配线的同时，电气施工人员还应具备一些弱电施工技术。室内电气线路安装比较简单，是初、中级电工必须具备的基本能力。

知识目标

了解室内配线的要求及形式。

能力目标

掌握室内配线工艺和灯具安装方法；掌握配电箱的安装工艺。

器材准备

电工工具、导线、高低压绝缘子、白炽灯、日光灯、圆塑料台、扳把开关、插座、单相电能表、三相电能表、空气开关、电能表箱、配电箱、网线、同轴电缆 RJ45 水晶头、BNC 视频接头等。

分块一　楼宇供配电

供配电系统是智能建筑的心脏，是楼宇的动力系统。近年来，智能建筑在国内外不断兴建，成为现代化城市的重要标志。各种先进技术与智能化设备的不断应用和发展，对智能建筑供配电提出了许多新的要求，供配电的可靠性、安全性，摆到了更重要的位置。高层建筑的用电负载一般可分为暖通、空调、供配电、照明、给排水、消防、电梯等。现代智能建筑电气系统有以下特点：用电设备多、用电量大、供电可靠性要求高、电气系统复杂、电气线路多、电气用房多、自动化程度高。

一、供电系统的主接线

电力的输送与分配，必须由母线、开关、配电线路、变压器等组成一定的供电电路，这个电路就是供电系统的一次接线，即主接线。智能化建筑由于功能上的需要，一般都采用双电源进线，即要求有两个独立电源，常用的供电方案如图 2-1 所示。

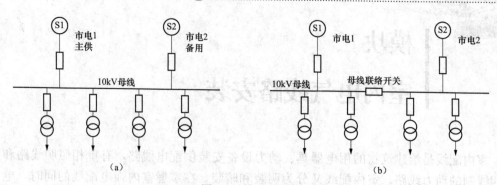

图 2-1　供电主接线

(a) 两路一用一备；(b) 两路同时供电

图 2-1 (a) 为两路高压电源，正常时一用一备，即当正常工作电源事故停电时，另一路备用电源自动投入。此方案可以减少中间母线联络柜和一个电压互感器柜，对节省投资和减小高压配电室建筑面积均有利。这种接线要求两路都能保证 100% 的负载用电。当清扫母线或母线故障时，将会造成全部停电。因此，这种接线方式常用在大楼负载较小，供电可靠性要求相对较低的建筑中。

图 2-1 (b) 为两路电源同时工作，当其中一路故障时，由母线联络开关对故障回路供电。该方案由于增加了母线联络柜和电压互感器柜，变电站的面积也就要增大。这种接线方式是商用性楼宇、高级宾馆、大型办公楼宇常用的供电方案。当大楼的安装容量大，变压器台数多时，非常适合采用这种方案，因为它能保证较高的供电可靠性。

我国目前常用的主接线方案为双电源接入，如图 2-2 所示。

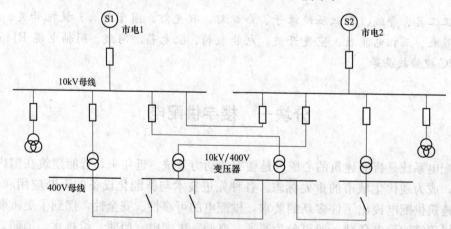

图 2-2　双电源接入

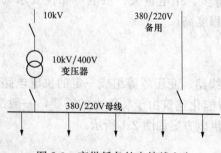

图 2-3　高供低备的主接线方案

对于规模较小的建筑，可采用高供低备的主接线方案，如图 2-3 所示。

二、楼宇低压配电系统

楼宇低压配电系统应当按三级设置，即采用三级配电。所谓三级配电，是指施工现场从电源进线开始至用电设备之间，经过三级配电装置配送电力。从总配电箱（一级箱）或配电室的配电柜开始，依次经由分配电箱（二级箱）、开关箱（三级箱）到用电设备。这种分三个层次逐级配送电力的系统就称为三级配电系统。它的基本结构型式可用一个系统框图来形象化地描述，如图 2-4 所示。

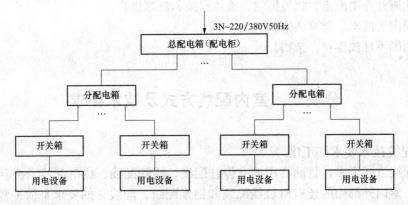

图 2-4　三级配电系统

为了保证所设三级配电系统能够安全、可靠、有效地运行，在实际设置系统时尚应遵守一些必要的规则。概括起来，可以归结为四项规则：分级分路规则，动、照分设规则，压缩配电间距规则，环境安全规则。

（一）分级分路

所谓分级分路规则，可用以下三个要点进行说明。

（1）从一级总配电箱（配电柜）向二级分配电箱配电可以分路。即一个总配电箱（配电柜）可以分若干分路向若干分配电箱配电；每一分路也可分支支接若干分配电箱。

（2）从二级分配电箱向三级开关箱配电同样也可以分路。即一个分配电箱也可以分若干分路向若干开关箱配电，而其每一分路也可以支接或链接若干开关箱。

（3）从三级开关箱向用电设备配电实行所谓"一机一闸"制，不存在分路问题。即每一开关箱只能连接控制一台与其相关的用电设备（含插座），包括一组不超过 30A 负荷的照明器，或每一台用电设备必须有其独立专用的开关箱。

（二）动照分设

所谓动照分设规则，可用以下两个要点进行说明。

（1）动力配电箱与照明配电箱宜分别设置；若动力与照明合置于同一配电箱内共箱配电，则动力与照明应分路配电。这里所说的配电箱包括总配电箱和分配电箱。

（2）动力开关箱与照明开关箱必须分箱设置，不存在共箱分路设置问题。

（三）压缩配电间距

压缩配电间距规则是指除总配电箱、配电室（配电柜）外，分配电箱与开关箱之间，开关箱与用电设备之间的空间间距应尽量缩短。压缩配电间距规则可用以下三个要点进行说明。

（1）分配电箱应设在用电设备或负荷相对集中的场所。

（2）分配电箱与开关箱的距离不得超过 30m。

（3）开关箱与其供电的固定式用电设备的水平距离不宜超过 3m。

（四）环境安全

环境安全规则是指配电系统对其设置和运行环境安全因素的要求。按照规定，配电系统对其设置和运行环境安全因素的要求可用以下 5 个要点进行说明。

(1) 环境保持干燥、通风、常温。

(2) 周围无易燃易爆物及腐蚀介质。

(3) 能避开外物撞击、强烈振动、液体浸溅和热源烘烤。

(4) 周围无灌木、杂草丛生。

(5) 周围不堆放器材、杂物。

分块二 室内配线方式及技术要求

一、配线技术要求和工序

室内配线方式很多，目前常用的有瓷柱配线、线管配线、线槽配线、护套线配线和桥架配线。室内外都用的还有滑触线配线和钢索配线。配线总的要求是横平竖直、整齐美观、经济合理、安全可靠。

(一) 配线技术要求

(1) 配线要按施工图纸进行。图纸对导线、预埋方式、灯具、配电箱位置都有技术要求和规定。

(2) 配线水平敷设时距地面要 2.5m 以上；垂直敷设时地面以上要套 2m 的保护管。

(3) 配线穿越楼板、墙壁时要加保护套管（瓷管、钢管、竹管、硬塑料管）。

(4) 配线穿越建筑物的伸缩缝、沉降缝时要留有余量。线管配线应加补偿装置。

(5) 配线尽量不要接头，若要接头或分支应加接线盒和分线盒，线管线槽内不允许有接头。

(6) 配线尽量不要交叉，若要交叉应在靠近内墙面的导线上套绝缘套管。

(7) 配线和电器设备与油管、水管、暖气管、煤气管等管线之间要保持一定的安全距离。一般为 0.1～1m。

(8) 配线安装完毕要进行认真检查，看有无错、漏，并用兆欧表检查线路的绝缘电阻，看是否有短路或接地。

(二) 室内配线工序

(1) 反复熟悉施工图纸，对于异议或不明之处找有关技术部门咨询，必要时提出图纸变更意见。

(2) 根据施工图确定配电箱、灯具、开关、插座位置，按施工进度做好管线、接线盒、固定螺栓等预埋工作。

(3) 进行线管穿线。

(4) 墙面抹灰后进行导线明敷设和安装电器设备。

(5) 收尾检查、整理查漏补缺，以待验收。

二、绝缘子配线

绝缘子配线常用的有柱式、针式、蝶式三种绝缘子。目前这种配线在室内用得不多，只有某些动力车间、变电站或室外有用。其安装步骤简单地说是定位固定绝缘子，放线、绑扎导线和安装电器设备。绝缘子安装距离依不同的施工条件，一般横向间距离为 1.2～

3m，纵向距离为 0.1～0.3m。绝缘子配线根据工艺要求应注意以下几点。

（1）在建筑物上配线时，导线一般放在绝缘子上面，也可放在绝缘子下面或外面，但不可放在两绝缘子中间（见图2-5）。

（2）导线弯曲、转角、换向时，绝缘子要装在导线弯曲的内侧（见图2-6）。

（3）导线不在一个平面弯曲时要在凸角两面加设绝缘子（见图2-7）。

（4）导线分支时，分支处要装设绝缘子；导线交叉时要在靠近墙面的那根导线上套绝缘管（见图2-8）。

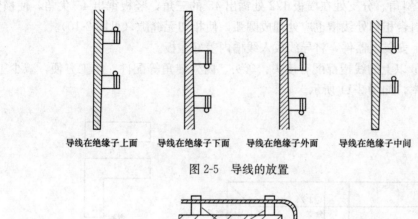

导线在绝缘子上面　　导线在绝缘子下面　　导线在绝缘子外面　　导线在绝缘子中间

图 2-5　导线的放置

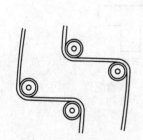

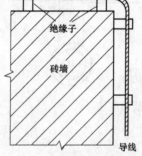

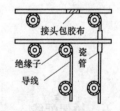

图 2-6　绝缘子的放置（1）　　图 2-7　绝缘子的放置（2）　　图 2-8　绝缘子的放置（3）

（5）导线绑扎时，要把导线调平、收紧。

三、护套线配线

护套线配线可以理解是一种临时配线，一般用在家庭或办公室内。它直接敷设在墙壁、梁柱表面，也可以穿在空心楼板内。固定方法现在大多用钢钉塑料卡子。根据护套线的规格选用相同规格的卡子。卡子的距离为 0.3～0.5m。固定时要把护套线捋直放平（扁护套线），卡子间距要相等。根据经验卡子的距离或距屋顶的距离可以用锤子柄衡量，这样可以提高工作效率。若画出线路走向横、竖线，沿线敷设则更美观（见图2-9）。

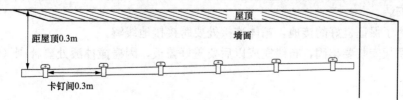

图 2-9　护套线配线

四、线槽配线

线槽配线也是一种临时配线，或工程改造配线。如一户一表工程改造，将导线装在线槽内敷设在走廊或墙壁上。线槽的固定拼装，具体工艺步骤如下。

（1）固定。用冲击钻按固定点打 ϕ6mm 的孔，孔内放上塑料胀管。用木螺丝将底板固定牢固，固定点距离约 0.3m。分支与转角处要加强固定点。

（2）拼装。接头处底板和盖板要错开，便于固定与受力。转角处底、盖合好，将横、竖槽板各据 45°斜角。分支处在横板 1/2 处锯出 45°的三角，竖板锯出 45°尖角，使横竖相配。线槽与塑料台相切处线槽也应处理成圆弧，使相切无缝隙（见图 2-10）。

（3）布线。安装电器件，将导线放入线槽内盖好盖板。

现在 30mm 以上的线槽都配有接头、弯头、内外转角等配件，施工方便，减少工序，提高了工作效率，如图 2-11 所示。

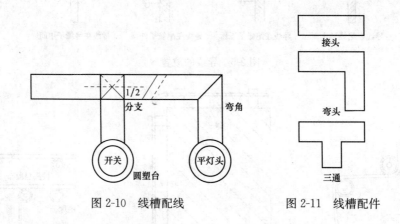

图 2-10　线槽配线　　　　　图 2-11　线槽配件

五、桥架配线

随着现代高层大型建筑物拔地而起、飞速发展，传统的配线已远远不能满足需要，建筑物内的负载增大，各种线路增多，供电干线已不能埋入墙体或楼板内，桥架配线应运而出成为主角。

桥架配线可以理解为线槽配线的翻版，是放大了的线槽，所不同的是固定方式，桥架的固定主要采用悬吊式和支架式，如图 2-12 所示。桥架内的配置又分为强电［即电源主干线（主要是电线电缆）］和弱电［（如网线、监控线、电话线和电视馈线等）］。桥架安装工艺要求有以下几点。

（1）桥架的固定吊杆、金属支架等，要在墙体粉刷前安装固定。

（2）桥架有箱体、连板、弯头、三通、四通、波弯、大小头等配件，要按照施工图纸组装后安装。

（3）为了保证良好的接地，箱体连接处要跨接接地线辫。

（4）桥架安装要牢固，布线完成以后要盖好盖板，因碰撞掉漆处要补刷（喷）。

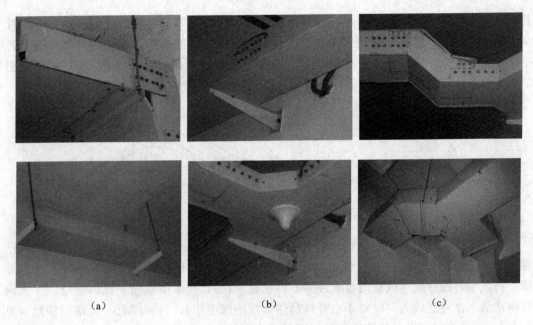

（a） （b） （c）

图 2-12 桥架配线

(a) 悬吊式；(b) 支架式；(c) 波弯和三通

六、线管配线

1. 线管配线的特点与方式

线管配线是将导线穿在管内的敷设方法。这种配线有防潮、防腐、导线不易受直接损伤等特点。但导线发生断线、短路故障后换线维修比较麻烦。

线管配线有明敷设和暗敷设两种，明敷设将线管敷设在墙壁或其他支持物上，也称暗线明装；暗敷设将线管埋入地下、墙内，也称暗线暗装。目前常用的线管有金属镀锌（镀铬）电线管和高强度的 PVC 管。

2. 线管配线的步骤与工艺要求

（1）选管：根据施工图纸设计要求，一般大型永久性建筑物采用金属管；中小型建筑物使用 PVC 管。根据穿线的截面和根数选择线管直径，要求穿管导线的外总截面（包括绝缘皮层）应等于或小于线管内径截面的 40%。

（2）下料布管：用钢锯、管子割刀或无齿电锯，按所需线管长短进行下料，并锉去管口毛刺。现在线管弯曲有弯头、分支有三通、连接有接头、粗细管连接有大小头等配件，所以减少配管的许多工序，大大提高了工作效率（见图 2-13）。

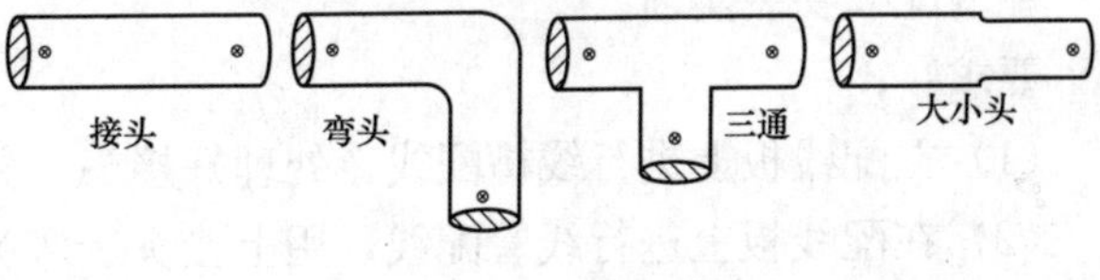

接头　　弯头　　三通　　大小头

图 2-13 线管配件

暗布管时，若在现场浇注混凝土，当模板支好，钢筋扎好后，将线管组装后绑扎在钢筋上；若布在砖墙内应先在墙上留槽或开槽；若布在地下应在混凝土浇筑以前预埋。布管的同时线管内应穿上铁丝，备牵引导线用。管口要用废旧纸张、塑料封堵，防止砂浆、杂物进入管内影响穿线。

明装布管时，线管沿墙壁、柱子等处敷设，塑料管用塑料卡子固定，金属管用金属卡子固定，金属管连接处要跨焊接地线。接线盒、配电箱等都要进行良好接地。当线管穿越建筑物的沉降缝（伸缩缝）时，为防止地基下沉或热胀冷缩；损伤线管和导线，要在伸缩缝旁装设补偿装置（见图2-14）。补偿装置接管的一端用根母拧紧，另一端不用固定。当明装时可用金属软管补偿，软管留有弧度，用以补偿伸缩（见图2-15）。

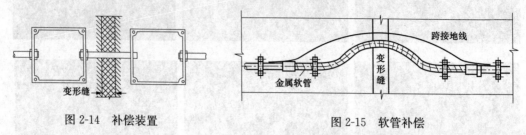

图 2-14　补偿装置　　　　　　　　　　图 2-15　软管补偿

（3）穿线安装电器：当土建地坪和粉刷完工后，就应及时穿线，由于布管时管内已穿上了牵引铁丝，此时根据线管长度裁剪导线并依据火、地、零导线规定的颜色选择导线，将数根导线并拢（线管内导线最多不得超过8根），与牵引铁丝一端绑扎好。一人向管内送线（注意送线人一定要小心管口刮伤导线绝缘皮层），另一端有一人牵引铁丝（见图2-16）。若推拉不动或线管折弯处，则送线人要拉出一些导线，再送拉，如此反复几次让导线打弯后再前进。若穿线失败，导线与牵引铁丝分离或因误漏穿引铁丝则要重新穿牵引线，这时的牵引线要用弹性较强的钢丝，钢丝头要弯成不易被挂的圆形角头（易穿入管内），当导线穿好后安装电气元件，注意连接螺栓的螺母或螺钉要压紧，不要有虚点也不要压绝缘，接线盒内导线要留有余量，电器件安装要牢固、端正。

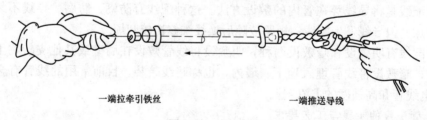

一端拉牵引铁丝　　　　　　　　　　一端推送导线

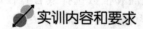

图 2-16　线管穿线

实训内容和要求

室内配线安装实训。

要求：

（1）在配线板上进行线槽配线，处理好接头、分支和转角。

（2）在配线板上进行线管配线，用上接头、弯头和三通等线管配件。

分块三　灯　具　安　装

灯具安装（包括插座），是初级电工应掌握的技能，如果职业技术院校电气或机电专业的学生不会安装或维修灯具那将是不可置信的。灯具形形色色，安装千变万化，但万变不离其宗，无非两根线即相线和零线。

一、灯具的种类及特点

从爱迪生发明的电灯到今天，灯具发生了巨大的变化。它使黑夜变得五彩缤纷、辉煌灿烂。按光源分有白炽灯、日光灯、汞灯、钠灯、氙灯、碘钨灯、卤化物灯；按安装场合分有室内灯、路灯、探照灯、舞台灯、霓虹灯；按防护形式分有防尘灯、防水灯、防爆灯；按控制方式分有单控、双控、三控、光控、时控、声光控、时光控等；按光源的冷热分有热辐射光源和冷辐射光源。

下面简单介绍不同光源的灯具。

1. 白炽灯

白炽灯为热辐射光源，是由电流加热灯丝至白炽状态而发光的。电压 220V 的功率为 15～1000W，电压 6～36V 的（安全电压）功率不超过 100W。灯头有卡口和螺丝口两种。大容量一般用瓷灯头。白炽灯的特点是结构简单、安装方便、使用寿命长。

2. 日光灯

日光灯（荧光灯）为冷辐射光源，靠汞蒸气放电时辐射的紫外线去激发灯管内壁的荧光粉，使其发出类似太阳的光辉，故称日光灯。日光灯有光色好、发光率好、耗能低等优点，但结构比较复杂，配件多，活动点多，故障率相对白炽灯高。

3. 高压汞灯（水银灯）

高压汞灯有自镇流式和外镇流式两种。自镇流式是利用钨丝绕在石英管的外面做镇流器；外镇流式是将镇流器接在线路上。高压汞灯也属于冷光源，是靠玻璃泡内涂有荧光粉的高压汞气放电发光的。高压汞灯广泛用于车间、码头、广场等场所。

4. 卤化物灯

卤化物灯是在高压汞灯的基础上为改善光色的一种新型电光源。具有光色好、发光效率高的特点，如果选择不同的卤化物就可以得到不同的光色。

5. 高压钠灯

高压钠灯是利用高压钠蒸汽放电发出金色的白光，其辐射光的波长集中在人眼感受较灵敏部位，特点是光线比较柔和，发光效率好。

6. 氙灯（"小太阳"）

氙灯是一种弧光放电灯，有长弧氙灯和短弧氙灯。长弧氙灯为圆柱形石英灯管，短弧氙灯是球形石英灯管。灯管内两端有钍钨电极，并充有氙气。这种灯具有功率大、光色白、亮度高等特点，被誉为"小太阳"。广泛用于建筑工地、车站机场、摄影场所。

7. 碘钨灯

碘钨灯是一种热光源，灯管内充入适量的碘，高温下钨丝蒸发出钨分子和碘分子化合成碘化钨，这便是碘钨灯的来由。碘化钨游离到灯丝时又被分解为碘和钨，如此循环往复，使灯丝温度上升发出耀眼的光。碘钨灯的特点是体积小、光色好、寿命长，但起动电流较大（为工作电流的 5 倍）。这种灯主要用在工厂车间、会场和广告箱中。

8. 节能灯

节能灯具有光色柔和、发光效率高、节能显著等特点，被普遍用于家庭、写字楼、办公室等。工作原理和日光灯相同，管内涂有稀土三基色荧光粉，发光效率比普通荧光灯提高 30% 左右，是白炽灯的 5～7 倍。

二、灯具安装

灯具的安装形式有壁式、吸顶式、镶嵌式、悬吊式。悬吊式又有吊线式、吊链式、吊杆式（见图 2-17）。

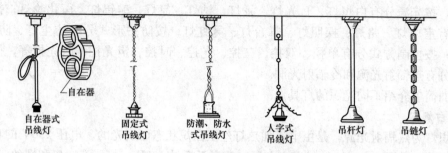

自在器式   固定式   防潮、防水   人字式   吊杆灯   吊链灯
吊线灯   吊线灯   式吊线灯   吊线灯

图 2-17   灯具的安装形式

灯具安装一般要求悬挂高度距地 2.5m 以上，这样一是高灯放亮，二是人碰不到相应的比较安全。暗开关距地面 1.3m，距门框 0.2m，拉线开关距屋顶 0.3m。

1. 白炽灯安装的步骤与工艺要求

（1）安装圆木台（塑料台）。在布线或管内穿线完成之后安装灯具的第一步是安装圆木台。圆木台安装前要用电工刀顺着木纹开两条压线槽；用平口螺丝刀在木台上面钻两个穿线孔；在固定木台的位置用冲击钻打 φ6mm 的孔，深度约 25mm，并塞进塑料胀管，将两根导线穿入木台孔内，木台的两线槽压住导线，用螺丝刀、木螺丝对准胀管拧紧木台（见图 2-18）。

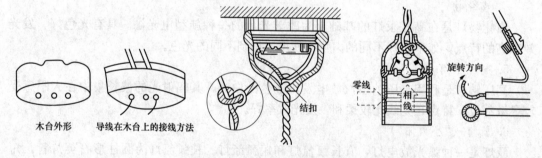

木台外形   导线在木台上的接线方法   结扣   零线   相线   旋转方向

图 2-18   白炽灯的安装与接线

（2）安装吊线盒（挂线盒）。将木台孔上的两根电源线头穿入吊线盒的两个穿线孔内，用两个木螺丝将吊线盒固定在木台上（吊线盒要放正）。剥去绝缘约 20mm，将两线头按对角线固定在吊线盒的接线螺钉上（顺时针装），并剪去余头压紧毛刺。用花线或胶质塑料软线穿入吊线盒盖并打扣（承重），固定在吊线盒的另外两个接线柱上，并拧紧吊线盒盖。

（3）安装灯头。灯头一般在装吊线盒时事先装好，剪花线 0.7m，一端穿入灯头盖并打扣，剥去绝缘皮层将两线头固定在灯头接线柱上（见图 2-18）。如果是螺丝口灯头相线（花线不带白点的那根线）应接在与中心铜片相连接的接线柱上，零线接在与螺口相连的接线柱上，以避免触电。

（4）安装开关。开关有明装（拉线开关）和暗装（扳把开关）之分。开关控制相线，拉线开关同安装吊线盒相似，先装圆木台再装开关，开关要装在圆木台的中心位置，拉线口朝下。扳把开关在接线盒内接线，盒内导线要留有余量，扳柄向上时为接通位置，线接好后再把开关用机螺钉固定在接线盒（开关盒）上（见图 2-19）。

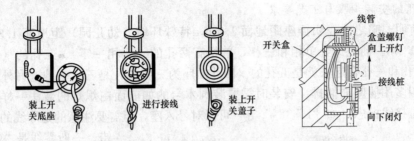

图 2-19　安装开关

2. 日光灯安装步骤和工艺要求

（1）组装并检查日光灯线路，若日光灯部件是散件要事先组装好。如果是套装，要检查一下线路是否正确、焊点是否牢固。组装时将所有电器件串联起来，若双管或多管则先单管串接，后多管并接，再接电源。

（2）开关、吊线盒的安装，其方法同白炽灯，此处不再赘述。吊链或吊杆长短要相同，使灯具保持水平。注意：因日光灯灯脚挂灯管处有 4 个活动点，起辉器处有 2 个活动点，这是日光灯接触不良易出故障的地方（见图 2-20）。

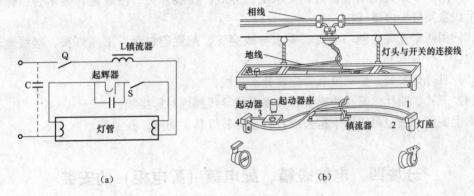

图 2-20　日光灯的安装

（a）日光灯接线图；（b）日光灯安装图

3. 双控灯、三控灯安装

通常用一个开关控制一盏灯，也可以用一个开关控制多盏灯，这些都比较简单。双控或三控用在不同的场合，控制线路略微复杂些。

（1）双控灯安装。是用两个双联开关控制一盏灯（两地控制），一般用在楼梯间或家庭客厅（见图 2-21），两个开关要用两根导线连接起来，接在双联开关两边的点，中间的一点接电源"L"线（相线），另一个开关中间点接灯头的中心点，灯头的螺旋接"N"线（零线），这种控制无论在哪个位置扳动一个开关都可以使灯接通或断开，

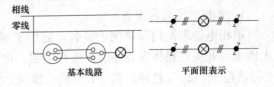

图 2-21　双控灯安装

实现两地控制，方便操作。

（2）三控灯安装。是用两个双联开关和一个三联开关控制一盏灯，实现三地控制，也常用在楼梯或走廊上，具体安装步骤同白炽灯。

4. 插座的安装步骤与工艺要求

插座有明、暗之分，明插座距地面 1.4m，特殊环境（幼儿园）距地面 1.8m；暗插座距地面 0.3m。插座又分单相和三相，单相有两孔的（一相一零）、三孔的（一相一零一地）、两孔和三孔合起来就是五孔的。四孔插座为三相的，是三火一地，另外还有组合插座，也叫多用插座或插排。安装时需要装圆木台的如前面白炽灯的装法一样。因插座接线孔处有接线标志，如 "L" "N" 等，可以对号入座，但需要注意的是导线的颜色不能弄错。一般零线是 "蓝" "黑"色，相线是 "黄" "绿" "红"三色，地线是 "双色"，否则易造成短路或接地故障（见图 2-22）。

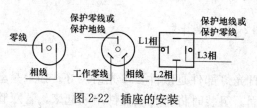

图 2-22 插座的安装

实训内容及要求

灯具安装内容和要求如下。

（1）用一个开关控制一盏灯。要求配置导线、拉线开关、吊线盒、圆木台、螺口灯头，吊线盒及灯头内要打扣。

（2）用两个开关控制一盏灯。要求导线穿管，配置塑料台、平座灯头、接线盒、双联开关。

（3）日光灯安装。要求单双管配置分别接线。

（4）三孔、四孔、五孔插座安装。要求按导线颜色对号接线。

以上实训方法也可以用于宿舍或者教室拆装灯具、插座、开关等。

分块四　电能表箱、配电箱（配电柜）的安装

电能表箱、配电柜的安装也是室内配线的重要组成部分，技术含量相对要高些，一般与灯具安装同步进行，箱体的安装形式有悬挂式、镶嵌式、半镶嵌式、落地式等。

一、电能表箱的安装

为了对用户用电量的计算而装电能表箱，一般是一户一表，也有一个住户单元装一个总电能表箱，便于抄表员抄表。电能表箱内装有单相电能表和控制开关。

1. 单相电能表的安装

单相电能表结构简单便于安装，适用于居民家庭，有转盘数字式和液晶显示式。将电能表和开关在箱体安装好后再进行接线，电能表接线盒内有 4 个接线柱，从左至右 1、3 柱接电源，2、4 柱接负载，其结构、接线、安装如图 2-23 所示。

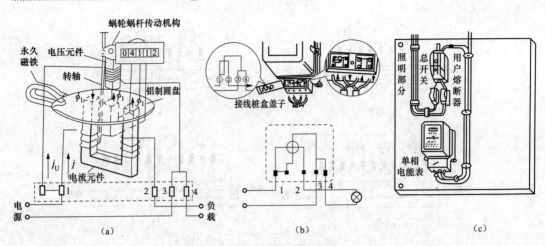

图 2-23　单相电度表的安装
(a) 单相电能表结构图；(b) 单相电能表接线图；(c) 单相电能表安装图

2. 三相电能表的安装

三相电能表适用于企业、事业及用电量大的动力车间等。三相电能表有三相三线制和三相四线制之分，还有直接安装和加互感器安装。若电流很大，电压较高应通过电流互感器或电压互感器才能接入电能表，其目的一是相对安全，二是缩小仪表的结构。电流互感器是将大电流变成小电流（5A），电压互感器是将高电压变成低电压（100V）。

三相三线制电能表从左至右8个接线柱，1、4、6接三相进线，3、5、8出线接负载，2、7空着（内接电压线圈）。三相四线制电能表从左至右共11个接线柱，1、4、7为三相进线，3、6、9为出线，10是中性线进线，11是中性线出线，2、5、8空着，其结构、接线、安装如图2-24所示。

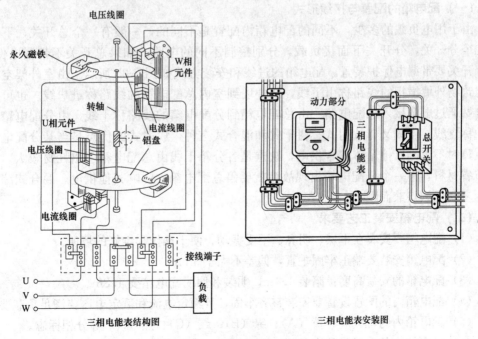

三相电能表结构图　　　　　　三相电能表安装图

图 2-24　三相电能表的安装（一）

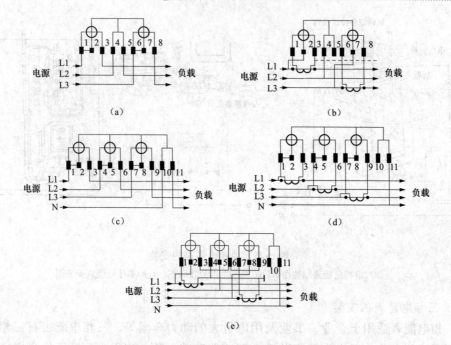

图 2-24 三相电能表的安装（二）

(a) 三相三线电能表直接接入；(b) 三相三线电能表经电流互感器接入；(c) 三相四线电度表直接接入；
(d) 三相四线电度表经电流互感器接入；(e) 三相四线电度表经直接互感器接入

二、配电箱安装

配电箱是用来分配控制电能的，是由专门厂家生产的定型产品，有照明配电箱、动力配电箱、控制配电箱、计量配电箱，还有总配电箱和分配电箱。

（一）配电箱的配置与接线形式

由于用电负载的多少，不同的配电箱内配置是不同的，一般有一个总开关，下面装有几个分开关，分开关下面接负载，分别控制不同的电路。如果总开关不带漏电保护，则分开关要带漏电保护装置。配电箱的进线和安装方式如图 2-25 所示。由室外架空线杆到建筑物外墙横担的线路称引下线，从外墙到室内总配电箱的线路称进户线。也可以从变电站通过电缆接入总配电箱。由总配电箱到分配电箱的线路称干线，由分配电箱到负载的称支线。干线又有放射式、树干式和混合式三种，放射式的优点是当某分配电箱发生故障时不影响其他箱体正常供电，缺点是各分箱干线由总配电箱引出耗材较大。树干式节省材料，但一个分配电箱出现故障就要停总配电箱，影响其他供电。混合式综合以上两者，优缺点兼而顾之。

（二）配电箱安装工艺要求

(1) 配电箱要安装在干燥、明亮、不受振动、便于操作和维修的场所。

(2) 配电箱安装要端正牢固垂直，偏差不大于 3mm。

(3) 配电箱的安装高度：暗装 1.4m，明装和照明配电箱要 1.8m。

(4) 配电箱内的配置设备要安装整齐牢固，其额定电流和额定电压要满足负载要求。

(5) 配电箱内的母线应有黄（A）、绿（B）、红（C）、黑（N）等分相标志。

(6) 配电箱内的配线要整齐美观、上下对称、成排成束。

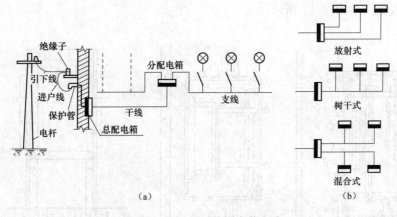

图 2-25 配电箱进线和安装方式

(a) 配电箱进线图；(b) 配电箱安装方式

（7）配电箱外壳及不带电的金属构件要进行良好的接地。

（8）接地系统中的零线应在引线处或接线末端的配电相处做好重复接地。

电能表箱、动力配电柜接线安装形式如图 2-26 所示。

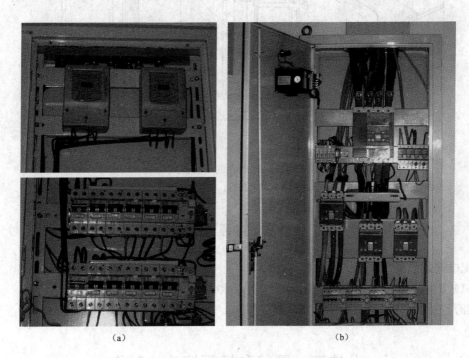

图 2-26 电能表箱、动力配电柜

(a) 电能表箱；(b) 动力配电柜

（三）配电箱的安装方式

配电箱安装方式很多，主要有悬挂式，安装在墙上、梁柱上；镶嵌式，主要镶嵌在墙体内，有全嵌型和半嵌型；落地式，打高出地面 200～300mm 的混凝土底座，并预埋固定螺栓固定配电箱，有的也可以直接蹲放在地面上；支架式，用角钢焊接成金属支架，上面固定配电箱，如图 2-27 所示。

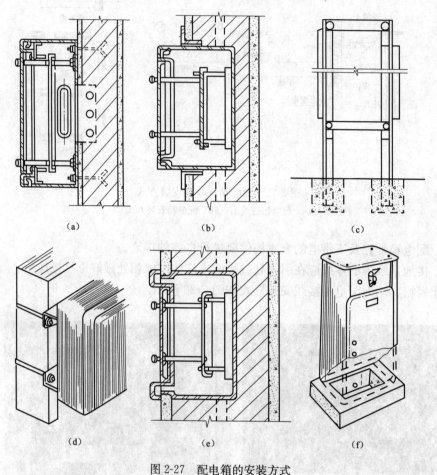

（a） （b） （c）

（d） （e） （f）

图 2-27　配电箱的安装方式

（a）墙上悬挂；（b）挂半嵌式；（c）支架上固定；（d）柱上悬；（e）全嵌式；（f）台上固定

实训内容及要求

配电箱配线要求如下。

（1）配电箱配置要有单相电能表、总开关和若干个分开关，安装要整齐牢固。

（2）三相三线制和三相四线制电能表安装，接线要求正确美观。

分块五　网线和视频接头的制作

室内配线技术不仅是指电气配线，在某些家装工程中，电气施工人员同时也要完成一些弱电线路的安装工作。网络、有线电视、视频等技术在家庭中使用已基本实现全覆盖，与人们的生活息息相关，因此掌握部分弱电线路的安装技术对人们的生活及工作是很有帮助的。

（一）网络插座的安装

室内配线的网络布线其实和电线布线的施工方式有些相同，都是在地板、墙壁里暗装，经过穿线管终结在 86 底盒。但网络线是一个信息点一根网线，中间不允许续接，一线走到底。

RJ-45 信息模块前面插孔内有 8 芯线针触点，分别对应着双绞线的 8 根线；后部两边分列 4 个打线柱，外壳为聚碳酸酯材料，打线柱内嵌有连接各线针的金属夹子；有通用线序色标清晰注于模块两侧面上，分为两排：A 排表示 T586A 线序模式，B 排表示 T586B 线序模式，如表 2-1 所示。这是最普通的需打线工具打线的 RJ-45 信息模块，如图 2-28 所示。

表 2-1　　　　　　　　　　　RJ-45 信息模块表示含义

引脚号	1	2	3	4	5	6	7	8
T586A	绿白	绿	橙白	蓝	蓝白	橙	棕白	棕
T586B	橙白	橙	绿白	蓝	蓝白	绿	棕白	棕

具体制作步骤如下。

第 1 步：将双绞线从暗盒里抽，预留 40cm 的线头，剪去多余的线。用剥线工具或压线钳的刀具在离线头 10cm 长左右将双绞线的外绝缘层剥去，注意不要伤及双绞线的绝缘层。

第 2 步：把剥开的双绞线线芯按线对分开，但先不要拆开各线对，只有在将相应线对预先压入打线柱时才拆开。按照信息模块上所指示的色标选择人们偏好的线序模式（注：在一个布线系统中最好统一采用一种线序模式，否则接乱了，网络不通则很难查），将剥皮处与模块后端面平行，两手稍旋开绞线对，稍用力将导线压入相应的线槽内，如图 2-29 所示。

图 2-28　RJ-45 信息模块

图 2-29　RJ-45 信息模块的压接线序

第 3 步：线芯都压入各槽位后，就可用 110 打线工具（见图 2-30）将一根根线芯进一步压入线槽中。

110 打线工具的使用方法是：切割余线的刀口永远是朝向模块的外侧，打线工具与模块垂直插入槽位，垂直用力冲击，听到"咔嗒"一声，说明工具的凹槽已经将线芯压到位，嵌入金属夹子里，金属夹子切入绝缘皮咬合铜线芯形成通路。

图 2-30　110 打线工具

第 4 步：将信息模块的塑料防尘片扣在打线柱上，并将打好线的模块扣入信息面板上。

（二）RJ-45 水晶头的制作

网线钳是制作水晶头的专业工具，如图 2-31 所示。在压线钳最顶部的是压线槽，压线槽共提供了三种类型的线槽，分别为 6P、8P 以及 4P，中间的 8P 槽是人们最常用到的 RJ-45 压线槽，而旁边的 4P 为 RJ-11 电话线路压线槽在压线钳 8P 压线槽的背面，我们可以看到呈齿状的模块，主要是用于把水晶头上的 8 个触点压稳在双绞线之上。圆线剥线口是用来剥切网线外层绝缘的，切线口是用来剪切网线线芯的。

RJ-45 水晶头如图 2-32 所示，之所以把它称为"水晶头"，主要是因为它的外表晶莹透亮。水晶头没有被压线之前金属触点凸出在外，是连接非屏蔽双绞线的连接器，为模块式插孔结构。从侧面观察 RJ-45 接口，可以看到平行排列的金属片，一共有 8 片，每片金属片前端都有一个突出透明框的部分，从外表来看就是一个金属触点，在压接网线的过程中，金属片的侧刀必须刺入双绞线的线芯，并与线芯总的铜质导线内芯接触，以联通整个网络。

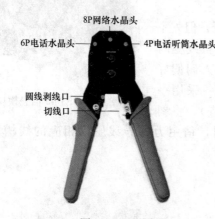

图 2-31　网线钳

图 2-32　水晶头

具体制作步骤如下。

第 1 步：用压线钳的圆线剥线口在离线头 3cm 长左右将双绞线的外绝缘层剥去，注意不要伤及双绞线的绝缘层。

第 2 步：将 4 对双绞线分开、捋直。并且按照：橙白、橙、绿白、蓝、蓝白、绿、棕白、棕的次序排列好，让线与线紧紧地靠在一起，手指用力捏住。

第 3 步：用压线钳的切线口将剥去护套的网线多余部分剪去，留 15mm，留下一排整齐的线。

第 4 步：套上水晶头。注意水晶头的簧卡朝下。网线的 8 根线芯一定要伸入水晶头顶部。

第 5 步：将水晶头放入压线钳的压线口，用劲握压线钳手柄，最好是反复握几次。

第 6 步：制作完成后的网线两头插入测线仪（见图 2-33），打开开关，如果 1～8 的指示依次反复亮起，说明网线制作成功。

（三）BNC 视频接头的制作

BNC 接头是一种用于同轴电缆的连接器，有压接式、组装式和焊接式，如图 2-34 和图 2-35 所示。

BNC 视频接头的具体制作步骤如下。

第 1 步：剥线。同轴电缆由外向内分别为保护胶皮、金属屏蔽网线（接地屏蔽线）、乳白色透明绝缘层和芯线（信号线），芯线由一根或几根铜线构成，金属屏蔽网线是由金属线编织的金属网，内外层导线之间用乳白色透明绝缘物填充，内外层导线保持同轴，故称为同轴电缆。剥线用小刀将同轴电缆外层保护胶皮剥去 1.5cm，小心不要割伤金属屏蔽线，再将芯线外的乳白色透明绝缘层剥去 0.6cm，使芯线裸露。

图 2-33　测线仪

图 2-34　同轴电缆图

图 2-35　BNC 接头

第 2 步：芯线的连接。BNC 接头一般由 BNC 接头本体、芯线插针、屏蔽金属套筒三部分组成，芯线插针用于连接同轴电缆芯线。在剥线之后，将芯线插入芯线插针尾部的小孔，使用卡线钳前部的小槽用力夹一下，使芯线压紧在小孔中。当然，也可以使用电烙铁直接焊接芯线与芯线插针，焊接时注意不要将焊锡流露在芯线插针外表面。如果没有专用卡线钳可用电工钳代替，需要注意将芯线压紧以防止接触不良，但要用力适当以免造成芯线插针变形。

第 3 步：装配。BNC 接头连接好芯线后，先将屏蔽金属套筒套入同轴电缆，再将芯线插针从 BNC 接头本体尾部孔中向前插入，使芯线插针从前端向外伸出，最后将金属套筒前推，使套筒将外层金属屏蔽线卡在 BNC 接头本体尾部的圆柱体内。

第 4 步：压线。保持套筒与金属屏蔽线接触良好，用卡线钳用力夹压套筒，使 BNC 接头本体固定在线缆上。重复上述方法在同轴电缆另一端制作 BNC 接头即制作完成。待 BNC 电缆制作完成，最好用万用电能表进行检查后再使用，断路和短路均会导致信号传输故障。

🖊 实训内容及要求

网线和视频接头的制作。

（1）RJ-45 信息模块的制作。

（2）RJ-45 水晶头的制作。

（3）BNC 视频接头的制作。

（4）每 2 人一组，制作完成测试通断。操作要认真，严格按工艺要求操作。

模块三
电缆敷设与接头

　　随着我国城市化的迅速发展，为了美化城市、亮化城市，原有的许多高低压架空输电线路已成为历史，取而代之的是输电电缆。而在港口码头一线作业现场，大型装卸机械的供电方式也均为电缆输送，许多港口机械如门机的框架结构上本身就带有电缆卷筒，因此电缆敷设、电缆接头、电缆故障的探测与寻找，成为当代电气安装与维修的重要工作之一。

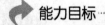 知识目标

　　了解电缆敷设的形式和一般工艺要求。

　　　　　　　　能力目标

　　基本掌握冷、热缩型终端、中间接头的制作工艺；学会电缆故障的判断测量方法。

　　　　　　　　器材准备

　　冷、热缩型电缆接头材料附件、1000～2500V 绝缘电阻表、单臂电桥、汽油喷灯、电工工具等。

分块一　电　缆　敷　设

　　电缆的敷设方式较多，常用的有直埋地下敷设、PVC 管敷设、电缆沟敷设、电缆隧道敷设、桥架敷设等。

一、电缆敷设的一般要求

　　1. 搬运

　　电缆搬运距离远的，可用汽车、吊车搬运，但严禁从车上滚下或拖下，近距离的可以人工滚动，滚动方向要按电缆盘上箭头所示。电缆盘不允许平放。

　　2. 检测

　　电缆敷设前应检测，检查电缆电压规格型号是否符合设计要求，对 500V 电缆用 500V 绝缘电阻表，测其绝缘电阻值应大于 0.5MΩ；对 1000V 的电缆用 1000V 或 2500V 绝缘电阻表，测其绝缘电阻应大于 1MΩ/kV；6kV 以上的电缆还应做交流耐压试验、直流泄漏试验和潮气试验。

3. 封闭

出厂电缆两头封闭的目的是防潮。电缆进入电缆沟、建筑物、配电箱及穿管进出口均应进行封闭，其目的是防止鼠害。

4. 预留

为了防止温度，地形变化，敷设电缆时应留有余量，一般高压电缆留 5m，低压电缆留 3m。

5. 温度

电缆敷设时的环境温度不易太低，如全塑电缆应在 0℃以上，否则需要加热。若通电加热，电流应为电缆电流的 70%～80%，电缆表层温度在 35～40℃。

6. 弯曲

电缆敷设时不得扭伤和弯曲过度，其弯曲半径一般是电缆外经的 15～20 倍（按其硬度顺势而定）。

7. 排列

电力电缆与控制电缆应分开排列；若需同时排列，电力电缆在上方，控制电缆在下方，电压低的在下方，高压的在上方。

8. 距离

电缆与其他管道设备的安全距离应按设计要求，一般为 0.1～1m。

9. 支点

电缆敷设时的固定支点应按设计规定，一般水平支点为 1～1.5m，垂直为 1～2m。

10. 穿管

电缆穿越道路、建筑物时应穿保护管，两端长出 1m 余量。

二、电缆直埋地敷设

电缆直埋地敷设结构设施简单，便于施工，散热好，适用于敷设距离较长，电缆根数少的情况。直埋深度为 0.7～1m，如图 3-1 所示。

直埋电缆的施工程序和技术要求如下。

1. 放样

根据电缆走向用石灰画出电缆沟开挖的宽度和路径，弯曲处应有弧形。

2. 挖沟

可用挖掘机或人工开挖，深度为 0.8m。

3. 垫沙

缆沟开挖整平后，在沟底铺约 100mm 细砂或黄土。

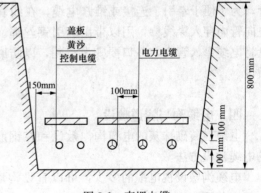

图 3-1　直埋电缆

4. 埋管

电缆穿越道路、建筑物或与其他设施交叉时应埋设电缆保护管，电缆穿入后管口要封堵。

5. 敷设

敷设电缆可以由人工肩扛或手传，也可用机械牵引，为了防止电缆外皮擦伤，每隔2～3m放一个滚动轮。

6. 间距

若几根电缆敷设时其排列间距为100～150mm。

7. 盖板

电缆铺好后上方再铺一层100mm黄沙或黄土，然后加上水泥盖板或砖块，以防受机械损伤。

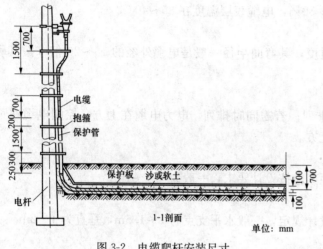

8. 回填

回填土时应注意填实，填土应高出地面150～200mm，以备下沉。

9. 标牌

电缆敷设完毕，应在电线引出进入端、接头处、转弯处埋设标示牌，注明线路编号、电压等级等。

10. 爬杆

电缆引至电线杆时，其安装尺寸如图3-2所示。

图3-2 电缆爬杆安装尺寸

三、PVC管敷设

以前的水泥排管敷设由于工序复杂、施工麻烦，已被PVC管代替。PVC管敷设电缆有两种形式，简单地与直埋地下类似，但工序减少许多，当沟开挖好后，将PVC管穿在电缆上，用胶处理好接头，直接埋入地下。复杂一些的是多管敷设，开沟后预埋PVC管，为了便于牵引、连接或维修电缆，在线管的分支、转角等处设置电缆井。穿电缆前先向管内穿入穿线棒，用以带出牵引钢丝绳。绳头上绑好电缆，用电力工程车或人工线盘将电缆牵入管内，井口要安设滑轮，以防磨伤电缆。如此一段一段，一井一井的穿管敷设。

四、电缆沟与隧道敷设

电缆在砖砌抹灰的电缆沟内敷设和在钢筋混凝土预制的隧道中敷设，是室内外常用的电缆敷设方法。

电缆沟敷设视电缆的多少，可以直设沟底（见图3-3），也可设在单、双侧支架上，支架安装要牢固，并进行防腐处理。沟上的水泥盖板分为盖土和不盖土两种，沟内尽量不要有积水，电缆沟内应有积水坑，积水坑距离一般为50m一个。

电缆隧道，安装维修方便，能容纳更多的电缆及其他管线，但造价较高，施工期长。

五、桥架敷设

桥架敷设是架空敷设的一种常用形式，它比以上敷设形式施工更简单方便，大多用

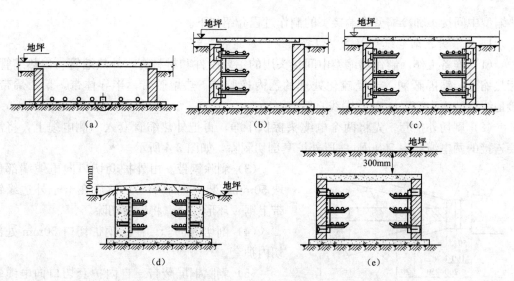

图 3-3　电缆沟敷设
(a) 无支架；(b) 单支架；(c) 双支架；(d) 无覆盖；(e) 有覆盖

在高层大型建筑或自动化车间内。铠装电缆也可直接悬挂固定，连桥架都不用，电缆敷设更快捷，简单且散热好，维修方便。

分块二　电　缆　接　头

　　同导线连接一样，电缆在安装施工和故障维修中，仍然有接头。资料统计表明，70%的电缆事故都发生在接头处，因此确保电缆接头的制作质量，对电缆的安全运行具有重要的意义。电缆接头技术含量高，工艺比较复杂，需要由专业技术水平的电工来完成。

　　电缆接头主要有与电器设备或线路连接的终端接头（电缆两头），电缆与电缆连接的中间接头。这些接头又有高压低压、室内室外之分，根据所用的绝缘材料有热缩型和冷缩型两种。

一、电缆接头的基本要求

　　(1) 电缆接头制作过程中要注意防尘防潮，为此应连续进行，作业时间越短越好。

　　(2) 电缆接头所用材料的电压等级、绝缘性能、抗拉强度、膨胀系数等要满足电缆要求。

　　(3) 剥切电缆时不要损伤线芯和内层绝缘。用喷灯或加热枪加热时，动作要熟练迅速，防止过热伤及铝包和绝缘层。

　　(4) 电缆接头连接要紧密，接触电阻小，具有足够的机械强度和绝缘强度，密封性好。

二、电缆接头的制作

　　由于电工材料的不断更新和进步，电缆接头的制作也相对简单和高效。下面分别对热缩型中间接头和冷缩型终端接头的制作过程介绍如下。

1. 交联聚乙烯电缆热缩型中间接头制作步骤和工艺

（1）准备工作。制作热缩型中间接头用的主要附件和材料有：外热缩管，内热缩管，相热缩管，铜屏蔽网，未经硫化处理的乙丙橡胶带，热熔胶带，半导体带，聚乙烯带，接地线（截面为 $25mm^2$ 的软铜线）等。

（2）剥切外护套。先将两个电缆头擦拭干净，再把外热缩管套入一侧电缆上，将需要连接的两电缆端头 500mm 一段外护套剖切剥除，如图 3-4 所示。

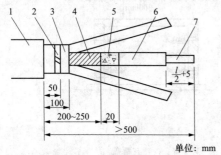

图 3-4　电缆剥切尺寸

1—外护套；2—钢带卡子；3—内护套；
4—铜屏蔽带；5—半导体布；6—交联聚
乙烯绝缘；7—线芯

（3）剥除钢带。由外护套切口向电缆端部量取 50mm，装上钢带卡子，然后在卡子外边缘钢带上锯一环形切痕，将钢带切除。

（4）剖切内护套。在距钢带切口 50mm 处剖切内护套。

（5）剥除铜屏蔽带。自内护套切口向电缆端头量取 $100\sim150mm$，将该段铜屏蔽带用细铜线绑扎，其余部分剥除。屏蔽带外侧 20mm 一段半导体布保留，其余部分去除。

（6）清洗线芯绝缘，套相热缩管。用无水酒精清洗三相线芯交联聚乙烯绝缘层表面，以除净半导电薄膜，并分相套入铜屏蔽网和相热缩管。

（7）剥除绝缘，压接连接管。剥除线芯端头交联聚乙烯绝缘层，剥除长度为连接管长度的（$l/2+5mm$）。用无水酒精清洗线芯表面，将清洗干净的两端头分别从压接管两端插入，用压接钳进行压接，每相接头要错开。

（8）包绕橡胶带。在压接管及其两端裸线芯处包绕未经硫化处理的乙丙橡胶带，采用半叠压方式绕包 2 层，与绝缘接头处必须绕包严密。

（9）加热相热缩管。先在接头两边的交联聚乙烯绝缘层上适当缠绕热熔胶带，然后将事先套入的相热缩管移至接头中心位置，用喷灯沿轴向加热，使热缩管均匀收缩，裹紧接头。加热时要注意，热缩管不应产生皱褶、裂缝和气泡。

（10）焊接铜屏蔽网。先用半导体带将两侧半导体屏蔽布缠绕连接，然后展开铜屏蔽网与两侧的铜屏蔽带焊接，每一端的焊点不得少于 3 个。

（11）加热内热缩管。先将三根线芯并拢，用聚氯乙烯带将线芯和填料绕包在一起，在电缆内护套处适当缠绕热熔胶带，然后将内热缩管移至中心位置，用喷灯加热，使其均匀收缩。

（12）焊接接地线。在接头两侧电缆钢带卡子处焊接接地线。

（13）加热外热缩管。先在电缆上适当缠绕热熔胶带，然后将外热缩管移至中心位置，也用喷灯加热，使其均匀收缩。

制作完毕的热缩型中间接头结构如图 3-5 所示。

2. 冷缩型电缆终端接头制作步骤、工艺及附件材料（见图 3-6）

冷缩型电缆终端接头制作步骤和工艺如下：

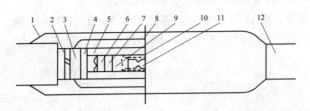

图 3-5 交联聚乙烯电缆热缩型中间接头结构

1—外热缩管；2—钢带卡子；3—内护套；4—铜屏蔽带；5—铜屏蔽网；6—半导体屏蔽带；7—交联聚乙烯绝缘层；
8—内热缩管；9—相热缩管；10—未硫化乙丙橡胶带；11—中间连接管；12—外护套

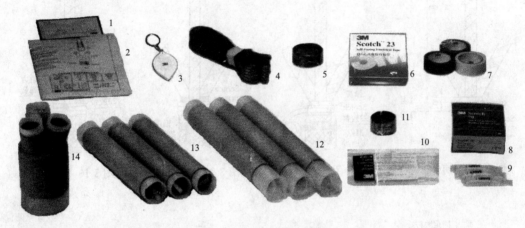

图 3-6 三芯户内冷缩终端附件清单

1—检验单；2—安装图；3—卷尺；4—接地编织线（2条）；5—恒力弹簧（2个）；6—23号乙丙橡胶绝缘自粘带
（2卷）；7—PVC胶带（3卷）；8—70号硅橡胶带（1卷）；9—硅脂（3管）；10—电缆清洁剂（3片装）；11—13号半
导电胶带（1/3卷）；12—冷缩电缆终端（3根）；13—冷缩绝缘套管（3根）；14—冷缩三叉手套

（1）剥切外护套。把电缆置于预定位置，剥去外护套、铠装及衬垫层，开剥长度为 $A+B$，衬垫层留 10mm。再往下剥 25mm 护套，露出铠装，并擦洗开剥处往下 50mm 长护套表面的污垢。用所配的 120 号绝缘砂纸打磨护套口往下 15mm 处并清洁干净，绕包二层 Scotch23 胶带。在顶部绕包 PVC 胶带，将铜屏蔽固定（见图 3-7）。

（2）安装第一条接地线。用恒力弹簧将第一条接地线固定在钢铠上。若为无铠装电缆，第一条接地线可不用安装（见图 3-8）。

（3）缠绕第二条接地线。先绕包 Scotch23 胶带两个来回将恒力弹簧及衬垫层包覆住。在三芯铜屏蔽带根部缠绕第二条接地线，将其向下引出，并使第二条接地线位置与第一条相背（见图 3-9）。

（4）固定第二条接地线。用恒力弹簧将第二条接地线固定住（见图 3-10）。

（5）绕包 23 号胶带。半重叠绕包 Scotch23 胶带，将恒力弹簧全部包覆住。在第一层 Scotch23 胶带的外部再绕包第二层 Scotch23 胶带，把接地线夹在当中，以防水汽沿接地线空隙渗入（见图 3-11）。

（6）绕包 PVC 胶带。在整个接地区域及 Scotch23 胶带外面绕包几层 PVC 胶带，将它们全部覆盖住（见图 3-12）。

（7）安装分支手套。把手套放到电缆根部，逆时针抽掉芯绳，先收缩颈部，然后分别收缩三芯。再用PVC胶带将接地编织线固定在电缆护套上（见图3-13）。

（8）安装冷缩套管。套管与三叉手指搭接至少15mm，抽掉芯绳。测量C，如果C＜250mm＋B，则从冷缩直管端口往下切除一段，尺寸为（250mm＋B）－C（见图3-14）。

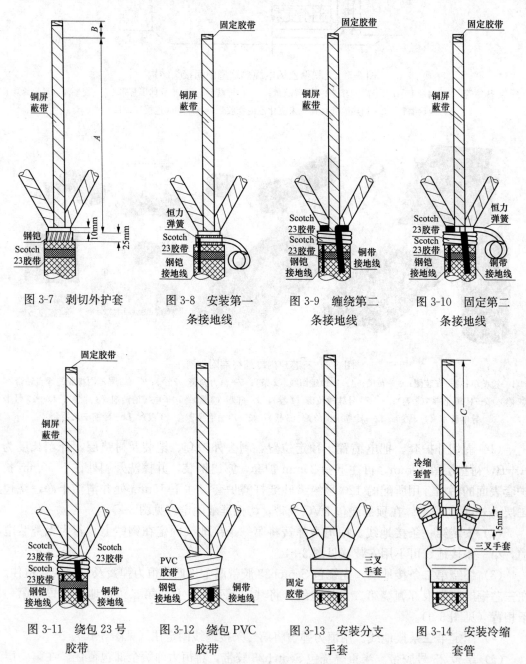

图 3-7 剥切外护套 　图 3-8 安装第一 　图 3-9 缠绕第二 　图 3-10 固定第二
　　　　　　　　　　　条接地线　　　　　条接地线　　　　　条接地线

图 3-11 绕包23号 　图 3-12 绕包PVC 　图 3-13 安装分支 　图 3-14 安装冷缩
　　　　胶带　　　　　　　胶带　　　　　　　手套　　　　　　　套管

（9）剥切屏蔽和半导层。冷缩套管口往上留30mm的铜屏蔽带，其余的剥除。往上再留10mm的半导体层，其余的全部剥除。按尺寸B切除顶部绝缘，在外半导电层端口往下65mm处，绕包PVC胶带作一标识，为冷缩终端安装基准（见图3-15）。

（10）绕包13号半导电带。从铜屏蔽带上10mm处开始，绕至主绝缘10mm（见图3-16）。

（11）压端子、套终端。压接接线端子，用清洗剂将主绝缘擦拭干净，切勿碰到半导电带。在半导电带与主绝缘的搭接处涂上硅脂，将剩余的涂抹在主绝缘表面。套入冷缩终端（QTII），定位于 PVC 标识带处。抽掉芯绳，使终端收缩。用 Scotch23 绝缘带填平接线端子与绝缘之间的空隙。然后，从绝缘管开始，半重叠绕包 Scotch70 绝缘带一个来回至接线端子上（见图 3-17）。

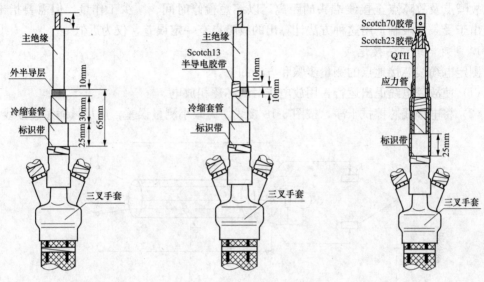

图 3-15　剥切屏蔽和半导层　　图 3-16　绕包 13 号半导电带　　图 3-17　压端子、套终端

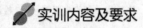 实训内容及要求

电缆接头制作如下。
（1）参观或观看视频电缆接头制作过程。
（2）进行热缩管中间接头制作。
（3）进行冷缩管终端接头制作。
（4）由于接头材料较贵，接头可反复拆做。操作要认真，严格按工艺要求操作。

分块三　电缆线路故障点的测定

电缆线路的检修应按照"先简后繁，先外后内"的原则进行。

一、一般检测方法

一般检测主要是指对电缆线路的外露部分和接头部分进行直观的判断和仪表测试，确定故障类型和故障部位。检测方法如下。
（1）断开电源后，使用接地棒进行充分放电。
（2）沿线路巡视，检查电缆有无受外力损坏和电气损坏的可疑点。
（3）拆开电缆两端的终端头，判断终端头是否损坏。线路中间有接头盒时，可将接头盒拆开，检查有无故障。

（4）用万用表或绝缘电阻表逐相测定电缆线芯是否接地、短路、断线和电缆的绝缘情况。

二、中间故障点的测定

在电缆线路中，当用外部检视方法不能发现故障时，可通过测试及计算来判断线路中间故障点及故障点至接线端头的距离，以缩短检修时间、减少工作量。但需要指出的是，由于受条件限制，用这种方法计算出的故障点有一定误差，仅为近似值。

1. 测定电缆线芯接地点

测定电缆线芯接地点的测量步骤和方法如下。

（1）使故障电缆退出运行，用放电棒对线芯逐相放电。

（2）将电缆线芯擦拭干净，按图 3-18 接线。为减小测量误差，应尽量缩短连接线。

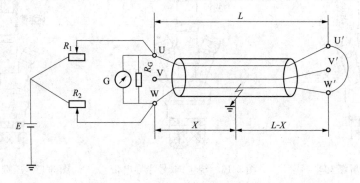

图 3-18　电缆接地故障点测定方法

U、V、W、U′、V′、W′—电缆端头；R_1、R_2—可调电阻器；G—检流计；RG—分流电阻；E—直流电源

（3）接通直流电源，分别调节 R_1、R_2 的电阻值，使检流计的指针指向零位。

（4）读取 R_1、R_2 在指针调整到零位时的电阻值。

（5）将 R_1、R_2 的电阻值代入下式，求出电缆故障点至测量端的距离 X：

$$\frac{R_1}{R_2} = \frac{2L - X}{X}$$

$$X = 2L \frac{R_2}{R_1 + R_2}$$

式中：X 为故障点至被测端的距离（m）；L 为被测电缆长度（m）；R_1、R_2 为检流计调整到零位时可调电阻器的电阻值（Ω）。

（6）用同样方法在电缆另一端测定。比较两组数据，确定故障点距离。

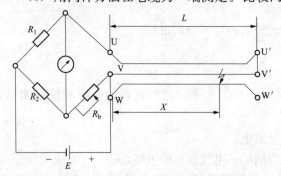

图 3-19　电缆短路故障点测定方法

2. 测定电缆线芯短路点

测定电缆线芯短路点的测量步骤和方法如下。

（1）按图 3-19 接线。

（2）先测出电缆线芯全长 L 的直流电阻值 R_L。

（3）接通测量电源，调节可调电阻器，使检流计的指针指到零位，读取或测定可调电阻器的电阻值。

（4）将测得的 R_B 和 R_L 的实际电阻值代入下式，即可求出线芯故障段的电阻值 R_X：

$$R_X = 2R_L - R_B$$

注意：R_X 值是线芯 VV′ 和线芯 WW′ 故障段并接后的电阻值，即

$$\frac{1}{R_X} = \frac{1}{R_{XV}} + \frac{1}{R_{XW}}$$

因此，一根线芯的电阻值应为 $R_{XV} = R_{XW} = 2R_X$。

（5）将已知数据 R_L、R_{XV} 或 R_{XW}、L 代入下式，即可确定电缆故障段的实际长度 X：

$$X = \frac{LR_{XV}}{R_L}$$

3. 测定电缆线芯断开点

电缆线芯断开点的距离可根据线芯对地的电容电流与线芯长度成正比的原理来确定。测量步骤和方法如下。

（1）按图 3-20 所示电路接线。自耦调压器（T）一次侧接交流 220V 电源，二次侧串接毫安表（A），N 端接地，L1 与 N 端之间接电压表（V），L1 端作为测试端。在测量时，L1 端分别接电缆线芯端头 U、V、W 和 U′、V′、W′。

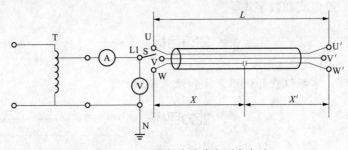

图 3-20　电缆断线故障点测定方法

T—自耦调压器，0～240V、1kVA；A—毫安表，0～100mA，0.5 级；V—电压表，0～30V，0.5 级

（2）接通调压器一次电源，逐步调节调压器，使二次电压由 0V 逐渐上升至不大于 30V，记录电流表指示数值。

（3）按以上方法，分别测得三根电缆线芯 U、V、W 端对地电容电流：I_U、I_V、I_W。

（4）用同样方法，再分别测出线芯末端 U′、V′、W′ 对地电容电流 $I_U{}'$、$I_V{}'$、$I_W{}'$。

（5）将测得结果分别代入下式，即可求出故障段长度 X、X' 的值。

$$X = \frac{I_X L}{I_U} \qquad X' = \frac{I_{X'} L}{I_{U'}}$$

式中：L 为电缆线芯全长（m）；I_U、$I_{U'}$ 为在线芯 U 端和 U′ 端测得的电容电流（mA）；I_X、$I_{X'}$ 为在线芯 X、X' 端分别测得的电容电流（mA）；X、X' 分别为线芯断开点距两个测试端的距离（m）。

🖊 实训内容及要求

电缆故障点的测试内容和要求如下。

（1）按图正确接线和正确操作电桥。

（2）分别对电缆接地、短路、断线点进行测量（若没有电缆可用三盘导线代替）。

（3）计算测量结果，并与实际比较对照检查测量的准确性。

模块四
常用电工仪表

电工仪表是用于测量电压、电流、电能、电功率等电量和电阻、电感、电容等电路参数的仪表，在电气设备安全、经济、合理运行的监测与故障检修中起着十分重要的作用。电工仪表的结构性能和使用方法会影响电工测量的精确度，电工必须能合理选用电工仪表，而且要了解常用电工仪表的基本工作原理和使用方法。

常用电工仪表有：直读指示仪表，它把电量直接转换成指针偏转角，如指针式万用表；比较仪表，它与标准器比较，并读取二者比值，如直流电桥；图示仪表，它显示两个相关量的变化关系，如示波器；数字仪表，它把模拟量转换成数字量直接显示，如数字万用表。常用电工仪表按其结构特点和工作原理分类有：磁电式、电磁式、电动式、感应式、整流式、静电式和数字式等。

知识目标

了解仪表原理；掌握仪表的使用方法和注意事项。

能力目标

能够正确熟练地使用仪表。

器材准备

万用表（指针式、数字式）、兆欧表、钳表、电桥、示波器，电动机、接触器、交直流电源，低频信号发生器。

分块一 万用表的使用

一、指针式万用表

1. 指针式万用表的结构

万用表由表头、测量电路及转换开关等三个主要部分组成。

（1）表头。它是高灵敏度的磁电式直流电流表，如图4-1所示。万用表的主要性能指标基本上取决于表头的性能。表头的灵敏度是指表头指针满刻度偏转时流过表头的直流电流值，这个值越小，表头的灵敏度越高。测电压时的内阻越大，其性能就越好。表头上有4条刻度线，它们的功能如下：第一条（从上到下）标有R或Ω，指示的是电阻值，转换开关在欧姆挡时，即读此条刻度线。第二条标有"$\backsim$"和"VA"，指示的是交、直流电压和直流电流值，当转换开关在交、直流电压或直流电流挡，量程在除交流 10V 以外的其他位置时，即读此条刻度线。第三条标有"10$\underline{V}$"，指示的是 10V 的交流电压值，当转换开关在交、直流电压挡，量程在交流 10V 时，即读此条刻度线。第四条标有"dB"，指示的是音频电平。

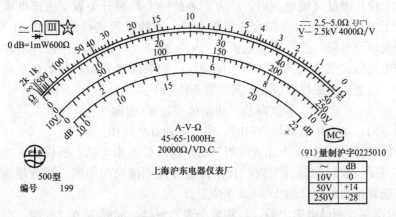

图 4-1　指针式表头结构

（2）测量线路。测量线路是用来把各种被测量转换到适合表头测量的微小直流电流的电路，它由电阻、半导体元件和电池组成。

它能将各种不同的被测量（如电流、电压、电阻等）、不同的量程，经过一系列的处理（如整流、分流、分压等）统一变成一定量限的微小直流电流送入表头进行测量。

（3）转换开关。转换开关是用来选择各种不同的测量线路，以满足不同种类和不同量程的测量要求。转换开关一般有两个，分别标有不同的挡位和量程。

2. 符号含义

（1）$\backsim$ 表示交直流。

（2）V−2.5kV 4000Ω/V 表示对于交流电压及 2.5kV 的直流电压挡，其灵敏度为 4000Ω/V。

（3）A−V−Ω 表示可测量电流、电压和电阻。

（4）45−65−1000Hz 表示使用频率范围为 1000Hz 以下，标准工频范围为 50Hz。

（5）20 000Ω/V DC 表示直流挡的灵敏度为 20 000Ω/V。

3. 万用表的使用

（1）熟悉表盘上各符号的意义及各个旋钮和选择开关的主要作用。

（2）进行机械调零。

（3）根据被测量的种类及大小，选择转换开关的挡位及量程，找出对应的刻度线。

（4）选择表笔插孔的位置。

（5）测量电压：测量电压（或电流）时要选择好量程，如果用小量程去测量大电压，则会有烧表的危险；如果用大量程去测量小电压，那么指针偏转太小，无法读数。量程的选择应尽量使指针偏转到满刻度的 2/3 左右。如果事先不清楚被测电压的大小时，应先选择最高量程挡，然后逐渐减小到合适的量程。

1）交流电压的测量：将万用表的一个转换开关置于交、直流电压挡，另一个转换开关置于交流电压的合适量程上，万用表两表笔和被测电路或负载并联即可。

2）直流电压的测量：将万用表的一个转换开关置于交、直流电压挡，另一个转换开关置于直流电压的合适量程上，且"＋"表笔（红表笔）接到高电位处，"－"表笔（黑表笔）接到低电位处，即让电流从"＋"表笔流入，从"－"表笔流出。若表笔接反，表头指针会反方向偏转，容易撞弯指针。

（6）测电流：测量直流电流时，将万用表的一个转换开关置于直流电流挡，另一个转换开关置于 $50\mu A$ 到 $500mA$ 的合适量程上，电流的量程选择和读数方法与电压一样。测量时必须先断开电路，然后按照电流从"＋"到"－"的方向，将万用表串联到被测电路中，即电流从红表笔流入，从黑表笔流出。如果误将万用表与负载并联，则因表头的内阻很小，会造成短路烧毁仪表。其读数方法如下：

实际值＝指示值×量程/满偏

（7）测电阻：用万用表测量电阻时，应按下列方法操作。

1）选择合适的倍率挡。万用表欧姆挡的刻度线是不均匀的，所以倍率挡的选择应使指针停留在刻度线较稀的部分为宜，且指针越接近刻度尺的中间，读数越准确。一般情况下，应使指针指在刻度尺的 1/3～2/3 位置。

2）欧姆调零。测量电阻之前，应将两个表笔短接，同时调节"欧姆（电气）调零旋钮"，使指针刚好指在欧姆刻度线右边的零位。如果指针不能调到零位，说明电池电压不足或仪表内部有问题。并且每换一次倍率挡，都要再次进行欧姆调零，以保证测量准确。

3）读数：表头的读数乘以倍率，就是所测电阻的电阻值。

4．注意事项

（1）在测电流、电压时，不能带电换量程。

（2）选择量程时，要先选大的，后选小的，尽量使被测量值接近于量程。

（3）测电阻时，不能带电测量。因为测量电阻时，万用表由内部电池供电，如果带电测量则相当于接入一个额外的电源，可能损坏表头。

（4）用毕，应使转换开关在交流电压最大挡位或空挡上。

二、数字万用表

现在，数字式测量仪表已成为主流，有取代指针式仪表的趋势。与指针式仪表相比，数字式仪表灵敏度高，准确度高，显示清晰，过载能力强，便于携带，使用更简单。下面以 DT 9202 型数字万用表为例，如图 4-2 所示，介绍其使用方法和注意事项。

1．操作前注意事项：

（1）将 ON-OFF 开关置于 ON 位置，检查 9V 电池，如果电池电压不足，在显示器上将显示⊡，这时则应更换电池。

（2）测试表笔插孔旁边的 △! 符号，表示输入电压或电流不应超过标示值，这是为了保护内部线路免受损伤。

（3）测试前，功能开关应放置于所需量程上。

2．电压测量注意事项

（1）如果不知道被测电压范围，将功能开关置于大量程并逐渐降低量程，不能在测量中改变量程。

（2）如果显示"1"，表示过量程，功能开关应置于更高的量程。

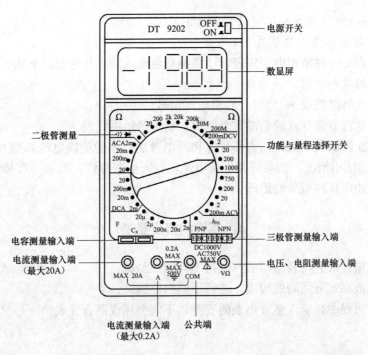

图 4-2 数字万用表

(3) △! 表示不要输入高于万用表要求的电压，显示更高的电压只是可能的，但有损坏内部线路的危险。

(4) 当测高压时，应特别注意避免触电。

3. 电流测量注意事项

(1) 如果使用前不知道被测电流范围，将功能开关置于最大量程并逐渐降低量程，不能在测量中改变量程。

(2) 如果显示器只显示"1"，表示过量程，功能开关应置于更高量程。

(3) △! 上表示最大输入电流为 200mA 或 20A，取决于所使用的插孔，过大的电流将烧坏熔丝，20A 量程无熔丝保护。

4. 电阻测量注意事项

(1) 如果被测电阻值超出所选择量程的最大值，将显示过量程"1"，应选择更高的量程，对于大于 1 MΩ 或更高的电阻，要几秒钟后读数才能稳定，对于高阻值读数这是正常的。

(2) 当无输入时，如开路情况，显示为"1"。

(3) 当检查内部线路阻抗时，要保证被测线路所有电源断电，所有电容放电。

(4) 200MΩ 短路时约有 4 个数字，测量时应从读数中减去，如测 100MΩ 电阻时，显示为 101.0，第 4 个字应被减去。

5. 电容测试注意事项

(1) 仪器本身已对电容挡设置了保护，在电容测试过程中，不用考虑电容极性及电容充放电等情况。

(2) 测量电容时，将电容插入电容测试座中（不要通过表笔插孔测量）。

(3) 测量大电容时，稳定读数需要一定时间。

（4）单位：$1pF=10-6\mu F$，$1nF=10-3\mu F$。

6. 数字万用表保养注意事项

数字万用表是一种精密电子仪表，不要随意更改线路，并注意以下几点。

（1）不要超量程使用。

（2）不要在电阻挡或 ⊣⊢ 挡时，测量电压信号。

（3）在电池没有装好或后盖没有上紧时，请不要使用此表。

（4）只有在测试表笔从万用表移开并切断电源后，才能更换电池和熔丝。电池更换，注意9V电池的使用情况，如果需要更换电池，打开后盖螺钉，用同一型号电池更换；更换熔丝时，请使用相同型号的熔丝。

✎ 实训内容及要求

（1）熟悉指针式万用表的构成，进行不同挡位测试。

（2）熟悉数字式万用表的构成，进行不同挡位测试。

（3）操作过程中，应注意万用表的安全，不能损坏仪器、仪表。

分块二　绝缘电阻表的使用

绝缘电阻表又称摇表、兆欧表，是一种不带电测量电气设备及线路绝缘电阻的便携式的仪表，如图4-3所示。绝缘电阻是否合格是判断电气设备能否正常运行的必要条件之一。绝缘电阻表的读数以兆欧为单位（$1M\Omega=10^6\Omega$）。绝缘电阻表的选用，主要是选择绝缘电阻表的电压及其测量范围，常见的有500V、1000V和2500V等。

1. 选择的原则

（1）额定电压等级的选择。一般情况下，额定电压在500V以下的设备，应选用500V或1000V的绝缘电阻表；额定电压在500V以上的设备，选用1000~2500V的绝缘电阻表。

图4-3　绝缘电阻表

（2）电阻量程范围的选择。绝缘电阻表的表盘刻度线上有两个小黑点，小黑点之间的区域为准确测量区域。所以在选表时应使被测设备的绝缘电阻值在准确测量区域内。

2. 测量前的准备

（1）测量前必须切断被测设备的电源，并接地短路放电。

（2）有可能感应出高压的设备，在可能性没有消除以前，不可进行测量。

（3）被测物的表面应擦干净，消除外界电阻的影响。

（4）绝缘电阻表放置平稳，放置的地方远离大电流的导体和有外磁场的场所，以免影响读数。

（5）验表。以90~130r/min转速摇动手柄，若指针偏到"∞"，则停止转动手柄；将表夹短路，慢摇手柄，若指针偏到"0"，则说明该表良好，可用。特别要指出的是：绝缘电阻表指针一旦到0，应立即停止摇动手柄，否则将使表损坏。此过程又称校零和校无穷，简称校表。

3. 接线

一般绝缘电阻表上有以下三个接线柱。

（1）接线柱"L"："线"（或"相线"），在测量时与被测物和大地绝缘的导体部分相接。

（2）接线柱"E"："地"，在测量时与被测物的外壳或其他导体部分相接。

（3）接线柱"G"：保护环，在测量时与被测物上保护屏蔽环或其他不需测量的部分相接。

一般测量时只用"线"和"地"两个接线柱，"保护"接线柱只在被测物表面漏电很严重的情况下才使用，接线如图 4-4 所示。

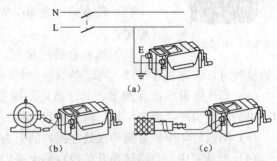

图 4-4　绝缘电阻表的接线方法
(a) 接线方法（一）；(b) 接线方法（二）；(c) 接线方法（三）

线路接好后，可按顺时针方向转动摇把，摇动的速度应由慢而快，当转速达 120r/min 左右时（ZC-25 型），保持匀速转动，1min 后读数，并且要边摇边读数，不能停下来读数。

4. 拆线放电

读数完毕，一边慢摇，一边拆线，然后将被测设备放电。放电方法是将测量时使用的地线从摇表上取下来与被测设备短接一下即可（不是绝缘表放电）。

5. 注意事项

（1）禁止在雷电时或高压设备附近测绝缘电阻，只能在设备不带电，也没有感应电的情况下测量。

（2）因绝缘电阻表是一个发电机，摇测过程中，不可触摸接线端，被测设备上更不能有人工作，以防电击。

（3）绝缘电阻表线不能绞在一起，要分开。

（4）测量结束时，对于大电容设备要放电。

（5）要定期校验其准确度。

✎ 实训内容及要求

（1）按要求正确地使用绝缘电阻表，会测量电动机、变压器、电缆等绝缘电阻值。

（2）操作过程中，应注意绝缘电阻表及人身安全，不能损坏仪器、仪表。

分块三　钳形电流表的使用

钳形电流表是一种用于测量正在运行的电气线路的电流大小的仪表，可在不断电的情况下测量电流。常用的钳形电流表有指针式和数字式两种。指针式钳形电流表测量的准确度较低，通常为 2.5 级或 5 级。数字式钳形电流表测量的准确度较高，外形如图 4-5 所示。用外接表笔和挡位转换开关相配合，还具有测量交/直流电压、直流电阻和工频电压频率的功能。

图 4-5　钳形电流表

1. 结构和原理

钳形电流表实质上是由一只电流互感器、钳形扳手和一只整流式磁电系有反作用力仪表组成。

2. 使用方法

（1）根据被测电流的种类和线路的电压，选择合适型号的钳形电流表，测量前首先必须调零（机械调零）。

（2）检查钳口表面应清洁无污物、锈蚀。当钳口闭合时应密合，无缝隙。

（3）选择合适的量程，先选大，后选小量程或看铭牌值估算。更换量程时，应先张开钳口，再转动测量开关，否则，会产生火花烧坏仪表。

（4）当使用最小量程测量，其读数还不明显时，可将被测导线绕几匝，匝数要以钳口中央的匝数为准，读数＝指示值×量程/满偏×匝数。

（5）测量时，应使被测导线处在钳口的中央，并使钳口闭合紧密，以减少误差。

（6）测量完毕，要将转换开关放在最大量程处。

3. 注意事项

（1）被测线路的电压要低于钳形电流表的额定电压，以防绝缘击穿、人身触电。

（2）测量前应估计被测电流的大小，选择适当的量程，不可用小量程去测量大电流。测高压线路的电流时，要戴绝缘手套，穿绝缘鞋，站在绝缘垫上。

（3）每次测量只能测量一根导线。测量时应将被测导线置于钳口中央部位，以提高测量准确度。测量结束应将量程调节开关到最大位置，以便下次安全使用。

（4）钳口要闭合紧密，不能带电换量程。

✎ 实训内容及要求

（1）按要求正确地使用钳表，会测量三相异步电动机的定子电流。

（2）操作过程中，应注意钳形电流表及人身安全，不能损坏仪器、仪表。

分块四　电桥的使用

电桥内附晶体管放大检流计和工作电源，适合于工矿企业、实验室或车间现场以及野外工作场所作直流电阻测量之用。用来测量其范围内的直流电阻、金属导体的电阻率、导线电阻、直流分流器电阻、开关、电器的接触电阻及各类电动机、变压器的绕线电阻和温升实验等。图 4-6 为 QJ31 单双臂电桥外形图。

图 4-6　QJ31 单双臂电桥

一、直流电桥原理和使用

直流电桥又称惠斯登电桥，是一种测量 1Ω 以上大电阻的测量仪器，其原理电路如图 4-7 所示。图中 ac、cb、bd、da

4 条支路称为电桥的 4 个臂。其中一个臂连接被测电阻 R_x，其余三个臂连接标准电阻，在电桥的对角线 cd 上连接指零仪表，另一条对角线 ab 上连接直流电源。在电桥工作时，调节电桥的一个臂或几个臂的电阻，使检流计的指针指示为零，这时，表示电桥达到平衡。在电桥平衡时，c、d 两点的电位相等。

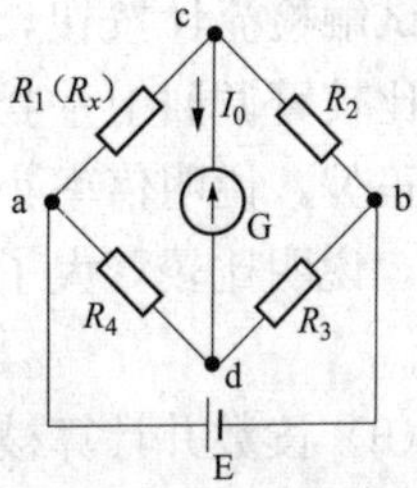

$$U_{ac} = U_{ad} \quad U_{cb} = U_{db}$$

即

$$I_1 R_1 = I_4 R_4 \quad I_2 R_2 = I_3 R_3$$

将这两式相除，得

$$\frac{I_1 R_1}{I_2 R_2} = \frac{I_4 R_4}{I_3 R_3}$$

当电桥平衡时，$I_0 = 0$，所以

$$I_1 = I_2, \quad I_3 = I_4$$

代入上式得

$$R_1 R_3 = R_2 R_4$$

图 4-7　直流电桥原理电路
G—检流计；R_1—被测电阻；
R_2、R_3、R_4—标准电阻；
E—直流电源

上式是电桥平衡的条件。它表明，在电桥平衡时，两相对桥臂上电阻的乘积等于另外两相对桥臂上电阻的乘积。根据这个关系，在已知三个臂电阻的情况下，就可确定另外一个臂的被测电阻的阻值。

设被测电阻 R_x 是位于第一个桥臂中，则有

$$R_x = R_4 \frac{R_2}{R_3}$$

1. 使用步骤和注意事项

利用电桥测量电阻是一种比较精密的测量方法，若使用不当，不仅不可能达到应有的准确度，而且有使仪器设备受到损害的危险，为此介绍正确的使用电桥步骤及其注意事项。

（1）根据被测电阻的大致范围和对测量准确度的要求选择电桥。

（2）如果检流计需要外接，在选用检流计时灵敏度也要选择合适，如果灵敏度太大，则电桥平衡困难、费时，灵敏度太小，又达不到应有的测量精度。一般检流计灵敏度的选择原则是：在调节电桥最低一挡时，检流计有明显变化就可以了，不必要求过高。

（3）使用电桥时，先将检流计锁扣打开，若指针或光点不在零位，应调节到零位。

（4）连接线路，将被测电阻 R_x 接到标有 R_x 的两个接线柱上。若外接直流电源，其正极接面板上的"＋"端钮，负极接面板上的"－"端钮。

（5）根据估算电阻选择电桥倍率，倍率的选择应使 4 个"比较臂"充分利用，以提高读数的精度。

（6）电源的选择要依据当选倍率，一般电桥铭牌上有使用说明。电源选择完后，若检流计指针发生偏转，还应调节调零旋钮，使指针调到零。

（7）将电源按钮"B"按下并锁住，然后根据估算被测电阻，调节最大一挡比较臂，设定对应数值，其余三个比较臂放在"零"位。

（8）试触检流计按钮"G"，若指针朝正偏转，说明比较臂设置小了，应增大比较臂，

继续试触检流计按钮，若指针还朝正偏，继续增大比较臂，直到检流计指针向负偏，然后将比较臂调回上一挡，调节下一个比较臂。注意，当比较臂增大到最大一挡时，检流计还正偏，说明倍率小了，还应增大倍率，重新调节电源和比较臂。若一开始指针朝负偏转，说明比较臂大了，需要减小比较臂。依次调节 4 个比较臂，直到检流计指针指示在零位。

（9）读数并计算被测电阻的数值，$R_x＝$倍率×比较臂的读数（Ω）。

（10）测量完毕，应先松开检流计按钮"G"，再松开电源按钮"B"。

（11）使用完毕后，应将检流计锁扣锁上。

2. 电桥的简单维护

（1）每次使用前，必须将转盘来回旋转几次，使电刷与电阻丝接触良好，并把插塞插紧，用后必须将插塞拔出放松。

（2）必须定期清洗开关、电刷的接触点，清洗周期可按使用的频率情况来确定，一般 1～3 个月一次，但每次检验前必须进行清洗。清洗时先用稠布擦洗接触点和电刷上污物，然后用无水酒精清洗，再涂上一层薄薄的凡士林或其他防锈油。

（3）电桥不应受阳光和发热物体的直接照射，用毕要用盖子盖好。

（4）注意不要让细小的金属物特别是导线的断股铜丝掉入电桥内，以免造成短路或降低其绝缘水平。

（5）若电桥的准确度降低，或因故障而不能工作，其原因可能有以下几种。

1）内附检流计故障，或线圈烧坏，或悬丝、指针断裂。

2）各转盘的机械部分故障，或接触松弛或插孔接触不严密。

3）桥臂电阻元件因受潮霉坏或过载而变质或烧损等。

4）若通过内附电池使用，电池电压可能降低或失效，应更换电池。

二、直流双臂电桥原理及使用

直流双臂电桥（又称凯尔文电桥）是一种测量 1Ω 以下小电阻的常用测量仪器，测量精度较高。在电气工程中，如测量金属的电导率、分流器的电阻、电动机和变压器绕组的电阻以及各类低阻值线圈的电阻等，都属于小电阻的范围。测量这种小电阻时，连接线的电阻、接头的接触电阻（这种电阻一般为 10^{-4}～10^{-3} Ω 的数量级），将给测量结果带来不允许的误差。因此，接线电阻和接触电阻的存在是测量小电阻的主要矛盾。在测量小电阻时，就必须想办法消除或减小接线电阻和接触电阻对测量结果的影响。单电桥虽然准确度高，但在测量小电阻时，被测小电阻接入单电桥作为一个臂以后，该桥臂中的接线电阻和接触电阻的数值可能与被测小电阻有同一数量级，甚至还大些，因此得到的测量的结果是极不可信的。可见，在采用单电桥测量小电阻时，连接线的电阻和接线柱的接触电阻将给测量结果带来很大的误差。直流双电桥就可以解决上述问题。

图 4-8 是直流双电桥的电路原理。图中 R_n 为标准电阻，作为电桥的比较臂，R_x 为被测电阻。标准电阻 R_n 和被测电阻 R_x 备有一对"电流接头"，如 R_n 上的 C_{n1} 和 C_{n2}，R_x 上的 C_{x1} 和 C_{x2}，还备有一对"电位触头"，如 R_n 上的 P_{n1} 和 P_{n2}，R_x 上的 P_{x1} 和 P_{x2}。接线时要特别注意，一定要使电位的引出线之间只包含被测电阻 R_x，否则就达不到排除和减小连线电阻与接触电阻对测量结果的影响的目的。因此一般电流接头要接在电位接头的外侧。电阻 R_n 和 R_x 用一根粗导线 R 连接起来，并和电源组成一闭合回路。在它们的"电

位接头"上，则分别与桥臂电阻 R_1、R_2、R_3、R_4 相连接，桥臂电阻 R_1、R_2、R_3、R 的电阻值应不低于 10Ω。当电桥达到平衡时，通过检流计中电流 $I_0 = 0$，C、D 两点电位相等，连接 R_n 和 R_x 的粗导线的电阻为 R，根据克希霍夫第二定律，可以得出下列方程组：

$$\begin{cases} I_1 R_1 = T_n R_n + I_3 R_3 \\ I_1 R_2 = I_n R_x + I_3 R_4 \\ (I_n - I_3)R = I_3(R_3 + R_4) \end{cases}$$

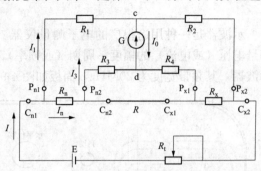

解方程组，可得出

$$R_x = \frac{R_2}{R_1}R_n + \frac{RR_2}{R + R_1 + R_4}\left(\frac{R_3}{R_1} - \frac{R_4}{R_2}\right)$$

在制造电桥时，使得电桥在调节平衡过程中总是保持 $\dfrac{R_3}{R_1} = \dfrac{R_4}{R_2}$，那么上式右边包含有电阻 R 的部分总是等于零。被测电阻

$R_x = \dfrac{R_2}{R_1}R_n$。为了保证电桥在平衡中 $\dfrac{R_3}{R_1}$ 恒

图 4-8　直流双电桥电路原理

G—检流计；E—直流电源；R_1、R_2、R_3、R_4—桥臂电阻；

R_n—标准电阻；R_x—被测电阻；R_t—调节电阻；

c—电流接头；P—电位接头

等于 $\dfrac{R_4}{R_2}$，通常都采用两个机械连动的转换开关，同时调节 R_1 与 R_3、R_2 与 R_4，使得 $R_3/$

R_1、R_4/R_2 总是保持相等。

由上面的讨论可得如下结论：利用双电桥测量电阻时，如果测量时能保证 $\dfrac{R_3}{R_1} = \dfrac{R_4}{R_2}$，同时选择 R_1、R_2、R_3 和 R_4 都大于 10Ω，而且 R_n 和 R_x 按电流接头和电位接头正确连接，那么就可以排除或大大减小接线电阻和接触电阻对测量结果的影响。

使用双电桥注意事项如下。

（1）在使用双电桥时，连接被测电阻应有 4 根导线，电流接头与电位接头应连接正确。被测电阻电位接头更靠近被测电阻。

（2）选用标准电阻时，尽量使其与被测电阻在同一数量级，最好满足 $0.1R_x < R_n < 10R_x$。

（3）双电桥的电源最好采用容量大的蓄电池，电压为 $2\sim4V$。为了使电源回路的电流不致过大而损坏标准电阻和被测电阻，在电流回路中应接有一个可调电阻和直流安培表。在进行精密测量时，要求对应不同被测电阻，调整电源电压，以提高其灵敏度，但是电源电压必须与桥路电阻的容许功率相适应，不能盲目升高电源电压。

目前，我国已生产多种类型的单双两用电桥，它既可用作双桥来测量 $10^{-6}\sim10\Omega$ 电阻，又可用作单桥来测量 $1\sim10^6\Omega$ 电阻。其线路的换接极其简单，它是依靠一个插塞插入标有"单"或"双"字的插孔来实现的。这种两用电桥给测量带来了很大的方便。

🔩 实训内容及要求

（1）用电桥测量电动机绕组（或交流接触器线圈）的电阻。

（2）操作过程中，应注意仪表安全，不能损坏仪器、仪表。

分块五 示波器的使用

示波器是一种用途很广的电子测量仪器。利用它可以测出电信号的一系列参数，如信号电压（或电流）的幅度、周期（或频率）、相位等。SG4320A型示波器是一种双通道示波器，其频带宽度为20MHz，面板如图4-9所示。现介绍示波器的使用。

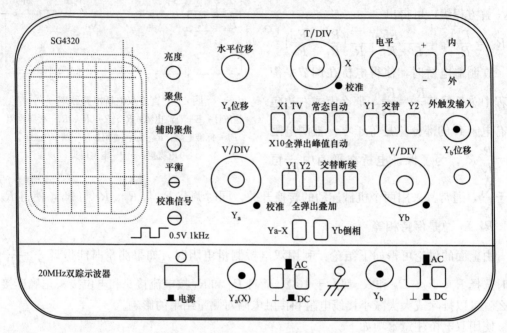

图4-9 SG4320 A型示波器面板结构

一、基本构造

示波器主要由电子枪、偏转系统、荧光屏三部分组成。

电子枪：产生电子束。

偏转系统：控制电子束上下左右移动，实现扫描。若无偏转系统，屏幕上显示一个亮点。没有输入信号，显示水平线，没有锯齿波扫描电压，显示一条垂直线，如图4-10所示。

荧光屏：显示电子束移动踪迹。

屏幕上标有坐标系，其基本单位是格。横坐标共有10格，纵坐标共有8格。其中每一大格又分为5小格，读数准确到0.2格。

控制纵坐标刻度的旋钮称为垂直灵敏度，基本单位是V/DIV（每格多少伏），其功能是控制信号在屏幕显示的幅度大小，挡位越大，显示幅度越低，反之，越高；控制横坐标刻度的旋钮称为水平灵敏度，基本单位是T/DIV（每格多少时间），其功能是控制信号在屏幕显示周期宽度大小，挡位越大，周期宽度越窄（显示波形越密），反之，越宽（信号显示越疏）。

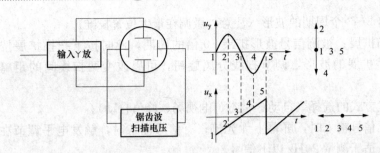

图 4-10 示波器波形显示原理图

一般地，控制垂直灵敏度的选择，使信号在屏幕上显示的幅度占屏幕的 $1/3 \sim 2/3$，为 $3 \sim 6$ 格，控制水平灵敏度的选择，使信号在屏幕上显示 $2 \sim 3$ 个周期，显示幅度如图 4-11 所示。

二、面板操作说明

1. 示波器开机预热（稍待片刻）

触发方式（内），触发极性（＋）（－）也可以，两者相位相差 $180°$，峰值自动状态，调节时基线（亮度，聚焦，辅助聚焦，上下移位，水平移位）。

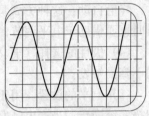

图 4-11　波形电压和
周期显示幅度

2. 据被测量信号的性质选择输入耦合方式

直流信号：输入耦合方式 DC，单通道 Y_a、Y_b 均可。

交流信号：输入偶合方式 AC，单通道 Y_a、Y_b 均可。

脉冲信号：输入耦合方式 DC、AC。

注意 AC、DC 的区别。

3. 选择垂直方式（Y_a、Y_b、交替、断续）

（1）Y_a 表示选择 Y_a 通道。

（2）Y_b 表示选择 Y_b 通道。

（3）交替表示两个通道都选择。

断续和交替功能相同，不过显示波形有区别，另外断续的选择只适用在交替显示时波形出现闪烁才引用。

（4）都不选择，4 个按钮全弹出，表示 Y_a+Y_b，实现两个通道内信号的叠加，另外若把 Y_b 反相按钮按下，可以实现 Y_a-Y_b。

4. 触发源的选择

（1）触发源的选择有两种，一种是"外"，需要外加触发输入信号，通过面板上外触发输入插座输入触发信号；另一种是"内"，有内触发源开关控制。

（2）内触发源选择（Y_a、Y_b、交替）：

Y_a 触发：触发源取自通道 A。

Y_b 触发：触发源取自通道 B。

内触发受控于垂直方式的选择，当垂直方式选择 Y_a 时，内触发选择 Y_a，当垂直方式选择 Y_b 时，内触发选择 Y_b，当垂直方式选择交替或断续时选择 Y_a、Y_b 均可。

5. 水平系统的操作

（1）扫描速度的设定（水平灵敏度的选择），调节水平灵敏度旋钮，观察屏幕波形使荧光屏显示出 2～3 个周期的波形（注意：微调在最大位置校准）。

（2）扫描扩展：被测信号波形扩展 10 倍的周期，此时按下扫描扩展按钮，可以观察扩展和未被扩展的波形，调节扫线分离旋钮，可以改变两扫线间的距离，以便适于观察。

（3）触发方式的选择（自动、常态、电视场、峰值自动）。

常态：无信号输入时，屏幕上无光迹；有信号输入时，触发电平调节在合适位置电路触发扫描，适于测量 20Hz 以下信号。

自动：无信号输入时，屏幕上有光迹；有信号输入时，触发电平调节在合适位置电路触发扫描，适于测量 20Hz 以上信号。

电视场：对电视中的场信号进行同步，在这种方式下被测信号是同步信号为负极性的电视场信号，如果是正极性，则可以由 Y_b 输入，借助于 Y_b 倒相。

峰值自动：这种方式同自动方式，无须调节电平即能同步，但对频率较高的信号，有时也要借助于电平调节，它的触发灵敏度要比"常态"和"自动"稍低一些。

（4）极性的选择（＋、－）。"＋"表示被测信号的上升沿触发，"－"表示被测信号的下降沿触发。

（5）电平的设置。用于调节被测信号在某一合适的电平上启动扫描，使测量信号和扫描系统同步，当产生触发扫描后"触发指示"灯亮。

（6）垂直系统的操作。调节垂直灵敏度旋钮使荧光屏上显示出波形垂直幅度 3～6 个格的波形（占据屏幕高度的 1/3～2/3）。微调在最大位置。

三、功能介绍（测量）

为了得到较高的测量精度，减少测量误差，在测量前应对以下项目进行检查和调整。

1. 平衡

在正常情况下，屏幕上显示的水平光迹与水平刻度平行，但由于受地球磁场与其他因素的影响，会使水平迹线产生倾斜，给测量造成误差，因此使用前可按下列步骤调整。

（1）预置示波器面板上的控制件，使屏幕上获得一根水平扫描线，触发方式（内），触发极性（＋）（－）也可以，两者相位相差 180°，峰值自动状态，调节时基线（亮度，聚焦，辅助聚焦）。

（2）调节上下移位，水平移位，使时基线处于垂直中心的刻度线上。

（3）检查时基线与水平刻度线是否平行，如果不平行，用螺丝刀调整前面板"平衡"控制器。

2. 探极补偿

用探极接入输入插座，并与本机校准信号连接（方波：频率 1000Hz，电压 $0.5V_{p-p}$）测量方波信号，屏幕上应显示方波，若失真，调节探极上补偿元件（见图 4-12）。

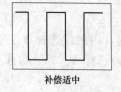
补偿适中

过补偿

欠补偿

图 4-12　探极补偿

3. 电压测量（垂直系统）

（1）交流峰值测量（峰—峰电压测量）（见图 4-13）。

1）信号接入 Y1 或 Y2 插座，将垂直方式置于被选用的通道。

2）调节垂直灵敏度旋钮，观察屏幕波形，使显示波形占据屏幕的 1/3～2/3，微调顺时针拧足（校正位置）并记下此时垂直灵敏度所在挡位。

3）调整电平使波形稳定（如果是峰值自动，无须调节电平）。

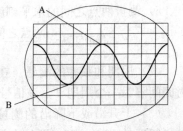

图 4-13　峰—峰电压测量

4）调节水平扫速开关（水平灵敏度），使屏幕显示 2～3 个周期的信号波形，微调顺时针拧足（校正位置）并记下此时扫速开关所在挡位。

5）调整水平位移，使波形顶部在屏幕中央的垂直坐标上。

6）调整垂直移位，使波形底部冲准某一水平坐标上。

7）读出底部到顶部之间的格数。

8）按下面公式计算被测信号的峰到峰电压。

$$V_{p-p}=垂直方向的格数（格）×垂直偏转因数（垂直灵敏度）（V/格）$$

（2）直流电压测量。

1）设置面板控制器，使屏幕上显示一扫描基线。

2）设置被选用通道的耦合方式为"⊥"。

3）调节垂直移位，使扫描基线与水平中心刻度线重合，定义此为参考地电平。

4）将被测信号馈入被选用通道插座。

5）将耦合方式置于"DC"，调节垂直灵敏度旋钮，使波形显示在屏幕中一个合适的位置上，微调顺时针拧足（校准位置）。

6）读出被测量电平偏移参考地线的格数。

7）按下列公式计算被测量直流电压值。

$$V=垂直方向格数（格）×垂直偏转因数（垂直灵敏度）（V/格）×偏转方向（＋或－）$$

4. 代数叠加

当需要测量两个信号的代数和或差，可根据下列步骤操作。

（1）设置垂直方式为"交替"或"断续"（根据信号频率），Y_b 倒相常态，即 Y_b 为正极性。

（2）将两个信号分别输 Y_a 和 Y_b 输入插座。

（3）调节垂直灵敏度旋钮使两个信号的显示幅度适中，调节垂直移位使两个信号波形处于屏幕的中央。

（4）将垂直方式置于"叠加"（4 个按钮全弹出），即得到两个信号的代数和显示；若需观察两个信号的代数差，则将 Y_b 倒相键按下。

5. 时间测量

（1）时间间隔的测量。对于一个波形中两点间时间间隔的测量，可按下列步骤进行。

1）将信号馈入 Y_a 或 Y_b 输入插座，设置垂直方式为被选通道。

2）调整电平使波形稳定显示（如峰值自动，则无须调节电平）。

3）调整扫速开关（水平灵敏度），使屏幕上显示 1～2 个信号周期。

4）分别调节垂直移位和水平位移，使波形中需测量的两点位于屏幕中央水平刻度线上。

5）测量两点之间的水平刻度，按下列公式计算出时间间隔。

$$时间间隔＝\frac{两点之间水平距离（格）\times 扫描时间因数（时间/格）}{水平扩展倍数}$$

（2）周期和频率的测量。在时间间隔测量中，若两点间隔为一个周期距离，则所测时间间隔为一个周期 T，该信号的频率 $f＝1/T$。

（3）上升沿或下降沿的测量。测量方法和时间的测量方法一样，只不过是测量被测波形幅度的 10%～90% 两处之间的距离。

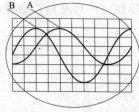

图 4-14 相位差测量图示

（4）相位差的测量（见图 4-14）。

1）将两个信号分别接入 Y_a 和 Y_b 输入插座，垂直方式为"交替"或"断续"（据频率不同而定）。

2）设置触发源位置参考信号的通道。

3）调整垂直灵敏度旋钮和微调控制器（最大），使显示波形幅度一致。

4）调整电平使波形稳定。

（5）调整扫速开关（水平灵敏度）使两个波形各显示 1～2 个信号周期。

（6）测量出信号一个周期所占据的格数 M，则每格度数 $N＝360/M$。

（7）测量出两个波形相对应位置上水平距离（格）。

（8）按下列公式计算出两个信号的相位差。

$$相位差＝水平距离（格）\times N$$

6. 电视场信号的测量（显示电视同步脉冲信号）

（1）将垂直方式置于"Y_a"或"Y_b"，（最好选择"Y_b"）将电视信号馈送至被选中的通道输入插座。

（2）将触发方式置于"TV"，并将扫速开关置于 2MS/DIV。

（3）观察屏幕上显示是否负极性同步脉冲信号，如果不是，可将该信号送至"Y_b"通道，并将 Y_b 倒相键按下，使正极性同步脉冲的电视信号倒相为负极性的同步脉冲信号。

（4）调整垂直灵敏度旋钮，使屏幕显示合适波形。

（5）如需仔细观察电视场信号，则可将水平扩展×10。

7. X-Y 方式

当按下 X-Y 操作键 Y_a-X 时，本机可作为示波器使用，此时 Y_a 作 X 轴，Y_b 作 Y 轴。

四、电子测量仪器的维护和保养

电子测量仪器如示波器、信号发生器等，都是由晶体管、集成电路或电子管电路组成（老式的）。必须注意日常的维护和保养，才能保持良好的工作状态，延长使用寿命。

（1）应有专人负责保管维护。

（2）仪器要安全放在干燥通风的地方。

（3）使用中避免剧烈震动，周围不应置有强电磁设备。

（4）长期不用的仪器应定期通电，一般至少 3 个月通电一次，每次 4～8h。若存放环境差，应增加通电次数。

（5）经常清扫仪器内部的积尘，尤其是风扇滤网等；清扫时必须拔下电源插头，然后打开机壳，使用吸尘器或皮老虎清扫。

（6）按规定要求定期对仪器进行校正工作。

实训内容及要求

（1）用示波器测量正弦波电压幅值和周期。

（2）操作过程中，应注意示波器安全，不能损坏仪器、仪表。

模块五
接地与接零

接地和接零是安全用电的保护措施之一，接地线和接零线是电气设备的安全线，是人身的生命线。因此接地和接零是否合理，直接关系到人身和设备的安全。在港口一线和大型船舶等场所，也根据电压高低不同和供电要求不同，采用了相应的接地保护形式。

知识目标

了解接地和接零的意义和形式；熟悉接地装置的结构和安装方法。

能力目标

正确选择接地与接零的形式；学会接地电阻的测量。

器材准备

接地电阻测量仪、辅助接地体两根、导线 65m。

分块一　接地与接零的基本概念

一、电气上的"地"

当外壳接地的电气设备发生碰壳短路或带电的相线断线触及地面时，电流就从电气设备的接地体或相线触地点向大地作球形流散（见图 5-1），使其附近的地表面和土壤中各点之间出现不同的电压，距触地点越近的地方电压降越高，距触地点越远的地方电压降越低。这是因为靠近触地点的土层对接地电流具有较小的截面，呈较大的电阻，产生较大的电压降；距触地点越远的土层，导电截

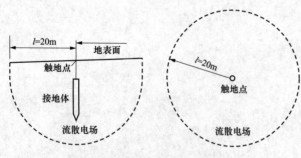

图 5-1　电气上的"地"

面越大，对电流阻力越小，电压降也越小。距触地点 20m 以外，几乎没有电压降，即电位已降至为零。通常所说的电气上的"地"，就是指距触地点 20m 以外的地。

（1）接地。用金属导线将电气设备需要接地的部分，与埋入地下（直接接触大地）的金属导体可靠地连接起来称为接地。

（2）地线。连接电气设备金属外壳与接地体的导体线称为地线。

（3）零线。与变压器或发电机直接接地的中性点相连接的导线称为零线。

（4）接地电流。当发生接地短路或碰壳短路时，经接地短路点流入地内的电流，称为接地电流。

（5）接地电阻。人工或自然接地体的对地电阻与接地线电阻的总和，称为接地装置的接地电阻。

二、三个电压

（1）对地电压。电气设备发生碰壳短路时，接地短路电流通过接地装置流入大地。此时，电气设备的接地部分（如接地外壳、接地线和接地体等）与大"地"间的电位差，称为对地电压。图 5-2 中的 U_d 即为电气设备的对地电压。

（2）接触电压。在接地短路电流回路上，一个人同时触及不同电位的两点所承受的差称为接触电压。图 5-2 中，中间的人站在地上触及漏电设备的外壳，手足之间的电压 U_j 等于漏电设备的电位 U_d 与他所站地点的电位之差。

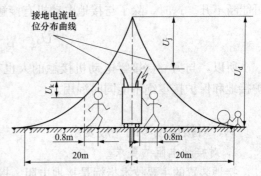

图 5-2　接地体的对地电压曲线

（3）跨步电压。在距接地体 20m 范围内，人的两只脚之间的电位的差称为跨步电压。跨步电压的大小与跨步大小及距离接地体的距离有关。一般人的跨步按 0.8m 考虑。图 5-2 中，左、中、右三人都承受了跨步电压。中间的人正处在接地体位置，承受了最大的跨步电压；左边的人离开接地体有一定距离，承受的跨步电压 U_k 比前者要小得多；而离开接地体 20m 以外的人，其跨步电压近似为零。

三、四个接地

（1）工作接地。为了保证电气设备的可靠运行，将电力系统中的变压器低压侧中性点接地称为工作接地（见图 5-3）。

（2）保护接地。为了防止电气设备绝缘损坏而造成的触电事故，将电气设备不带电的金属部分与接地装置用导线连接起来称为保护接地（见图 5-3）。

（3）重复接地。除运行变压器低压侧中性点接地外，保护线上的一处或多处再行接地称为重复接地（见图 5-3）。

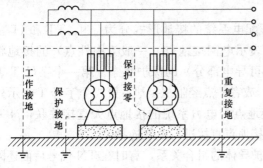

图 5-3　接地与接零

（4）防雷接地。为泄掉雷电流而设置防雷接地装置称为防雷接地。

四、两个接零

（1）保护接零。为了防止电气设备绝缘损坏而使人身遭受触电危害，将电气设备不带电的金属部分与保护线用导线连接起来称为保护接零（见图 5-3）。

（2）工作接零。在三相四线制线路

中，220V 的用电设备为了正常工作所接的零线称为工作接零。

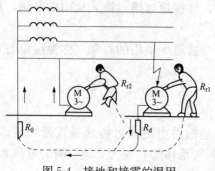

图 5-4　接地和接零的混用

五、接地接零不能混用

由同一台发电机或变压器供电的低压电气设备不允许接地和接零混用，即不允许有的接地，有的接零。图 5-4 是由同一台中性点接地的变压器供电的两个电动机，其中一台采用的是接零保护，另一台采用的是接地保护。当接地的一台电动机发生相线碰壳漏电事故时，电流通过 R_d、R_0 构成回路。在这种情况下事故电流一般不太大，线路可能断不开。这时，除了与接地电动机有接触的人有触电危险外，由于零线电压升高到：

$$U_0 = \frac{U}{R_d + R_0} R_0$$

所以，与另一台接零电动机接触的人也有触电危险。因此，在同一配电系统中的保护接地和保护接零绝不能同时混用。

六、对接地接零的一般要求

1. 对接地电阻的要求

接地装置的主要技术指标是接地电阻。接地电阻包括接地线的电阻和接地体的流散电阻。1kV 以下电力系统变压器低压侧中性点工作接地的电阻值应在 4Ω 左右；保护接地电阻应在 4～10Ω；重复接地电阻值应不大于 10Ω。

2. 对零线的要求

在保护接零系统中，零线起着十分重要的作用。尽管有重复接地，也要防止零线断线。

（1）零线截面的要求。保护接零所用的导线，其截面一般不应小于相线截面的 1/2。

（2）零线的连接要求。零线（或零线的连接线）的连接应牢固可靠，接触良好。零线与设备的连接线应用螺栓压接，必要时要加弹簧垫圈。钢质零线（或零线连接线）本身的连接要采用焊接。采用自然导体作零线时，对连接不可靠的地方要另加跨接线。所有电气设备的接地线均应以并联方式接在零线上，不允许串联。

（3）三相四线制电力线路的零线禁止安装熔丝或单独的断流开关，否则一旦零线因故断开，当负荷不平衡时会产生电压位移使零线电位上升，威胁设备和人身安全。

七、低压配电接地系统

根据 GB/T 9089.2—2008 的规定，低压配电系统的接地形式分为 TN、TT 和 IT 三个系统，如图 5-5 所示。其中，第一个字母表示电网接地点（一般为中性点）的接地状态，第二个字母表示用电设备（一般为外露可导电部分）的保护状态。第一个字母 T 表示直接接地，I 表示所有带电部分与地绝缘，或者一点经阻抗接地；第二个字母 T 表示外露可导电部分对地直接进行电气连接，该接地点与电力系统的接地点无直接关联，N 表示外露可导电部分通过保护线与电力系统的接地点直接进行电气连接。

在 TN 系统中，为了表示中性导体和保护导体的组合关系，有时在 TN 代号后面还附加以下字母：

S——中性线和保护线是分开的；

C——中性线和保护线是合一的。

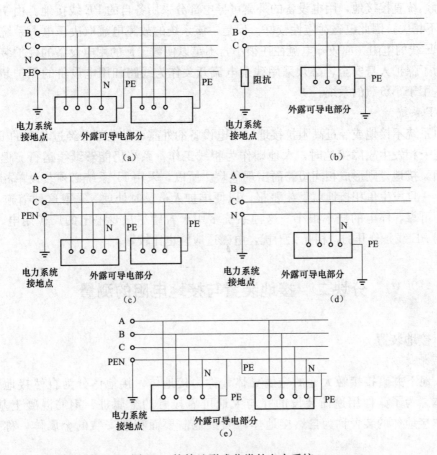

图 5-5　按接地形式分类的电力系统

(a) TN-S 系统；(b) IT 系统；(c) TN-C 系统；(d) TT 系统；(e) TN-C-S 系统

1. TN 系 统

电力系统有一点直接接地，电气装置的外露可导电部分通过保护线与该接地点相连接。TN 系统又分为 TN-S、TN-C、TN-C-S 三种形式。

(1) TN-S 系统。整个系统的中性线与保护线是分开的，通常称为三相五线制系统。即：三根相线 A、B、C，一根中性线 N 和一根保护线 PE，用电设备的外露可导电部分接到 PE，其优点是，在系统正常工作时，PE 线上不出现电流，因此用电设备的外露可导电部分也不出现对地电压，发生事故时容易切断电源，比较安全。其缺点是费用较高。该系统多用于环境条件比较差的场所。

(2) TN-C 系统。通常称为三相四线制系统，它与 TN-S 系统的差别是将 N 线与 PE 线合并成一根 PEN 线。当三相负载不平衡或仅有单相负载时，PEN 线上有电流通过。在一般情况下，如果开关保护装置和导线截面选用适当，也能满足安全要求。目前，国内采用这种系统。

(3) TN-C-S 系统。又称四线半系统，即在 TN-C 系统的末端将 PEN 线分为 PE 线和 N 线，分开后即不允许再合并。这种系统兼有 TN-C 系统费用较少和 TN-S 系统比较安全的优点，而且电磁适应性较好。常用于线路末端环境条件较差的场所。

2. TT 系统

电力系统直接接地，用电设备的外露可导电部分采用各自的 PE 线接地。由于各自的 PE 线互不相关，因此电磁适应性较好。但是，该系统的故障电流取决于电力系统的接地电阻和 PE 线的电阻，而故障电流往往很小，不足以使数千瓦的用电设备的保护装置断开电源。为了保护人身安全，必须采用残余电流开关作为线路和用电设备的保护装置。否则，只适用于小负载的系统。

3. IT 系统

电力系统不接地或经过高阻抗接地，用电设备的外露可导电部分经过各自的 PE 线接地。当任一相发生故障接地时，大地即作为相线工作，系统仍能够继续运行。但是，如果另一相又接地，则形成相间短路而出现危险。所以，采用 IT 系统必须装设单相接地检测装置，一旦发生单相接地就发生警报，以便维护人员及时处理。采取这种措施，IT 系统就极为可靠，停电的概率很小。这种系统多用于希望尽量少停电的厂矿用电。同时，各设备的 PE 线是分开的，相互无干扰，电磁适应性也比较好。

分块二　接地装置与接地电阻的测量

一、接地装置

1. 接地体

埋入地下并直接接触大地的金属导体，称为接地体。接地体分为自然接地体和人工接地体。为了其他用途而装设的并与大地可靠接触的金属桩、钢筋混凝土基础等，用来兼作接地体的装置称为自然接地体；因接地需要而特意安装的金属体，称为人工接地体。

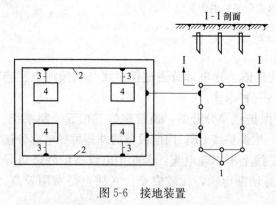

图 5-6　接地装置

2. 接地线

电气设备与接地体之间连接的金属导线称为接地线。为了其他用途而装设的金属导线，用来兼作接地线，称自然接地线，为了接地需要而安装的金属导线称为人工接地线。接地线包括接地干线和接地支线。

3. 接地装置

接地体和接地线的总体称为接地装置，如图 5-6 所示。

二、接地装置的安装

人工接地体有垂直和水平两种安装形式。

（一）垂直接地体安装

1. 垂直接地体的制作

垂直接地体一般采用镀锌角钢或钢管制作。角钢厚度不小于 4mm，钢管壁厚不小于

3.5mm，有效截面积不小于 48mm²。多极接地体（或接地网的接地体）之间应保持 2.5~5m 的直线距离。接地体与接地线焊接要牢固。焊缝不得少于 200mm，并要求双面焊接。

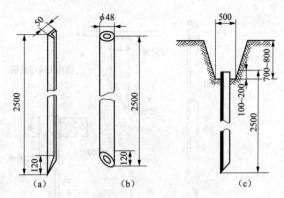

图 5-7　垂直接地体安装（单位：mm）
(a) 角钢；(b) 钢管；(c) 安装

2. 垂直接地体的安装方法

采用打桩法将接地体打入地沟内，接地体应与地面垂直，有效深度不应小于 2m，如图 5-7 所示。应用锤子敲打角钢的角脊线处，若接地体是钢管，则锤击力应集中在尖端的顶点位置，接地体打入地下后，应用新土填入接地体四周并夯实，以减少接地电阻。

（二）水平安装的接地体

水平接地体多采用 ϕ16mm 的圆钢或 40mm×4mm 的扁钢。常见的水平接地体有带型、环型和放射型，如图 5-8 所示。其埋设深度一般均应在 0.6~1m。

带型　　　环型　　　放射型

图 5-8　水平接地体

（1）带型接地体。多为几根水平安装的圆钢或扁钢并联而成，埋设深度不小于 0.6m，其根数和每根长度由设计确定。

（2）环型接地体。是用圆钢或扁钢焊接而成，水平埋设于地面 0.7m 以下。其直径大小由设计确定。

（3）放射型接地体。放射根数多为 3 根或 4 根。埋设深度不小于 0.7m，每根射线长度由设计确定。

（三）接地线安装

1. 材料选择

为了连接可靠并有一定的机械强度，人工接地线一般都采用圆钢或扁钢制作，但禁止使用裸铝导线作接地线。

（1）配电系统工作接地线的选用。变压器低压侧中性点的接地线要采用截面不小于 35mm² 的裸铜导线，变压器容量在 100VA 以下时，其接地线的截面可采用 25mm² 的裸铜导线。

（2）电气设备金属外壳保护接地线的选用。接地线所用材料截面应与设备电源线相同。

（3）接地干线的选用。接地干线通常用扁钢或圆钢，扁钢的截面不小于 4mm×12mm，圆钢直径不小于 6mm。

2. 接地线的安装

接地线的安装包括接地体连接用的扁钢及接地干线支线的安装。

接地网各接地体间的连接干线用扁钢宽面垂直安装，连接处应尽可能采用焊接并加镶块，以增大焊接面积。如无条件焊接时，也允许用螺钉压接，但要先在接地体上端装设接地干线连接板，如图 5-9 所示。连接板须经镀锌或镀锡处理，螺钉也要采用镀锌螺钉。安装时，接触面应保持平衡、严密，不可有缝隙，螺钉要拧紧。在有振动的场所，螺钉上应加弹簧垫圈。

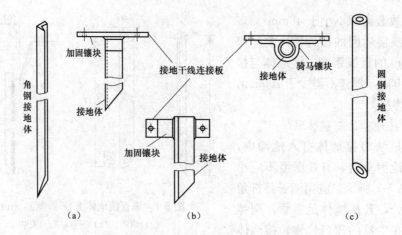

图 5-9　垂直接地体焊接接地干线连接板
（a）角钢顶端装连接板；（b）角钢垂直面装连接板；（c）圆钢垂直面连接板

三、接地电阻的测量

常用的接地电阻测量仪主要有 ZC-8 型和 ZC-29 型两种。ZC-8 型测量仪主要由手摇发电机 M、电流互感器 LH、电位器 RP 及检流计 G 等组成，全部机构都装在铝合金铸造的携带式外壳内，外形与普通绝缘电阻表差不多，所以一般都称为接地绝缘电阻表。在图 5-10 中，与 E 端钮相连的是待测接地体 E′，与 P 端钮相连的是电位辅助电极 P′，与 C 端钮相连的是电流辅助电极 C′，它们分别设在距接地体 E′ 不小于 20m 和 40m 处。被测接地电阻 R_x 是接地体 E′ 和电位辅助电极 P′ 之间的电阻，不包括电流辅助电极 C′ 的电阻。

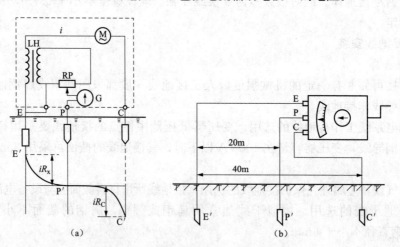

图 5-10　接地电阻测定仪及接线图
（a）测定原理；（b）接线图

交流发电机 M 以 120r/min 的速度转动时，产生 90～98Hz 的交变电流 i，通过电流互感器 LH 的一次侧、接地体 E′，经大地和电流辅助电极 C′ 构成一个闭合回路。接地电流流入大地后，是由接地体向四周散射的，离开接地体越远，电流通过的截面越大，电流密度就越小。因此，电流流经单位长度上的电压降是不同的。离接地体越近，单位长度上的压降越大；反之越小。到距离接地体 20m 处（P′ 所在处），电位可认为等于零。电位分布如图 5-10 （a） 所示。其中接地电流在接地电阻 R_x 上产生电压降为 iR_x，若电流互感器变流比为 K，则二次侧电流为 Ki，电位器 RP 上的电压降为 K_iR_s（R_s 是电位器左端与滑动触点之间的电阻）。调节 R_p 使检流计指示为零，则有

$$iR_x = KiR_s$$

$$R_x = KR_s$$

由此可见，被测接地电阻值可由电流互感器变流比 K 与电位器电阻 R_s 的阻值来确定。

测量仪有三个接线端子和四个接线端子两种，它的附件包括两支接地探测针，三条导线（5m 长的用于接地板；20m 长的用于电位探测针；40m 长的用于电流探测针）。三个端子的测量仪测量接地电阻的接线，如图 5-10 （b） 所示。其测量方法如下。

（1） 把电位探测针 P′ 和电流探测针 C′ 与被测接地体 E′ 依直线分别相距 20m 打入地下。

（2） 用导线将 E′、P′、C′ 连接在仪表的相应端钮 E、P、C 上。

（3） 将仪表放置于水平位置，检查检流计的指针是否指在中心线上（若指针不在中心线上，可用零位调整器来校正），然后摇动发电机摇把，指针偏离中心线。

（4） 当检流计的指针接近平衡时，加快发电机摇把的转动，使转速达 120r/min 以上，调整 "测量标度盘"，即可得到正确读数。

在测量接地电阻时，如果检流计的灵敏度过高，可把电位探测针插浅一些；如果检流计的灵敏度不够，可在电位探测针和电流探测针注水使土壤湿润。

在使用 4 个端子的小量程测量仪测量小于 1Ω 的接电电阻时，可将测量仪接线端子间的联结片打开，分别用导线直接连接到被测接地体上，这样可以消除测量时的误差。

1. 测量接地电阻注意事项

为保证测量精确度和人身安全，无论采用哪种方法测量接地电阻，均应注意以下几点。

（1） 测量时，被测的接地装置应与电气设备断开。

（2） 电流探针和电压探针应布置在与线路或地下金属管道垂直的方向上。

（3） 不要在下雨后立即测量接地电阻。

2. 降低接地电阻的措施

如果安装接地装置的地区土壤电阻率较高（如砂、砾石、岩石等较多的旧河床、山区等）则需要根据地理环境和当地条件，采取有效的措施以降低接地电阻。

（1） 对土壤进行混合或浸渍处理（化学处理方法）。在接地体周围土壤中适当混入一些煤渣、木炭粉和炉灰，以提高土壤的导电率。用食盐溶液浸渍接地体周围的土壤，对降低接地电阻也有较明显的效果。

（2） 改换接地体周围的土壤。将接地体周围换成电阻率低的土壤，如黏土、黑土、黄土，垂直接地体如图 5-11 （a） 所示，水平接地体如图 5-11 （b） 所示。

（3） 增加接地体埋设深度。当地表面岩石或高电阻率土壤不太厚，下部就是低电阻率土壤或有地下水时，可采用钻孔深埋或开挖深埋接地体的方法降低接地电阻。图 5-12 是钻入深层埋设接地体做法。

（4） 水平延长接地体，在距接地处不太远的地方（80m 范围内）有低电阻率土壤或有河、湖、池、沼等，可将接地装置引至该低电阻率地带，并按要求将接地装置敷设成环或放射形，如图 5-13 所示。

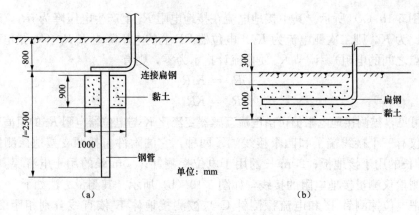

图 5-11 换土法

（a）垂直接地体；（b）水平接地体

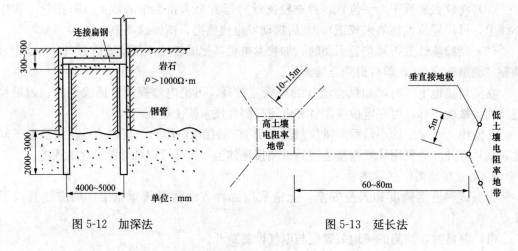

图 5-12 加深法　　　　图 5-13 延长法

实训内容及要求

（1）按技术要求自行设计制作接地装置。

（2）正确使用电阻测量仪进行接地电阻的测量。

模块六
常用低压电器

在港口一线或船舶及其他工矿企业的电气控制设备中，会用到许多各种各样的低压电器。因此，低压电器是电气控制中的基本组成元件，控制系统的优劣和低压电器的性能有直接的关系。作为电气工程技术人员，应该熟悉低压电器的结构、工作原理和使用方法。可编程控制器在电气控制系统中需要大量的低压控制电器才能组成一个完整的控制系统，因此熟悉低压电器的基本知识是学习可编程控制器的基础。

➡ **知识目标**

熟悉常用低压电器的结构、工作原理、用途、电气符号、型号及主要参数。

➡ **能力目标**

能正确选用、拆装、检测和维修常用低压电器。

➡ **器材准备**

各种型号刀开关、低压断路器、组合开关、倒顺开关、交流接触器、电流继电器、中间继电器、时间继电器、热继电器、速度继电器、按钮、行程开关、接近开关、万能转换开关、主令控制器、凸轮控制器、熔断器、电磁制动器等，常用电工工具，万用表。

分块一 低 压 电 器 概 述

凡是对电能的生产、输送、分配和使用起控制、调节、检测、转换及保护作用的电工器械均可称为电器。低压电器是指额定电压等级在交流 1200V、直流 1500V 以下的电器。

在我国工业控制电路中最常用的三相交流电压等级为 380V，只有在特定行业环境下才用其他电压等级，如煤矿井下的电钻用 127V、运输机用 660V、采煤机用 1140V 等。

单相交流电压等级最常见的为 220V，机床、热工仪表和矿井照明等采用 127V 电压等级，其他电压等级如 6、12、24、36V 和 42V 等一般用于安全场所的照明、信号灯以及作为控制电压。

直流常用电压等级有 110、220V 和 440V，主要用于动力；6、12、24V 和 36V 主要用于控制；在电子线路中还有 5、9V 和 15V 等电压等级。

一、低压电器的分类
低压电器的功能多、用途广、品种规格繁多，为了系统地掌握，必须加以分类。

1. 按电器的动作性质分

(1) 手动电器：人操作发出动作指令的电器，如刀开关、按钮等。

(2) 自动电器：不需人工直接操作，按照电的或非电的信号自动完成接通、分断电路任务的电器，如接触器、继电器、电磁阀等。

2. 按用途分

(1) 控制电器：用于各种控制电路和控制系统的电器，如接触器、继电器、电动机起动器等。

(2) 配电电器：用于电能的输送和分配的电器，如刀开关、低压断路器等。

(3) 主令电器：用于自动控制系统中发送动作指令的电器，如按钮、行程开关等。

(4) 保护电器：用于保护电路及用电设备的电器，如熔断器、热继电器等。

(5) 执行电器：用于完成某种动作或传送功能的电器，如电磁铁、电磁离合器等。

3. 按工作原理分

(1) 电磁式电器：依据电磁感应原理来工作的电器，如交、直流接触器、各种电磁式继电器等。

(2) 非电量控制电器：电器的工作是靠外力或某种非电物理量的变化而动作的电器，如刀开关、速度继电器、压力继电器、温度继电器等。

此外，还有电动式、电子式、电感式等其他形式的电器。

二、低压电器的主要性能参数

(1) 额定绝缘电压：是一个由电器结构、材料、耐压等因素决定的名义电压值。额定绝缘电压为电器最大的额定工作电压。

(2) 额定工作电压：低压电器在规定条件下长期工作时，能保证电器正常工作的电压值，通常是指主触点的额定电压。有电磁机构的控制电器还规定了吸引线圈的额定电压。

(3) 额定发热电流：在规定条件下，电器长时间工作，各部分的温度不超过极限值时所能承受的最大电流值。

(4) 额定工作电流：是保证电器能正常工作的电流值。同一电器在不同的使用条件下，有不同的额定电流等级。

(5) 通断能力：低压电器在规定的条件下，能可靠接通和分断的最大电流。通断能力与电器的额定电压、负载性质、灭弧方法等有很大关系。

(6) 电气寿命：低压电器在规定条件下，切断不同大小电流所能达到的次数。由于电弧的烧灼，分断电流增大，操作次数，即电气寿命就要减小。

(7) 机械寿命：低压电器在机械上能达到的操作次数。

三、电磁式电器

电磁式电器类型很多，从结构上看大都由两个基本部分组成，即电磁系统和触头系统。

1. 电磁系统

电磁系统又称电磁机构，是电器的感测部分，其主要作用是将电磁能转换为机械能并带动触头动作从而接通或断开电路。电磁机构的结构形式如图 6-1 所示。

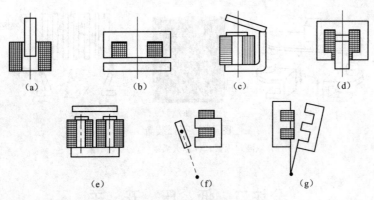

图 6-1 电磁机构的结构形式

(a)、(d) 螺管式；(c)、(f)、(g) 转动式；(b)、(e) 直动式

电磁机构由静铁心（或简称铁心）、动铁心（或称衔铁）和电磁线圈三部分组成，其工作原理是：当电磁线圈通电后，线圈电流产生磁场，铁心获得足够的电磁吸力，克服弹簧的反作用力将衔铁吸合。还应指出，在交流电磁机构中，为避免因线圈中交流电流过零时，磁通过零，造成衔铁振动，并伴随噪声，需在交流电磁机构铁心的端部开槽，嵌入一个铜短路环，如图 6-2 所示。铁心中的交变磁通 Φ_1 在短路环中感生

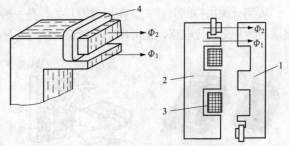

图 6-2 交流电磁铁的短路环

1—衔铁；2—铁心；3—线圈；4—短路环

交变磁通 Φ_2，Φ_2 在相位上滞后于 Φ_1，使得铁心中与短路环中的磁通不同时为零（故短路环也称分磁环），铁心在任何时刻都可牢牢吸住衔铁，目的是消除振动和噪声，确保衔铁的可靠吸合。

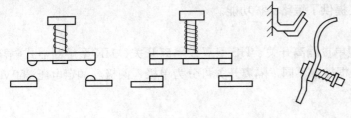

图 6-3 触头的结构形式

2. 触头系统

触头是有触点电器的执行部分，通过触头的闭合、断开控制电路通、断。触头的结构形式有桥式触头和指式触头两种，如图 6-3 所示。

3. 灭弧系统

电弧：开关电器切断电路电流时，触头间电压大于 10V，电流超过 80mA，触头间会产生高温带电激流。其特点主要表现为高温和强光。

电弧的危害：延长了切断电路的时间；电弧的高温能将触头烧损；高温引起电弧附近电气绝缘材料烧坏；形成飞弧造成电源短路事故。

灭弧措施：有机械轴向拉断、电动力拉断、磁吹灭弧（利用介质灭弧）、切短（多断口灭弧）、冷却等方法。常采用灭弧罩、灭弧栅和磁吹灭弧装置，如图 6-4 所示。

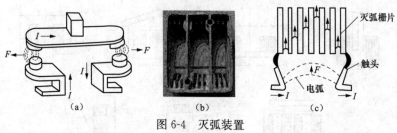

图 6-4　灭弧装置

（a）双断口灭弧；（b）灭弧罩；（c）灭弧栅

分块二　低　压　开　关

一、隔离开关

1. 隔离开关的用途

隔离开关俗称闸刀开关、闸刀或刀开关，是一种手动配电电器。主要用来隔离电源或手动接通与断开交直流电路，也可用于不频繁的接通与分断小型负载，如小型电动机、电炉等。

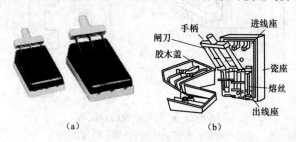

图 6-5　隔离开关外形与结构图

（a）外形；（b）结构图

2. 隔离开关的外形与结构

隔离开关的外形与结构如图 6-5 所示，它主要有：与操作瓷柄相连的动触刀极、静触头夹座、熔丝、进线及出线接线座，这些导电部分都固定在瓷底板上，且用胶盖盖着。所以当闸刀合上时，操作人员不会触及带电部分。胶盖还具有下列保护作用：①将各极隔开，防止因极间飞弧导致电源短路；②防止电弧飞出盖外，灼伤操作人员；③防止金属零件掉落在隔离开关上形成极间短路。熔丝的装设，又提供了短路保护功能。

3. 隔离开关的分类

常用的隔离开关有 HD 型单投隔离开关、HS 型双投隔离开关、HR 型熔断器式隔离开关、HK 型隔离开关等。根据极数不同，隔离开关可分为单极、两极（额定电压 250V）和三极（额定电压 380V）等。

4. 隔离开关的电气符号

电气符号分为文字符号和图形符号，在电气图中配合使用。隔离开关的文字符号为 QS，图形符号如图 6-6 所示。

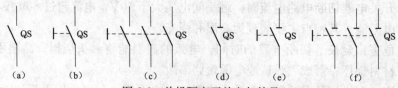

图 6-6　单投隔离开关电气符号

（a）一般图形符号；（b）手动符号；（c）三极单投隔离开关符号；（d）一般隔离开关符号；

（e）手动隔离开关符号；（f）三极单投隔离开关符号

5. 隔离开关的型号及含义

隔离开关的型号及含义如下：

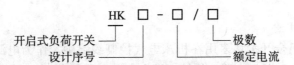

例如，HK1-30/20，HK 表示开关类型为开启式负荷开关；1 表示设计序号，"30"表示额定电流为30A，"2"表示单相（2 极），"0"表示不带灭弧罩。HK 系列负荷开关主要技术数据见表6-1。

表 6-1 　　　　　　　　　HK 系列负荷开关主要技术数据

型号	额定电流（A）	额定电压（V）	极数	可控制电动机最大容量（kW）	配用熔体线径（mm）
HK1	15	220	2	1.5	1.45～1.59
	30	220	2	3.0	2.30～2.52
	60	220	2	4.5	3.36～4.00
	15	380	3	2.2	1.45～1.59
	30	380	3	4.0	2.30～2.52
	60	380	3	5.5	3.36～4.00
HK2	10	250	2	1.1	0.25
	15	250	2	1.5	0.41
	30	250	2	3.0	0.56
	10	380	3	2.2	0.45
	15	380	3	4.0	0.71
	30	380	3	5.5	1.12

6. 隔离开关的技术参数与选择

（1）根据用途不同，选择隔离开关的类型。HD 型单投隔离开关、HS 型双投隔离开关、HR 型熔断器式隔离开关主要用于在成套配电装置中作为隔离开关，装有灭弧装置的隔离开关也可以控制一定范围内的负荷线路。作为隔离开关的刀开关的容量比较大，其额定电流为100～1500A，主要用于供配电线路的电源隔离。隔离开关断开时有明显的断开点，有利于检修人员的停电检修工作。HK 型刀开关一般用于电气设备及照明线路的电源开关。

（2）根据负载的性质不同，选择闸刀开关的额定电流。正常情况下，闸刀开关一般能接通和分断其额定电流，因此，对于普通负载可根据负载的额定电流来选择闸刀开关的额定电流。对于用闸刀开关控制电动机时，考虑其起动电流可达（4～7）倍的额定电流，宜选择闸刀开关的额定电流为电动机额定电流的3倍左右。

7. 安装使用隔离开关时的注意事项

（1）隔离开关在安装时，手柄要向上，不得倒装或平装，以避免由于重力自动下落而引起误动合闸。

（2）接线时，应将电源线接在上端，负载线接在下端，否则在更换熔丝时将会发生触电事故。

（3）更换熔丝必须先拉开闸刀，并换上与原用熔丝规格相同的新熔丝，同时还要防止新熔丝受到机械损伤。

（4）若胶盖和瓷底座损坏或胶盖失落，隔离开关就不可再使用，以防止安全事故。

二、转换开关

1. 转换开关的用途

转换开关又称组合开关，多用在机床电气控制线路中，作为电源的引入开关，也可以用作不频繁地接通和断开电路、换接电源和负载以及控制 5kW 以下的小容量电动机的正反转和星三角起动等。

2. 转换开关的外形与结构原理

组合开关由动触头、静触头、绝缘方轴、手柄、定位机构及外壳等部分组成。其动、静触头分别叠装于数层绝缘壳内，当转动手柄时，每层的动触片随转轴一起转动，触片便轮流接通或分断。图 6-7 是 HZ10 系列组合开关外形与结构图。转换开关实质上是一种特殊刀开关，是操作手柄在与安装面平行的平面内左右转动的刀开关。

转换开关的原理示意图和电气符号如图 6-8 所示。

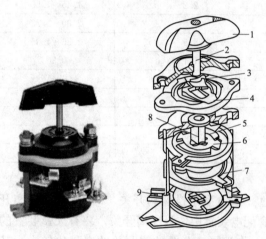

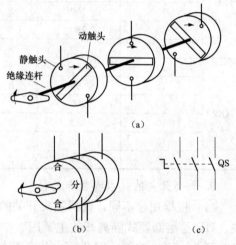

图 6-7　HZ10 系列转换开关外形与结构图
1—手柄；2—转轴；3—弹簧；4—凸轮；5—绝缘垫板；
6—静触头；7—动触头；8—绝缘方轴；9—接线柱

图 6-8　转换开关的原理示意图和电气符号
（a）内部原理示意图；（b）外形状态
分布图；（c）图形符号

3. 转换开关的型号及含义

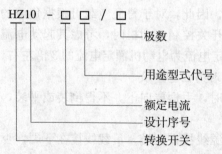

例如，HZ5-30P/3，HZ 表示开关类型为转换开关，5 表示设计序号；30 表示额定电流值大小为 30A；P 表示二路切换；3 表示极数为三极。

4. 转换开关的分类与选择

常用的产品有 HZ5、HZ10 和 HZ15 系列。HZ5 系列是类似万能转换开关的产品，其结构与一般转换开关有所不同。组合开关根据极数分有单极、双极和三极；根据层数分有两层、三层和六层等。在选择使用组合开关时根据电源的种类、电压等级、额定电流和触头数进行选用。

5. 转换开关的检测

（1）机械性能的检测：转动转换开关手柄，检查转动是否灵活，扭簧是否起作用。

（2）电气性能的检测：用万用表的欧姆挡分别测量各相触头，如果在"合"状态下各相触头同时接通，在"分"状态下各相触头同时分断，则说明该组合开关组合正确，性能良好，反之则说明该组合开关组合错误或已经损坏，需打开重新组合或修理。

6. 转换开关的拆装和组合注意事项

（1）松开手柄固定螺钉，取下手柄。

（2）松开固定支架螺母，取下开关顶盖。

（3）除去转轴和扭簧、凸轮，取出绝缘方轴。

（4）打开各绝缘层，取下各相动触点。

（5）分别将各相动触点与静触点接通，并对准每相方孔。

（6）装入绝缘方轴，并且保证装到底。

（7）正确安装凸轮、转轴和扭簧的位置。

（8）装上开关顶盖，并固定支架螺母。

（9）正确安装手柄。

（10）使用万用表，重新鉴定组合结果。

7. 倒顺开关

倒顺开关又称可逆转换开关，是组合开关的一种特例，多用于机床的进刀、退刀，电动机的正、反转和停止的控制或升降机的上升、下降和停止的控制，也可作为控制小电流负载的负荷开关。其外形、结构与电气符号如图 6-9 所示。

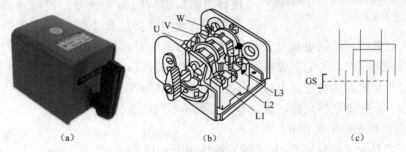

图 6-9 倒顺开关的外形、结构与电气符号
（a）外形；（b）结构；（c）电气符号

三、低压断路器

1. 低压断路器的用途

低压断路器又称自动开关或空气开关，如图 6-10 所示。主要在电路正常工作条件下作为线路的不频繁接通和分断用，并在电路发生过载、短路及失电压等故障时能自动分断电路。所以，低压断路器既是控制电器又是保护电器。

图 6-10　各种断路器外形图

2. 低压断路器的分类

低压断路器按照极数，可分为单极、两极和三极；按照结构，可分为框架式 DW 系列（又称万能式）和塑料外壳式 DZ 系列（又称装置式）两大类。框架式断路器为敞开式结构，适用于大容量配电装置；塑壳式断路器的特点是外壳用绝缘材料制作，具有良好的安全性，广泛用于电气控制设备及建筑物内作电源线路保护和对电动机进行过载和短路保护。

3. DZ 系列断路器的结构和工作原理

断路器主要由三个基本部分组成：感应部分、中间传动部分和执行部分。感应部分主要包括各种脱扣器，如图 6-11 所示。

在正常情况下，断路器的主触点是通过操动机构手动或电动合闸的。若要正常切断电路，应操作分励脱扣器 4。

自动开关的自动分断，是由过电流脱扣器 3、热脱扣器 5 和欠电压脱扣器 6 完成的。当电路发生短路或过电流故障时，过电流脱扣器 3 衔铁被吸合，使自由脱扣机构的钩子脱开，自动开关触头分离，及时有效地切除高达数十倍额定电流的故障电流。

图 6-11　DZ 系列断路器结构图
1—主触头；2—自由脱扣器；3—过电流脱扣器；4—分励脱扣器；5—热脱扣器；6—失电压脱扣器；7—按钮

当线路发生过载时，过载电流通过热脱扣器使触点断开，从而起到过载保护作用。若电网电压过低或为零时，失电压脱扣器 6 的衔铁被释放，自由脱扣机构动作，使断路器触头分离，从而在过电流与零电压欠电压时保证了电路及电路中设备的安全。根据不同的用途，自动开关可配备不同的脱扣器。

图 6-12　低压断路器的符号

4. 低压断路器的电气符号

低压断路器的文字符号为 QF，图形符号如图 6-12 所示。

5. 低压断路器的型号及含义

低压断路器的型号及含义如下：

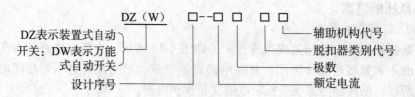

低压断路器的主要产品型号有 DZ5、DZ10、DZ15、DZ20、DW10、DW15 等系列。

6. 低压断路器的主要技术参数

(1) 额定电压：一般为交流 380V。

(2) 额定电流：框架式断路器额定电流有 200A、400A、600A、1000A、1500A、2500A、4000A 等；塑壳式断路器额定电流有 6A、10A、20A、50A、100A、200A、600A 等。

(3) 极数：有单极、两极、三极等。

(4) 极限分断能力：是指在规定条件下，能分断短路电流的最大值。

7. 低压断路器的选用

(1) 断路器类型的选择：应根据使用场合和保护要求来选择。一般情况下选用塑壳式；额定电流比较大或有选择性保护要求时选用框架式。

(2) 断路器额定电压、额定电流应大于或等于线路、设备的正常工作电压、工作电流。

(3) 断路器极限通断能力大于或等于电路最大短路电流。

(4) 欠电压脱扣器额定电压等于线路额定电压。

(5) 过电流脱扣器的额定电流大于或等于线路的最大负载电流。

8. 漏电保护器

漏电保护器有单相和三相之分，其电路就画在其面板上，经常与断路器配套使用。

(1) 作用：主要用于当发生人身触电或漏电时，能迅速切断电源，保障人身安全，防止触电事故。

(2) 工作原理如图 6-13 所示。当正常工作时，不论三相负载是否平衡，通过零序电流互感器主电路的三相电流相量之和等于零，故其二次绕组中无感应电动势产生，漏电保护器工作于闭合状态。如果发生漏电或触电事故，三相电流之和便不再等于零，而等于某一电流值 I_s。I_s 会通过人体、大地、变压器中性点形成回路，这样零序电流互感器二次侧产生与 I_s 对应的感应电动势，加到脱扣器上，当 I_s 达到一定值时，脱扣器动作，推动主开关的锁扣，分断主电路。

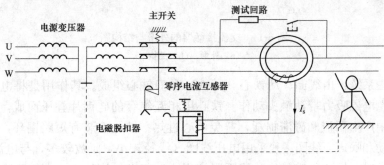

图 6-13 漏电断路器

分块三 接 触 器

低压开关作为手动控制电器，在控制电路的通断时具有自身的局限性，如只能用于不频繁操作的场合，只能近距离手动控制，只能实现简单的控制作用等。在自动化程度更高、更复杂的控制要求下，经常采用一种典型的自动控制电器——接触器。

一、接触器基本知识

1. 接触器的用途

接触器是电力拖动和自动控制系统中使用量大、涉及面广的一种低压控制电器，用来频繁地接通和分断交直流主回路和大容量控制电路。主要控制对象是电动机，能实现远距离自动控制，并具有欠（零）电压保护作用。

2. 接触器的分类

接触器按其主触头所控制主电路电流的种类可分为交流接触器和直流接触器。下面主要介绍交流接触器。

3. 交流接触器的结构

交流接触器主要由电磁系统、触头系统和灭弧装置组成，其外形与结构简图如图 6-14 所示。

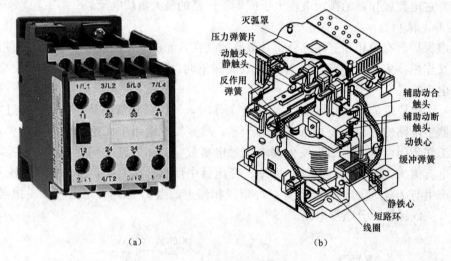

(a)　　　　　　　　　　　(b)

图 6-14　交流接触器的外形与结构图

(a) 外形；(b) 结构

（1）电磁系统：由线圈、动铁心（衔铁）和静铁心组成。其作用是将电磁能转换成机械能，产生电磁吸力带动触头动作。铁心用相互绝缘的硅钢片叠压而成，以减少交变磁场在铁心中产生涡流和磁滞损耗，避免铁心过热。铁心上装有短路铜环，以减少衔铁吸合后的振动和噪声。线圈一般采用电压线圈（线径较小，匝数较多，与电源并联）。交流接触器起动时，铁心气隙较大，线圈阻抗很小，起动电流较大。衔铁吸合后，气隙几乎不存在，磁阻变小，感抗增大，这时的线圈电流显著减小。交流接触器线圈在其额定电压的 $85\%\sim105\%$ 时，能可靠地工作。电压过高，则磁路趋于饱和，线圈电流将显著增大，线圈有被烧坏的危险；电压过低，则吸不牢衔铁，触头跳动，不但影响电路正常工作，而且线圈电流会达到额定电流的十几倍，使线圈过热而烧坏。因此，电压过高或过低都会造成线圈发热而烧毁。

（2）触头系统：触头又称为触点，是接触器的执行元件，用来接通或断开被控制电路。触头的结构形式很多，按其所控制的电路可分为主触头和辅助触头。主触头用于接通或断开主电路，有3对或4对动合触头，允许通过较大的电流；辅助触头用于接通或断开控制电路，只能通过较小的电流，起电气连锁或控制作用，通常有两对动合触头和两对动断触头。触头按其原始状态可分为动合触头（常开触点）和动断触头（常闭触点）。原始状态（即线圈未通电）时断开，线圈通电后闭合的触头叫动合触头；原始状态时闭合，线圈通电后断开的触头叫动断触头。线圈通电后所有触头动作，改变自身的原始状态，即动断触头断开，动合触头闭合。线圈断电后所有触头复位，回复到自身的原始状态。

（3）灭弧装置：容量在10A以上的接触器都有灭弧装置。对于小容量的接触器，常采用双断口桥形触头以利于灭弧；对于大容量的接触器，常采用纵缝灭弧罩及栅片灭弧结构。

（4）辅助部件：交流接触器的辅助部件包含底座、反作用弹簧、缓冲弹簧、触头压力弹簧、传动机构和接线柱等。反作用弹簧的作用是当线圈通电，电磁力吸引衔铁并将弹簧压缩，线圈断电，弹力使衔铁、动触头恢复原位；缓冲弹簧装在静铁心与底座之间，当衔铁吸合向下运动时会产生较大冲击力，缓冲弹簧可起缓冲作用，保护外壳不受冲击；触头压力弹簧的作用是增强动、静触头间压力，增大接触面积，减小接触电阻。

4. 交流接触器的工作原理

交流接触器根据电磁工作原理，当电磁线圈通电后，线圈电流产生磁场，使静铁心产生电磁吸力吸引衔铁，并带动触头动作，使动断触头断开，动合触头闭合，两者是联动的。当电磁线圈断电时，电磁力消失，衔铁在释放弹簧的作用下释放，使触头复原，即动合触头断开，动断触头闭合，如图6-15所示。

5. 交流接触器的电气符号

交流接触器的文字符号为KM，图形符号如图6-16所示。

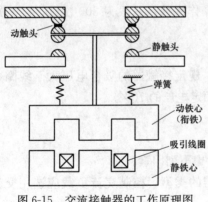

图 6-15　交流接触器的工作原理图

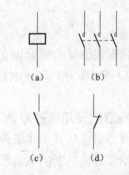

图 6-16　交流接触器的图形
（a）线圈；（b）主触头带灭弧装置；
（c）动合辅助触头；（d）动断辅助触头

6. 交流接触器的型号及含义

交流接触器的型号及含义如下：

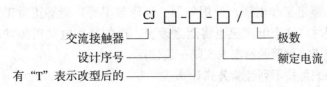

例如，CJ12-250/3 为 CJl2 系列交流接触器，额定电流为 250A，三个主触点。CJ12T-250/3 为 CJ12 系列改型后的交流接触器。常用的交流接触器有 CJ10、CJ12、CJ10X、CJ20、CJX1、CJX2、3TB 和 3TD 等系列。

二、接触器主要技术指标

1. 额定电压
接触器的额定电压是指主触头的额定电压。目前常用的电压等级有：
交流接触器：127V、220V、380V、500V；
直流接触器：110V、220V、440V。

2. 额定电流
接触器的额定电流是指主触头的额定工作电流。它是在一定的条件（额定电压、使用类别和操作频率等）下规定的，目前常用的电流等级有：
交流接触器：5A、10A、20A、40A、60A、100A、150A、250A、400A、600A；
直流接触器：40A、80A、100A、150A、250A、400A、600A。

3. 吸引线圈的额定电压
吸引线圈的额定电压是指接触器线圈正常工作的电压。目前常用的电压等级有：
交流接触器：36V、110（127）V、220V、380V；
直流接触器：24V、48V、220V、440V。

4. 机械寿命和电气寿命
接触器是频繁操作电器，应有较高的机械和电气寿命，是产品质量的重要指标之一。

5. 额定操作频率
接触器的额定操作频率是指每小时允许的操作次数，一般为 300 次/h、600 次/h 和 1200 次/h。

6. 动作值
动作值是指接触器的吸合电压和释放电压。规定接触器的吸合电压大于线圈额定电压的 85％时应可靠吸合，释放电压不高于线圈额定电压的 70％。

三、接触器的使用选择原则

选择接触器时应从其工作条件出发，主要考虑下列因素。

（1）根据接通或分断的电流种类选择接触器的类型，控制交流负载应选用交流接触器，控制直流负载选用直流接触器。

（2）根据被控电路的电压等级来选择接触器的额定电压。通常接触器主触头的额定工作电压应大于或等于负载电路的额定电压。

（3）根据被控电路中电流的大小来选择接触器的额定电流。一般地，主触头的额定工作电流应大于或等于负载电路的电流。还要注意的是，接触器主触头的额定工作电流是在规定条件下（额定工作电压、使用类别、操作频率等）能够正常工作的电流值，当实际使用条件不同时，这个电流值也将随之改变。比如用作电动机频繁起动或反接制动的控制时，应将交流接触器的额定电流降一级使用。

对于电动机负载可按下列经验公式计算：

$$I_C = \frac{P_N}{KU_N}$$

式中：I_C 为接触器主触点电流（A）；P_N 为电动机额定功率（kW）；U_N 为电动机的额定电压（kV）；K 为经验系数，一般取 $1\sim1.4$。

（4）吸引线圈的额定电压与频率要与所在控制电路的选用电压和频率相一致，接触器在线圈额定电压 85％ 及以上时才能可靠地吸合。当控制线路简单时，为节省变压器，也可选用 380V 或 220V 的电压。当控制线路复杂，使用的电器比较多时，从人身和设备安全考虑，线圈的额定电压可选得低一些，可用 36V 或 110V 电压的线圈。

（5）主触头和辅助触头的数量应能满足控制系统的需要。

四、交流接触器的检测

1. 机械性能的检测

手动使接触器吸合，检查传动机构是否灵活，是否有杂物掉进接触器内部造成机械卡阻。

2. 电气性能的检测

（1）线圈的检测：将万用表打至欧姆挡合适的量程，测量线圈的直流静态电阻，一般情况下约为几百至几千欧姆。若测量结果为无穷大，说明接触器线圈开路，需打开接触器进一步判断是绕组断线还是接头脱落。

（2）动断触头的检测：用万用表欧姆挡依次测量每对动断触头的接线柱。如果测量结果为零，说明触头良好；如果测量结果为无穷大，说明动触头丢失、损坏、变形或发生位移；如果测量结果为较大阻值，说明触头表面被氧化、有油垢、压力不够或是磨损严重。

（3）动合触头的检测：接通线圈额定电压或是手动使接触器吸合，用万用表欧姆挡依次测量每对主触头和动合辅助触头的接线柱。测量结果和原因与动断触头类似。

3. 磁性能的检查

如果接触器线圈通电后出现不吸合、振动噪声等现象，有可能是由于接触器的磁性能不良导致。打开接触器底座，取出铁心，检查铁心短路环是否脱落，铁心截面是否有油污或是锈蚀。

五、交流接触器的拆装步骤

由于接触器的种类和型号很多，拆装练习时可选择任一型号进行。CJ10 系列交流接触器采用开启式、主体分布、双断点结构，被广泛应用于交流低压电力线路中，其拆卸的主要步骤如下。

（1）松开灭弧罩紧固螺钉，取下灭弧罩。

（2）拉紧主触头的定位弹簧夹，取下主触头动触片及压力弹簧片。拆卸主触头时必须将主触头动触片横向旋转 45° 后取下。

（3）松开动合辅助触头静触点的接线柱螺钉，取下动合静触点。

（4）松开接触器底部的盖板螺钉，取下盖板。在松开盖板螺钉时，要用手按住盖板，慢慢依次放松。

（5）取下静铁心缓冲绝缘纸片、静铁心及静铁心支架。

（6）取下缓冲弹簧。

（7）拔出线圈接线端的弹簧夹片，取出线圈。

（8）取出反作用弹簧。

（9）取出动铁心（衔铁）和支架。从支架上取下动铁心定位销。

（10）取下动铁心及缓冲绝缘纸片。

装配时按拆卸的逆顺序进行。在拆装过程中，不允许硬撬，以免损坏接触器。装配动合辅助触头静触点时，要防止卡住辅助动触片。

六、交流接触器常见故障及处理方法

1. 触头过热

触头过热是常见故障，其发热程度主要与接触电阻有关，接触电阻增加，发热和触头温度都大大增加，严重时使动、静触头熔焊在一起，不能断开。其原因及处理方法如下。

（1）触头表面被氧化或有杂质→用汽油做溶剂，用软钢丝刷清洁触头。

（2）触头容量不够→更换大容量的电器。

（3）触头压力弹簧压力不够→调整或更换压力弹簧。

（4）触头磨损太多，引起压力减小→按同样的规格更换触头。

（5）操作频率过高→降低操作频率或接触器降容使用。

（6）负载侧短路造成触头熔焊→排除短路故障。

2. 触头磨损

触头磨损的主要原因有：一是电气磨损，由电弧的高温使触头上的金属氧化和蒸发所造成；二是机械磨损，由于触头闭合时的撞击，触头表面相对滑动摩擦所造成。当触头厚度磨损超过1/2时，应及时更换触头。需要注意的是，银合金触头表面因电弧而生成黑色氧化膜时，不会造成接触不良现象，因此不必锉修，否则将会大大缩短触头寿命。当触头严重烧毛时，可用细锉刀把表面凸出部分轻轻锉平，切不可用砂纸研磨，因为留下的砂粒会大大增大接触电阻。

3. 通电吸不上或吸力不足

（1）电源电压过低→调整电源电压。

（2）线圈技术参数与电源参数不符→更换线圈或调整电源参数。

（3）线圈断线→修理或更换线圈。

（4）接触器组装不合格，造成动静铁心间隔过大或机械卡阻→重新检查组装接触器。

（5）铁心截面不洁净或锈蚀，造成磁阻过大→清洁铁心截面。

4. 线圈断电后触头不能复位

（1）触头被熔焊→修理触头。

（2）铁心截面有油污→擦拭铁心截面。

（3）复位弹簧弹力不足或损坏→更换弹簧。

（4）活动部分被卡住→拆修卡住部分。

5. 线圈过热或烧毁

（1）电源电压过高或过低→调整电源电压。

（2）线圈技术参数与电源参数不符→更换线圈或调整电源参数。

（3）操作频率过高→降低操作频率。

（4）线圈匝间短路→更换或修理线圈。

（5）铁心闭合不紧密→调整、修理或更换铁心。

（6）活动部分被卡住→拆修卡住部分。

6. 震动噪声过大

交流接触器运行中发出轻微的"嗡嗡"声是正常的，但声音过大就异常。

（1）短路环损坏或脱落→更换铁心。

（2）电源电压低→提高电源电压。

（3）铁心截面不洁净或锈蚀→清洁铁心截面。

（4）零件卡住→调整修理零件。

（5）复位弹簧弹力太大→更换弹簧。

分块四　继　电　器

继电器主要用于控制和保护电路中作信号转换用。它具有输入电路（又称感应元件）和输出电路（又称执行元件），通过将某种电量（如电压、电流）或非电量（如温度、压力、转速、时间等）的变化量转换为开关量，以实现对电路的自动控制功能。

继电器的种类很多，按输入量可分为电压继电器、电流继电器、时间继电器、速度继电器、压力继电器等；按工作原理可分为电磁式继电器、感应式继电器、电动式继电器、电子式继电器等；按用途可分为控制继电器、保护继电器等；按输入量变化形式可分为有无继电器和量度继电器。

有无继电器是根据输入量的有或无来动作的，无输入量时继电器不动作，有输入量时继电器动作，如中间继电器、通用继电器、时间继电器等。

量度继电器是根据输入量的变化来动作的，工作时其输入量是一直存在的，只有当输入量达到一定值时继电器才动作，如电流继电器、电压继电器、热继电器、速度继电器、压力继电器、液位继电器等。

电压、电流继电器和中间继电器属于电磁式继电器，其结构、工作原理与接触器相似，由电磁系统、触头系统和释放弹簧等组成。由于继电器用于控制电路，流过触头的电流小，所以不需要灭弧装置。

电磁式继电器与接触器的主要区别如下。

继电器：没有灭弧装置，触点容量小，用于控制电路，可在电量或非电量的作用下动作。

接触器：有灭弧装置，触点容量大，用于主电路，一般只能在电压作用下动作。

一、电流继电器

电流继电器的输入量是电流，它是根据输入电流大小而动作的继电器。电流继电器的线圈串入电路中，以反映电路电流的变化，其线圈匝数少、导线粗、阻抗小。

1. 电流继电器的用途

电流继电器用于电流保护或控制，如电动机和主电路的过载和短路保护。

2. 电流继电器的分类

电流继电器有欠电流继电器和过电流继电器两类。

当继电器中的电流低于整定值而动作的继电器称为欠电流继电器。欠电流继电器的吸引电流为线圈额定电流的 $30\%\sim65\%$，释放电流为额定电流的 $10\%\sim20\%$，因此，在电路正常工作时，衔铁是吸合的，只有当电流降低到某一整定值时，继电器释放，输出信号。欠电流继电器用于欠电流保护或控制，如直流电动机励磁绕组的弱磁保护、电磁吸盘中的欠电流保护、绕线转子异步电动机起动时电阻的切换控制等。

当继电器中的电流高于整定值而动作的继电器称为过电流继电器。过电流继电器在电路正常工作时流过正常工作电流，正常工作电流小于继电器所整定的动作电流，继电器不动作，当电流超过动作电流整定值时才动作。过电流继电器整定范围通常为 $1.1 \sim 4$ 倍额定电流。过电流继电器用于过电流保护或控制，如电动机的过载及短路保护。

3. 电流继电器的动作特点

电流继电器的动作特点是，动作后不需要更换元件，当电流恢复正常时，它能自动恢复正常。动作电流可以按需要整定。

4. 电流继电器的结构

电流继电器的外形、结构如图 6-17（a）、（b）所示，它由线圈、静铁心、衔铁、触头系统和反作用弹簧等组成。

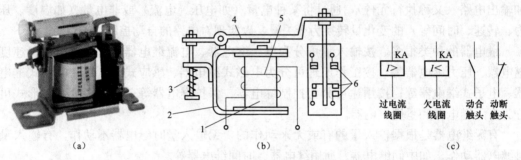

图 6-17 电流继电器的外形、结构与符号图
（a）外形；（b）结构；（c）文字符号
1—铁心；2—磁轭；3—反作用弹簧；4—衔铁；5—线圈；6—触头

5. 电流继电器的电气符号

电流继电器的图形和文字符号如图 6-17（c）所示。

6. 电流继电器的型号和含义

电流继电器的型号和含义如下：

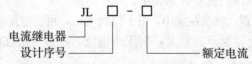

例如，JL12-10，JL 代表电流继电器设计序号为 12，线圈额定电流为 10A。常用的电流继电器的型号有 JL12、JL15 等。

7. 电流继电器的主要技术参数

（1）线圈额定电流：一般为 $5 \sim 300A$。

（2）线圈额定电压：一般为 380V。

（3）触头额定电流：一般为 5A。

（4）触头数目。

8. 电流继电器的选择

（1）根据在控制电路中的作用（过电流、欠电流保护）进行选型。

（2）电流继电器的额定电流应大于或等于电路的工作电流。

（3）电流继电器的整定电流应与电路要求的动作电流相一致。

二、电压继电器

根据线圈两端电压大小而动作的继电器称为电压继电器。

1. 电压继电器的用途

电压继电器用于电压保护或控制。

2. 电压继电器的分类

电压继电器按动作电压值的不同，有过电压继电器、欠电压继电器和零电压继电器之分。过电压继电器在电压为额定电压的 110%～115% 以上时有保护动作；欠电压继电器在电压为额定电压的 40%～70% 时有保护动作；零电压继电器当电压降至额定电压的 5%～25% 时有保护动作。可见，过电压继电器在线路正常工作时，铁心与衔铁是释放的，而欠电压继电器和零电压继电器在线路正常工作时，铁心与衔铁是吸合的。电压继电器的吸合电压和释放电压在规定的范围内是可以调节的。

3. 电压继电器的结构

电压继电器的结构与电流继电器相似，不同的是电压继电器线圈为并联的电压线圈，所以匝数多、导线细、阻抗大。

4. 电压继电器的电气符号

电压继电器的图形和文字符号如图 6-18 所示。

电压继电器的型号及含义、选择、整定等参照电流继电器。

图 6-18　电压继电器的
图形和文字符号

三、中间继电器

中间继电器是最常用的继电器之一。

1. 中间继电器的结构原理

中间继电器实质上是一种电压继电器，它是根据输入电压的有或无而动作的。该继电器由静铁心、动铁心、线圈、触头系统和复位弹簧等组成。其触头对数较多，没有主、辅触头之分，各对触头允许通过的额定电流是一样的，为 5～10A。中间继电器体积小，动作灵敏度高，一般不用于直接控制电路的负载，但当电路的负载电流在 5～10A 以下时，也可代替接触器起控制负载的作用。中间继电器的工作原理和接触器一样，触点较多，一般为四常开和四常闭触点，如图 6-19 所示。

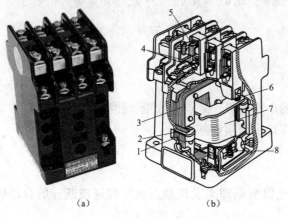

图 6-19　中间继电器的外形、结构

（a）外形；（b）结构

1—静铁心；2—短路环；3—衔铁；

4—常开触头；5—常闭触头；6—反作用弹簧；

7—线圈；8—缓冲弹簧

2. 中间继电器的用途

中间继电器的主要用途是当

93

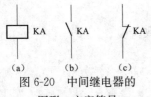

图 6-20　中间继电器的
图形、文字符号

(a) 线圈；(b) 动合触头；

(c) 动断触头

其他继电器的触点数或触点容量不够时，可借助中间继电器来扩大它们的触点数或触点容量，从而起到中间转换的作用。另外，中间继电器还可以作为零电压或欠电压继电器用。

3. 中间继电器的电气符号

中间继电器的文字符号为 KA，图形、文字符号如图 6-20 所示。

4. 中间继电器的型号及含义

中间继电器的型号及含义如下：

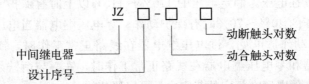

例如，JZ7-62，"JZ" 代表中间继电器，设计序号为 "7"，具有 6 对动合触头，2 对常闭触头。常用的中间继电器型号有 JZ7、JZ14 等，JZ7 系列中间继电器的主要技术数据见表 6-2。

表 6-2　　　　　　　　　　　JZ7 系列中间继电器的主要技术数据

型号	触头额定电压 (V)	触头额定电流 (A)	动合触头数	动断触头数	操作频率 (次/h)	线圈起动功率 (VA)	线圈吸持功率 (VA)
JZ7-44	500	5	4	4	1200	75	12
JZ7-62	500	5	6	2	1200	75	12
JZ7-80	500	5	8	0	1200	75	12

5. 中间继电器的主要技术参数

(1) 线圈额定电压：12V、24V、36V、48V、110V、127V、380V 等。

(2) 触头额定电压：一般为 500V。

(3) 触头额定电流：一般为 5A。

(4) 触头数目。

6. 中间继电器的选择

中间继电器主要依据被控制电路的电压等级、触点的数量、种类及容量来选用。

中间继电器的检测、拆装、维修等均参照接触器进行。

四、时间继电器

时间继电器是一种利用电磁原理或机械原理来实现触点延时接通或断开的自动控制电器。

1. 时间继电器的用途

时间继电器在控制电路中用于时间的控制。

2. 时间继电器的分类

时间继电器按延时方式可分为通电延时和断电延时；按其动作原理与构造不同，可分为电磁式、空气阻尼式、电动式和晶体管式等类型。机床控制线路中应用较多的是空气阻尼式时间继电器，目前晶体管式时间继电器也获得了越来越广泛的应用。

3. 空气阻尼式时间继电器

空气阻尼式时间继电器是利用空气阻尼原理获得延时的，它主要由电磁机构、触头系统、延时机构和传动机构等 4 部分组成。电磁机构为直动式双 E 型铁心，触头系统借用 LX5 型微动开关，延时机构采用气囊式阻尼器，如图 6-21 所示。

空气阻尼式时间继电器可以做成通电延时型，也可改成断电延时型，电磁机构可以是直流的，也可以是交流的。下面简单介绍其工作原理。

图 6-22（a）中通电延时型时间继电器为线圈不通电时的情况，电磁线圈 1 通电后，铁心的电磁吸力将反作用弹簧 3 压缩，静铁心 2 将衔铁 4 连同推板 5 吸下，使微动开关 16 受压，触头瞬时动作。同时顶杆 6 与衔铁间出现一个空隙，塔形弹簧 7 伸展，带动顶杆 6 和与其相连的活塞 12 由上向下移动。这时，在橡皮膜 9 上面形成空气稀薄的空间（气室），空气由进气孔 11 逐渐进入气室，活塞 12 因受到空气的阻力，只能缓慢地向下移动，其移动的速度和进气孔 11 的大小有关

图 6-21　JS7-A 型空气
阻尼式时间继电器

（通过延时调节螺钉 10 调节进气孔的大小可改变延时时间）。当降到一定位置时，杠杆 15 使延时触头 14 动作（动合触头闭合，动断触头断开），起到通电延时作用。线圈断电时，反作用弹簧 3 迅速伸展，使衔铁 4 和活塞 12 等复位，空气经橡皮膜 9 与顶杆 6 之间推开的气隙迅速排出，微动开关 16 和延时触头 14 瞬时复位，无延时。

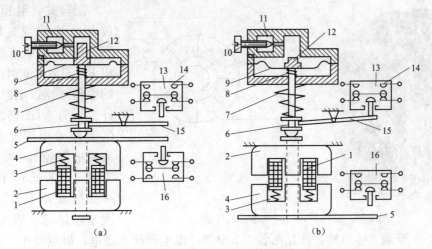

（a）　　　　　　　　　　　　　　（b）

图 6-22　JS7-A 型空气阻尼式时间继电器工作原理图

1—线圈；2—静铁心；3、7、8—弹簧；4—衔铁；5—推板；6—顶杆；9—橡皮膜；
10—螺钉；11—进气孔；12—活塞；13、16—微动开关；14—延时触头；15—杠杆

如果将通电延时型时间继电器的电磁机构 180°反向安装，就可以改为断电延时型时间继电器，如图 6-22（b）所示。线圈 1 不通电时，塔形弹簧 7 伸展，将橡皮膜 9 和顶杆 6 推下，杠杆 15 将延时触头 14 压下（注意，原来通电延时的动合触头现在变成了断电延

时的动断触头，原来通电延时的动断触头现在变成了断电延时的动合触头）。当线圈 1 通电时，衔铁 4 向下运动，使微动开关 16 瞬时动作，同时推动顶杆 6 和活塞 12 向下运动，如前所述，此过程不延时，延时触头 14 瞬时动作。线圈 1 断电时衔铁 4 在反力弹簧 3 的伸展作用下返回，微动开关 16 瞬时复位，延时触头 14 在空气阻尼下延时复位，起到断电延时的作用。

空气阻尼式时间继电器通过延时调节螺钉调节送气门的大小来整定延时时间。常用的产品有 JS7-A、JS23 等系列，延时范围有 0.4～60s 和 0.4～180s。其优点如下。

（1）延时不受电源电压与频率变化的影响。

（2）通电延时与断电延时两种方式变换方便。

（3）延时范围较大，0.4～180s。

（4）价格便宜，构造简单。

其缺点如下：

（1）延时误差大，一般为 ±10%～20%。

（2）延时值受外界环境如尘土、温度等影响，随着使用时间的增长，延时值也会逐渐增大。

（3）无调节刻度指示。

4. 晶体管式时间继电器

晶体管式时间继电器按其结构可分为阻容式时间继电器和数字式时间继电器，按延时方式分为通电延时型和断电延时型。早期时间继电器多是阻容式的，近期开发的产品多为数字式，又称计数式时间继电器，由脉冲发生器、计数器、数字显示器、放大器及执行机构组成，具有延时时间长、调节方便、体积小、精度高、寿命长、带有数字显示等优点。电子式时间继电器应用很广，可取代空气式、电动式等类型的时间继电器，如图 6-23 所示。

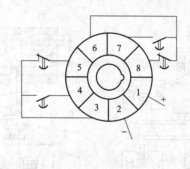

阻容式利用 RC 电路充放电原理构成延时电路，图 6-24 为用单结晶体管构成 RC 充放电式时间继电器的原理线路。电源接通后，经二极管 VD1 整流、电容 C_1 滤波及稳压管稳压后的直流电压经 R_{P1} 和 R_2 向 C_3 充电，电容器 C_3 两端电压按指数规律上升。此电压大于单结晶体管 V 的峰点

图 6-23　晶体管式时间继电器的外形

电压时，V 导通，输出脉冲使晶闸管 VT 导通，继电器线圈通电，触点动作，接通或分断外电路。它主要适用于中等延时时间（0.05s～1h）的场合。数字式时间继电器采用计算机延时电路，由脉冲频率决定延时长短。它不但延时长，而且精度更高，延时过程可数字显示，延时方法灵活，但线路复杂，价格较贵，主要用于长时间延时场合。

5. 时间继电器的电气符号

时间继电器的文字符号为 KT，图形符号如图 6-25 所示。

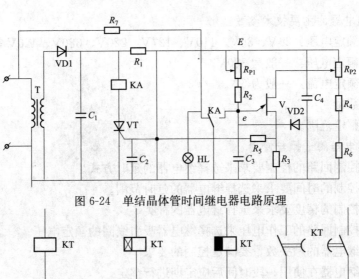

图 6-24　单结晶体管时间继电器电路原理

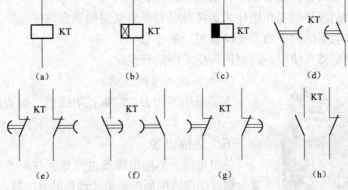

图 6-25　时间继电器的图形符号

（a）线圈一般符号；（b）通电延时线圈；（c）断电延时线圈；（d）通电延时闭合动合（常开）触点；（e）通电延时断开动断（常闭）触点；（f）断电延时断开动合（常开）触点；（g）断电延时闭合动断（常闭）触点；（h）瞬动触点

6. 时间继电器的型号及含义

时间继电器的型号及含义如下：

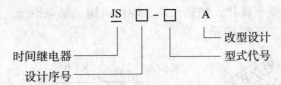

例如，JS7-2A，JS 代表时间继电器，设计序号为 7，具有 1 对瞬动动合触头，1 对瞬动动断触头，1 对通电延时动合触头，1 对通电延时动断触头。常用的时间继电器型号有 JS7-A、JS23 等，JS7-A 系列时间继电器的主要技术参数见表 6-3。

表 6-3　　　　　　　　**JS7-A 系列时间继电器的主要技术参数**

型号	瞬时动作触头数量		有延时的触头数量				触头额定电压（V）	触头额定电流（A）	线圈电压（V）	延时范围（s）	额定操作频率（次/h）
			通电延时		断电延时						
	动合	动断	动合	动断	动合	动断					
JS7-1A	—	—	1	1			380	5	24，36	0.4～60 0.4～180	600
JS7-2A	1	1	1	1					110，127		
JS7-3A	—	—	—	—	1	1			220，380		
JS7-4A	1	1			1	1			420		

7. 时间继电器的主要技术参数

（1）线圈额定电压：24V、36V、110V、127V、220V、380V、420V 等。

（2）触头额定电压：一般为 380V。

（3）触头额定电流：一般为 5A。

（4）触头数量。

（5）延时整定范围。

8. 时间继电器的选择与使用

（1）根据控制回路的控制要求来选择继电器的延时方式。

（2）根据控制的时间要求来选择继电器的延时范围。

（3）根据控制的精度要求来选择继电器的种类。

（4）根据控制回路的工作电压来选择继电器吸引线圈的额定电压。

（5）时间继电器的触头数量要满足控制的要求。

（6）时间继电器在使用一段时间后应定期进行整定。

9. 时间继电器的检测

主要是用万用表的欧姆挡对线圈、触头进行检测。

图 6-26　热继电器

五、热继电器

热继电器是利用电流通过发热元件所产生的热效应，使双金属片受热弯曲而推动机构动作的继电器，如图 6-26 所示。

1. 热继电器的用途

热继电器常与接触器配合使用，是专门用来对连续运行的电动机进行过载及断相保护，以防止电动机过热而烧毁的保护电器。

2. 热继电器的结构及工作原理

热继电器主要由双金属片、加热元件、动作机构、触点系统、整定调整装置及手动复位装置等组成，如图 6-27 所示。

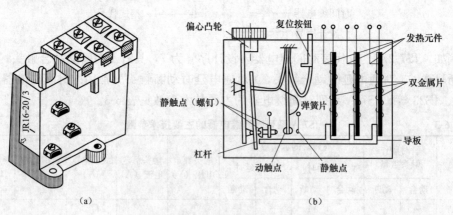

（a）　　　　　　　　　　　（b）

图 6-27　热继电器的外形和结构、原理图

（a）外形；（b）内部结构和原理示意图

双金属片是一种将两种线膨胀系数不同的金属用机械辗压方法使之形成一体的金属

片。膨胀系数大的（如铁镍铬合金、铜合金或高铝合金等）称为主动层，膨胀系数小的（如铁镍类合金）称为被动层。由于两种线膨胀系数不同的金属紧密地贴合在一起，当产生热效应时，使得双金属片向膨胀系数小的一侧弯曲，由弯曲产生的位移带动触头动作。

热元件一般由铜镍合金、镍铬铁合金或铁铬铝等合金电阻材料制成，其形状有圆丝、扁丝、片状和带材几种。

热元件串接于电动机的定子电路中，通过热元件的电流就是电动机的工作电流。当电动机正常运行时，其工作电流通过热元件产生的热量不足以使双金属片变形，热继电器不会动作。当电动机发生过电流且超过整定值时，双金属片的热量增大而发生弯曲，经过一定时间后，使触点动作，通过控制电路切断电动机的工作电源。同时，热元件也因断电而逐渐降温，经过一段时间的冷却，双金属片恢复到原来状态。

热继电器动作电流的调节是通过旋转调节旋钮来实现的。调节旋钮为一个偏心轮，旋转调节旋钮可以改变传动杆和动触点之间的传动距离，距离越长动作电流就越大，反之动作电流就越小。

热继电器复位方式有自动复位和手动复位两种，将复位螺钉旋入，使常开的静触点向动触点靠近，这样动触点在闭合时处于不稳定状态，在双金属片冷却后动触点也返回，为自动复位方式。如将复位螺钉旋出，触点不能自动复位，为手动复位方式。在手动复位方式下，需在双金属片恢复原状时按下复位按钮才能使触点复位。

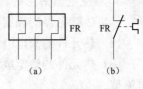

需要注意的是，热继电器由于热惯性，当电路短路时不能立即动作使电路立即断开，因此不能作短路保护。同理，在电动机起动或短时过载时，热继电器也不会动作，这可避免电动机不必要的停车。

图 6-28　热继电器的
图形及文字符号
（a）热元件；（b）动断触头

3. 热继电器的电气符号

热继电器的文字符号为 FR，图形符号如图 6-28 所示。

4. 热继电器的型号及含义

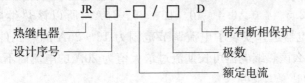

例如，JR0-20/3D，JR 代表热继电器，设计序号为 0，额定电流为 20A，具有 3 相热元件，带有断相保护功能。常用的热继电器型号有 JR0、JR16、JR36 等系列，其主要技术数据见表 6-4。

表 6-4　　　　　　　　　　　　　热继电器的主要技术数据

型　号	额定电流（A）	热元件额定电流（A）	额定电流调节范围（A）	主要用途
JR0-20/3 JR0-20/3D	20	0.35	0.25～0.3～0.35	供 500V 以下电气回路中作为电动机的过载保护之用，D 表示带有断相保护装置
		0.5	0.32～0.4～0.5	
		0.72	0.45～0.6～0.72	
		1.1	0.68～0.9～1.1	
		1.6	1.0～1.3～1.6	
		2.4	1.5～2.0～2.4	

续表

型　号	额定电流（A）	热元件额定电流（A）	额定电流调节范围（A）	主要用途
JR16-20/3 JR16-20/3D	20	3.5	2.2～2.8～3.5	
		5.0	3.2～4.0～5.0	
		7.2	4.5～6.0～7.2	
		11	6.8～9.0～11.0	
		16	10.0～13.0～16.0	
		22	14.0～18.0～22.0	
JR0-40/3 JR16-40/3D	40	0.64	0.40～0.64	供500V以下电气回路中作为电动机的过载保护之用，D表示带有断相保护装置
		1.0	0.64～1.0	
		1.6	1.0～1.6	
		2.5	1.6～2.5	
		4.0	2.5～4.0	
		6.4	4.0～6.4	
		10	6.4～10	
		16	10～16	
		25	16～25	
		40	25～40	

5. 热继电器的主要技术参数

（1）热继电器的额定电流。是指热继电器中可以安装的热元件的最大额定电流。

（2）热元件的额定电流。是指热元件的最大整定电流。

（3）热元件的整定电流。是指热元件能够长期通过而不致引起热继电器动作的最大电流值。

（4）动作电流调节范围。是指热元件最小整定电流值与最大整定电流值之间的范围。热继电器无法整定出范围之外的动作电流。

（5）热元件相数。一般为两相或三相结构。

例如，某型号为JR0-40/3的热继电器，可供它选择安装的热元件的额定电流有0.64、1.0、1.6、2.5、4.0、6.4、10、16、25、40A，所以该热继电器的额定电流为40A。假设该热继电器选择安装了电流调节范围为16～25A的热元件，并且将动作电流值整定为20A，那么该热继电器可长期流过最大值为20A的电流而不动作。

6. 热继电器的选择与使用

（1）热继电器结构型式的选择：星形连接的电动机可选用两相或三相结构的普通热继电器，三角形连接的电动机应选用带断相保护装置的三相结构热继电器。

（2）热继电器的额定电流的选择：应略大于电动机的额定电流。

（3）热继电器的动作电流值一般整定为电动机的额定电流左右。

（4）对于重复短时工作的电动机（如起重机电动机），由于电动机不断重复升温，热继电器双金属片的温升跟不上电动机绕组的温升，电动机将得不到可靠的过载保护。因此，不宜选用双金属片热继电器，而应选用过电流继电器或能反映绕组实际温度的温度继电器来进行保护。

7. 热继电器的检测

用万用表的欧姆挡测量，热元件应为导通，常闭触头和常开触头应为常态值，按下

TEST 键后，动断触头和动合触头应改常态值为动作值。

8. 热继电器的常见故障和原因

（1）热继电器误动作。故障原因主要有：电流整定值太小；电动机起动时间过长；电动机频繁起动；受到强烈冲击或振动；环境温度高等。

（2）电路过载热继电器不动作。故障原因主要有：电流整定值偏大；触点损坏或未接入电路；热元件烧断；动作机构卡住；导板脱出等。

（3）热元件烧断。故障原因主要有：被保护电路短路；过热后不保护等。

六、速度继电器

速度继电器根据电磁感应原理制成的，用于转速的检测，如用来在三相交流异步电动机反接制动转速过零时，自动断开反相序电源。图 6-29 为其外形、结构和符号图。

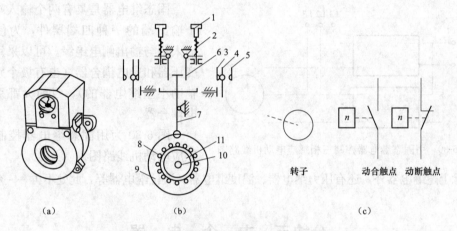

图 6-29　速度继电器外形、结构和符号图

（a）外形；（b）结构；（c）符号

1—调节螺钉；2—反力弹簧；3—动断触点；4—动触点；5—动合触点；

6—返回杠杆；7—摆杆；8—笼型绕组；9—圆环；10—转轴；11—转子

据图 6-29 知，速度继电器主要由转子、圆环（笼型空心绕组）和触点三部分组成。

转子是一个圆柱形永久磁铁，定子是一个鼠笼型空心圆环，由硅钢片叠成，并装有笼型绕组。其转子的轴与被控电动机的轴相连接，当电动机转动时，转子（圆柱形永久磁铁）随之转动产生一个旋转磁场，定子中的鼠笼绕组切割磁力线而产生感应电流和磁场，两个磁场相互作用，使定子受力而跟随转动，当达到一定转速时，装在定子轴上的摆锤推动簧片触点运动，使动断触点断开，动合触点闭合。当电动机转速低于某一数值时，定子产生的转矩减小，触点在簧片作用下复位。当调节弹簧弹力时，可使速度继电器在不同转速时切换触点，改变通断状态。

常用的速度继电器有 JY1 型和 JFZ0 型两种。其中，JY1 型可在 700～3600r/min 范围工作，JFZ0-1 型适用于 300～1000r/min，JFZ0-2 型适用于 1000～3000r/min。

一般速度继电器都具有两对转换触点，一对用于正转时动作，另一对用于反转时动作。触点额定电压为 380V，额定电流为 2A。通常速度继电器动作转速为 130r/min，复位转速在 100r/min 以下。

速度继电器的图形符号如图 6-29（c）所示，文字符号为 KS。

七、固态继电器

固态继电器简称 SSR，是一种全部由固态电子元件（如光电耦合器、晶体管、晶闸管、电阻、电容等）组成的无触点开关器件。与普通继电器一样，它的输入侧与输出侧之间是电绝缘的。但是与普通电磁继电器相比，SSR 体积小，开关速度快，无机械触点，因此没有机械磨损，不怕有害气体腐蚀，没有机械噪声，耐振动、冲击，使用寿命长。它在通、断时没有火花和电弧，有利于防爆，干扰小（特别对微弱信号回路）。另外，SSR 的驱动电压低，电流小，易于与计算机接口。因此，SSR 作为自动控制的执行部件得到越来越广泛的应用，特别在那些要求防爆、防震、防腐蚀的场合，如煤矿井下设备、油田和化工厂的电气控制设备以及航天、航空、车辆、轮船等控制设备中，SSR 更显示出其优越性。

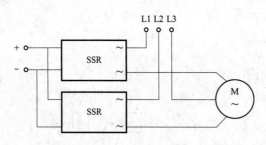

图 6-30　用固态继电器控制三相感应电动机线路图

固态继电器是具有两个输入端和两个输出端的一种四端器件，为使 SSR 输入侧与输出侧电绝缘，可以采用脉冲变压器和光电耦合器（也有极个别使用辅助小型继电器的），目前大都采用光电耦合器。

图 6-30 为用固态继电器控制三相感应电动机线路图。

除上述继电器外，还有压力继电器、温度继电器、液位继电器等，此处不再一一叙述。

分块五　主 令 电 器

自动控制系统中用于发送控制指令的电器称为主令电器。常用的主令电器有控制按钮、行程开关、接近开关、万能转换开关和主令控制器等几种。

一、控制按钮

1. 按钮的用途

控制按钮通常用作短时接通或断开小电流控制电路的开关。常用来发出动作命令，如起动、停止等，是最基本的主令电器。各种类型的按钮开关如图 6-31 所示。

图 6-31　各种类型的按钮开关

2. 按钮的结构、原理

控制按钮是由按钮帽、复位弹簧、桥式触头和外壳等组成。通常制成具有动合触头和动断触头的复合式结构，其结构示意图如图 6-32 所示。当按下按钮时，克服弹簧反作用力，先使动断触头分开，然后接通动合触头，即"先断后合"；当放开按钮时，由于复位弹簧的作用，触头又恢复到原来的通断位置，也是"先断后合"。

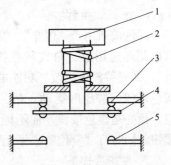

图 6-32　复合按钮结构示意图

1—按钮帽；2—复位弹簧；3—动断触头；4—动触头；5—动合触头

3. 按钮的分类

(1) 按触头形式分：

常开按钮：拥有常开触头，也叫动合按钮，常用作起动按钮；

常闭按钮：拥有常闭触头，也叫动断按钮，常用作停止按钮；

复合按钮：拥有动合动断两对触头，常用在控制电路中作连锁之用。

(2) 按外形和操作方式分：有平钮、急停按钮、旋钮式按钮等。紧急式按钮装有蘑菇形钮帽，以便于紧急操作；旋钮式按钮是用手扭动旋钮来进行操作的。

(3) 按按钮的触点动作方式分：可以分为直动式和微动式两种。直动式按钮的触点动作速度和手按下的速度有关；而微动式按钮的触点动作变换速度快，和手按下的速度无关。小型微动式按钮也叫微动开关，动触点由变形簧片组成，当弯形簧片受压向下运动低于平形簧片时，弯形簧片迅速变形，将平形簧片触点弹向上方，实现触点瞬间动作。

(4) 按按钮的复位方式分：按钮一般为自动复位式，也有自锁式按钮，最常用的按钮为复位式平按钮。

此外还有指示灯式按钮（可装入信号灯显示信号）和钥匙式按钮（必须用钥匙才能操作）。

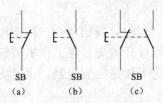

图 6-33　图形符号及文字符号

(a) 常开按钮；(b) 常闭按钮；(c) 复合按钮

4. 按钮的电气符号

按钮的文字符号为 SB，图形符号如图 6-33 所示。

5. 按钮的型号及含义

按钮的型号及含义如下：

例如，LA19-22K，LA 表示电器类型为按钮开关，19 设计序号，前"2"表示动合触头数为两对，后"2"表示动断触头数为两对，"K"表示按钮开关的结构类型为开启式（其余常用类型分别为："H"表示保护式，"X"表示旋钮式，"D"表示带指示灯式，"J"表示紧急式，若无标示则表示为平钮式）。常用的按钮有 LA2、LA18、LA19、LA20 及新型号 LA25 等系列。

6. 按钮的颜色

红色按钮用于"停止"、"断电"或"事故"。绿色按钮优先用于"启动"或"通电"，但也允许选用黑、白或灰色按钮。一钮双用的"启动"与"停止"或"通电"与"断电"，即交替按压后改变功能的，不能用红色按钮，也不能用绿色按钮，而应用黑、白或灰色按钮。按压时运动，抬起时停止运动（如点动、微动），应用黑、白、灰或绿色按钮，最好是黑色按钮，而不能用红色按钮。用于单一复位功能的，用蓝、黑、白或灰色按钮。同时有"复位"、"停止"与"断电"功能的用红色按钮。

7. 按钮的选择

（1）根据使用场合，选择控制按钮的种类，如开启式、防水式、防腐式等。

（2）根据用途，选用合适的型式，如钥匙式、紧急式、带灯式等。

（3）按控制回路的需要，确定不同的按钮数，如单钮、双钮、三钮、多钮等。

（4）按工作状态指示和工作情况的要求，选择按钮及指示灯的颜色。

8. 按钮的检测

使用万用表的欧姆挡，在复位状态下，动合触头应为开路，动断触头应为0Ω；在动作状态下，动合触头应为0Ω，动断触头应为开路。否则，应认真检查按钮触头的位置与高度是否有偏移，复位弹簧是否变形。

二、行程开关

1. 行程开关的用途

行程开关又称位置开关，用来反映工作机械的位置变化（行程），发出指令，用于控制生产机械的运动方向、速度、行程大小或位置等。如果把行程开关安装在工作机械行程的终点处，以限制其行程，就称为限位开关或终端开关。它不仅是控制电器，也是实现终端保护的保护电器。各种类型的行程开关如图6-34所示。

图6-34 各种类型的行程开关

2. 行程开关的分类

根据结构不同，行程开关可分为直动式、滚动式和微动式。按复位方式分为自动复位行程开关和非自动复位行程开关。按动作速度分为瞬动行程开关和慢动（蠕动）行程开关。按触点性质可分为有触点式和无触点式（接近开关）。

（1）有触点行程开关。有触点行程开关简称行程开关，主要由触头系统、操动机构和外壳组成。其工作原理和按钮基本相同，区别在于它不是靠手的按压，而是利用生产机械运动的部件碰压而使触点动作来发出控制指令的主令电器。

直动式和单轮旋转式行程开关为自动复位式，如图 6-35 所示。双轮旋转式行程开关没有复位弹簧，在挡铁离开后不能自动复位，必须由挡铁从反方向碰撞后，开关才能复位。

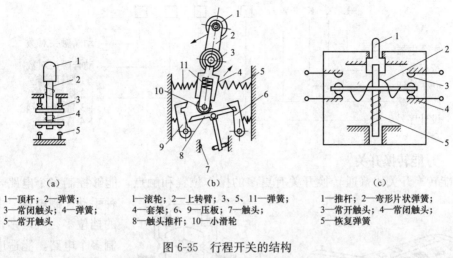

(a)	(b)	(c)
1—顶杆；2—弹簧；	1—滚轮；2—上转臂；3、5、11—弹簧；	1—推杆；2—弯形片状弹簧；
3—常闭触头；4—弹簧；	4—套架；6、9—压板；7—触头；	3—常开触头；4—常闭触头；
5—常开触头	8—触头推杆；10—小滑轮	5—恢复弹簧

图 6-35 行程开关的结构

（a）直动式；（b）滚动式；（c）微动式

行程开关的主要参数有型式、动作行程、工作电压及触头的电流容量。目前，国内生产的行程开关有 LXK3、3SE3、LX19、LXW 和 LX 等系列。

（2）无触点行程开关。无触点行程开关又称接近开关，它可以代替有触头行程开关来完成行程控制和限位保护，还可作为高频计数、测速、液位控制、零件尺寸检测、加工程序的自动衔接等的非接触式开关。由于它具有非接触式触发、动作速度快、可在不同的检测距离内动作、发出的信号稳定无脉动、工作稳定可靠、寿命长、重复定位精度高以及能适应恶劣的工作环境等特点，所以在机床、纺织、印刷、塑料等工业生产中应用广泛，如图 6-36 所示。

图 6-36 各种接近开关

无触点行程开关分为有源型和无源型两种，多数无触点行程开关为有源型，主要包括检测元件、放大电路、输出驱动电路 3 部分，一般采用 5～24V 的直流电流，或 220V 交流电源等。图 6-37 为三线式有源型接近开关结构框图。

图 6-37 有源型接近开关结构框图

接近开关按检测元件工作原理可分为高频振荡型、超声波型、电容型、电磁感应型、永磁型、霍尔元件型与磁敏元件型等。不同型式的接近开关所检测的被检测体不同。

接近开关的产品种类十分丰富，常用的国产接近开关有 LJ、3SG 和 LXJ18 等多种系列。

3. 行程开关的电气符号

行程开关的文字符号为 SQ，图形符号如图 6-38 所示。

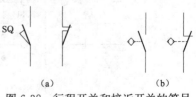

(a)	(b)

图 6-38 行程开关和接近开关的符号

4. 行程开关的型号及含义

行程开关的型号及含义如下：

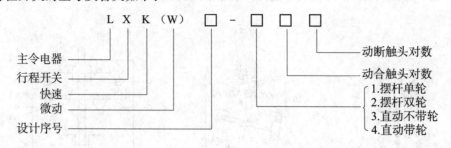

主令电器
行程开关
快速
微动
设计序号

动断触头对数
动合触头对数
1. 摆杆单轮
2. 摆杆双轮
3. 直动不带轮
4. 直动带轮

三、万能转换开关

万能转换开关比普通转换开关有更多的操作位置和触点，能够控制多个电路，是一种手动控制电器。由于它的挡位多、触点多，可控制多个电路，能适应复杂线路的要求，故称"万能"转换开关，主要用于控制电路换接，也可用于小容量电动机的起动、换向、调速和制动控制。

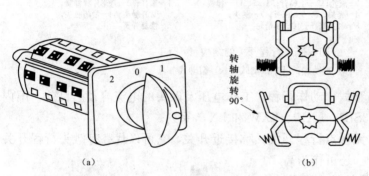

图 6-39　LW12 万能转换开关外形图
(a) 外形；(b) 凸轮通断触点示意图

图 6-39 是 LW12 万能转换开关外形图，它是有多组相同结构的触点叠装而成，在触头盒的上方有操动机构。由于扭转弹簧的储能作用，操作呈现了瞬时动作的性质，故触头分断迅速，不受操作速度的影响。

万能转换开关在电气原理图中的画法，如图 6-40 所示。图中虚线表示操作位置，而不同操作位置的各对触点通断状态与触点下方或右侧对应，规定用于虚线相交位置上的涂黑圆点表示接通，没有涂黑圆点表示断开。另一种是用触点通断状态来表示，图 6-40 (b) 中以

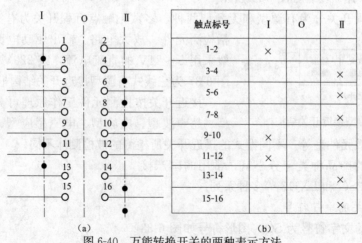

触点标号	I	O	II
1-2	×		
3-4			×
5-6			×
7-8			×
9-10	×		
11-12	×		
13-14			×
15-16			×

图 6-40　万能转换开关的两种表示方法
(a) 图表示；(b) 表表示

"+"（或"×"）表示触点闭合，"-"（或无记号）表示分断。万能转换开关的文字符号：SA。

　　常用的万能转换开关有 LW2、LW5、LW6、LW15 等系列。其型号及含义如下：

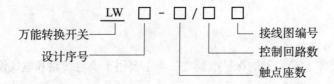

四、主令控制器

　　主令控制器是一种频繁切换复杂的多回路控制电路的主令电器，主要用于电力拖动系统中，按照预定的程序分合触头，向控制系统发出指令，通过接触器达到对电动机起动、制动、调速和反转的控制。它操作方便，触点为双断点桥式结构，适用于按顺序操作的多个控制回路。主令控制器一般由外壳、触头、凸轮、转轴等组成，与万能转换开关相比，它的触头容量大一些，操作挡位较多。

　　主令控制器结构原理如图 6-41 所示。图中 1 和 7 是固定于方轴上的凸轮块，2 是接线柱，由它连向被操作的回路；静触点 3 由桥式动触点 4 来闭合与断开，动触点 4 固定于绕轴 6 转动的支杆 5 上。当操作者用手柄转动凸轮块 7 的方轴，使凸轮块的凸出部分推压小轮 8 带动支杆 5 向外张开，将被操作的回路断电，在其他情况下（凸轮块离开推压轮）触点是闭合的。根据每块凸轮块的形状不同，可使触点按一定顺序闭合或断开。这样只要安装一层层不同形状的凸轮块即可实现控制回路顺序地接通与断开。

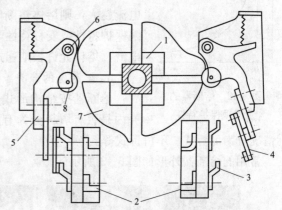

图 6-41　主令控制器的结构原理

1、7—凸轮块；2—接线柱；3—静触点；
4—动触点；5—支杆；6—转动轴；8—小轮

　　主令控制器触头的通断，一般用关合次序说明，其关合次序表示法有两种，与万能转换开关的表示方法一致。

　　主令控制器的型号及含义如下：

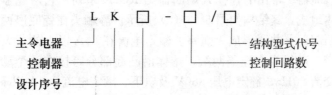

　　此外，常用的主令电器还有凸轮控制器，与主令控制器的原理相似，属于大型手动控制电器，此处不再叙述。

分块六　其　他　电　器

一、熔断器

1. 熔断器的用途

熔断器是最基本、最常见的保护电器之一，主要用于供电线路和电气设备的短路保护。

2. 熔断器的结构原理

熔断器的结构一般分成熔体座和熔体等部分。熔体由易熔金属材料铅、锌、锡、铜、银及其合金制成，形状常为丝状、片状或网状。由铅锡合金和锌等低熔点金属制成的熔体，因不易灭弧，多用于小电流电路；由铜、银等高熔点金属制成的熔体，易于灭弧，多用于大电流电路。

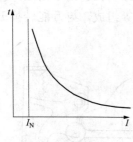

图 6-42　熔断器的
反时限保护特性

熔断器串接于被保护电路中，当电路电流超过一定值时，熔体因发热而熔断，使电路被切断，从而起到保护作用。电流通过熔体时产生的热量与电流平方和电流通过的时间成正比，电流越大，则熔体熔断时间越短，这种特性称为熔断器的反时限保护特性或安秒特性，如图 6-42 所示。图中 I_N 为熔断器额定电流，熔体允许长期通过额定电流而不熔断。

3. 熔断器的分类

熔断器按结构形式分为开启式、半封闭式、封闭式；按外壳内是否有填料分为有填料式、无填料式；按熔体的替换和装拆情况分为可拆式、不可拆式等。

常用的熔断器外形如图 6-43 所示。

(a)　　　　　　　(b)　　　　　　　(c)　　　　　　　(d)

图 6-43　熔断器外形
(a) 瓷插式；(b) 螺旋式；(c) 无填料密封管式；(d) 有填料密封管式

（1）瓷插式熔断器。常用的瓷插式熔断器为 RC1A 系列，它由瓷盖、瓷底座、静触头、动触头和熔体组成，其结构如图 6-43（a）所示。静触头在瓷底座两端，中间有一空腔，它与瓷盖的凸起部分共同形成灭弧室。额定电流在 60A 以上的，灭弧室中还有帮助灭弧的编织石棉带。动触头在瓷盖两端，熔体沿凸起部分跨接在两个动触头上。瓷插式熔断器一般用于交流 50Hz，额定电压 380V 及以下、额定电流 200A 以下的电路末端，用于电气设备的短路保护和照明电路的保护。

（2）有填料螺旋式熔断器。它由瓷帽、熔管、瓷套及瓷座等组成。熔管是一个瓷管，内装熔体和灭弧介质石英砂，熔体的两端焊在熔管两端的金属盖上，其一端标有不同颜色的熔断指示器，当熔体熔断时指示器弹出，便于发现并更换同型号的熔管。该熔断器的优点是体积小，灭弧能力强，有熔断指示，工作安全可靠。因此，在交流额定电压500V、额定电流200A及以下的配电和机电设备中大量使用。

（3）快速熔断器。快速熔断器又叫半导体器件保护用熔断器，主要用于半导体功率元件的过电流保护。由于半导体元件承受过电流的能力很差，只允许在较短的时间内承受一定的过载电流（如70A的晶闸管能承受6倍额定电流的时间仅为10ms），因此要求短路保护元件应具有快速动作的特征。快速熔断器能满足这一要求，且结构简单，使用方便，动作灵敏可靠，因而得到了广泛应用。

常用的快速熔断器有RS0、RS3、RLS2等系列，RLS2系列的结构与RL1系列相似，适用于小容量硅元件及其成套装置的短路和过载保护；RS0和RS3系列适用于半导体整流元件和晶闸管的短路和过载保护，它们的结构相同，但RS3系列的动作更快，分断能力更高。

（4）自复式熔断器。常用的熔断器，熔体一旦熔断，必须更换新的熔体后才能使电路重新接通，既不方便，也不能及时恢复供电。近年来，可重复使用一定次数的自复式熔断器开始在电力网络的输配电线路中得到应用。自复式熔断器由金属钠制成熔丝，它在常温下具有高电导率（略次于铜），短路电流产生的高温能使钠汽化，气压增高，高温高压下气态钠的电阻迅速增大，呈高电阻状态，从而限制了短路电流。当短路电流消失后，温度下降，气态钠又变为固态钠，恢复原来良好的导电性能，故自复式熔断器可重复使用。可见，与其说自复式熔断器是一种熔断器，还不如说它是一个非线性电阻，因为它熔而不断，不能真正分断电路，但由于它具有限流作用显著、动作时间短、动作后不需要更换熔体等优点，在生产中应用范围不断扩大，常与断路器配合使用，以提高组合分断性能。目前自复式熔断器有RZ1系列熔断器，它适用于交流380V的电路中与断路器配合使用。

FU ▯

4. 熔断器的电气符号

熔断器的文字符号为FU，图形符号如图6-44所示。

图6-44 熔断器的符号

5. 熔断器的型号及含义

熔断器的型号及含义如下：

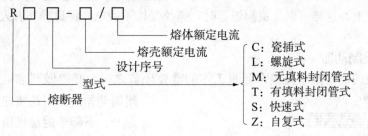

例如，RT0-32/20，熔断器底座额定电流为32A，熔芯为有填料式20A。

6. 熔断器的主要技术参数

（1）额定电压。是指保证熔断器能长期正常工作的电压。

（2）熔体额定电流。是指熔体长期通过而不会熔断的最大电流。

（3）熔断器额定电流。是指保证熔断器能长期正常工作的最大电流。

（4）极限分断能力。是指熔断器在额定电压下所能开断的最大短路电流。它取决于熔断器的灭弧能力，与熔体的额定电流大小无关。

7. 熔断器的选用

对熔断器的要求是：在电气设备正常运行时，熔断器不应熔断；在出现短路时，应立即熔断；在电流发生正常变动（如电动机起动过程）时，熔断器不应熔断。

（1）熔断器的额定电压要大于或等于电路的额定电压。

（2）熔断器的额定电流应不小于所装熔体的额定电流。

（3）熔体额定电流的选择。

1）对于电炉和照明等电阻性负载，可用作短路保护和过载保护。这类负载起动过程很短，运行电流较平稳，一般按负载额定电流的 1~1.1 倍选用熔体的额定电流，进而选定熔断器的额定电流。

2）电动机等感性负载，这类负载的起动电流很大，熔体的额定电流应考虑起动时熔体不能熔断而选得较大些，这样熔断器就难以起到过载保护作用，而只能用作短路保护，过载保护应用热继电器才行。

对于单台电动机，一般选择熔体的额定电流为电动机额定电流的 1.5~2.5 倍。轻载起动或起动时间较短时，系数可取 1.5，带负载起动、起动时间较长或起动较频繁时，系数可取 2.5。

对于多台电动机，要求熔体的额定电流（I_{fN}）应不小于最大一台电动机额定电流（I_{Nmax}）的 1.5~2.5 倍加上同时使用的其他电动机额定电流之和（$\sum I_N$），即

$$I_{fN} \geqslant (1.5 \sim 2.5)I_{Nmax} + \sum I_N$$

3）为防止发生越级熔断，上、下级（供电干、支线）熔断器间应有良好的协调配合，两级熔体额定电流的比值不小于 1.9：1。

8. 熔断器使用维护注意事项

（1）熔断器的熔芯和底座的接触应保持良好。

（2）熔体烧断后，应首先查明原因，排除故障。更换熔体时，应使新熔体的规格与换下来的一致，不得拿铜丝或铁丝代替熔丝。

（3）更换熔体或熔管时，必须将电源断开，防止触电。

（4）安装螺旋式熔断器时，电源线应接在瓷底座的下接线座上，负载线应接在螺纹壳的上接线座上。这样可保证更换熔管时，螺纹壳体不带电，保证操作者人身安全。

二、电磁制动器

起升机械的制动停车是整个起重工作的重要环节之一，必须做到准确可靠。电磁抱闸制动器的作用是使起重机的平移和起升、下降等运动机构准确可靠地停止在所需的位置，以防止物体坠落、撞击等事故的发生。起重机通常采用闭式双闸瓦制动器。

电磁抱闸制动器是由闸瓦制动器配上制动电磁铁而构成的，电磁铁由铁心、衔铁和线圈三部分组成。TJ2 型交流电磁制动器的示意图如图 6-45 所示，

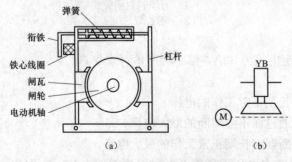

图 6-45　TJ2 型交流电磁制动器的示意图及图形符号

（a）电磁制动器示意图；（b）电磁制动器图形符号

通常电磁制动器和电动机轴安装在一起，其电磁制动线圈和电动机线圈并联，二者同时通电或电磁制动线圈先通电之后电动机紧随其后通电。电磁制动器线圈通电吸引衔铁使弹簧受压，闸瓦和固定在电动机轴上的闸轮松开，电动机旋转，当电动机和电磁制动器同时断电时，在压缩弹簧的作用下闸瓦将闸轮抱紧，使电动机制动。根据它的制动形态，人们又称电磁制动器为电磁抱闸。

电磁铁的图形符号和电磁制动器一样，文字符号为 YB。

电磁抱闸制动器的主要技术参数有：额定电压、通电持续率、线圈匝数、制动轮直径、制动力矩等。

实训　低压电器的认知、整定、检测、拆装与修理

一、实训目的
（1）熟悉常用低压电器的结构，了解其工作原理。
（2）学会时间继电器、热继电器的参数整定。
（3）掌握常用低压电器的检测步骤与方法。
（4）掌握交流接触器、组合开关、按钮等的拆装。
（5）掌握常用低压电器的修理方法。

二、实训工具及器材
（1）常用电工工具 1 套。
（2）万用表 1 只。
（3）按钮、低压开关、接触器、继电器等各种常用低压电器。

三、实训要求与步骤
1. 纪律要求

实验期间必须穿工作服（或学生服）、胶底鞋；注意安全、遵守实习纪律，做到有事请假，不得无故不到或随意离开；实验过程中要爱护实验器材，节约用料。

2. 步骤和要求

（1）低压电器认知。说出所示低压电器的名称及用途。

（2）结构认知。说出所示低压电器零部件的名称。

（3）参数整定。根据老师要求整定继电器的参数。

（4）性能检测。正确使用万用表，准确检测低压电器的性能好坏。

（5）拆装修理。拆装修理交流接触器、组合开关、按钮等。装配修理结束后，要重新进行调整和检测，直至合格。

低压电器拆装的一般步骤与注意事项如下。

（1）了解低压电器的结构组成和特点。

（2）根据结构特点选择适当的拆装工具。

（3）由外向内将电器的零部件一一拆除，并按顺序一一观察、辨别、标识并记录。拆除时，一方面要注意选用合适的螺丝刀，用力均匀，防止丝口打毛，另一方面还要防

止弹簧、垫片、螺钉的弹跳，以免丢失。

（4）认真检查各零部件的性能，发现损坏的地方，进行修理。

（5）按顺序将拆开的零件重新装配。装配时要注意使各个部件装配到位，动作灵活，不能漏装任何零部件。

（6）对新装配好的电气元件进行检测、调整和试验。

3. 实训报告

实训过程中应认真参考教材和其他材料，认真完成指导教师布置的作业，实训完成后每位学生应写一份实训报告。

四、考核标准

（1）不知道电器的基本名称，每个扣 5 分。

（2）不知道零部件的名称，每个扣 2 分。

（3）不会整定参数，每个扣 5 分。

（4）万用表使用不规范，每次扣 5 分。

（5）检测方法不正确，每次扣 2 分。

（6）拆装电气元件不正确，每个扣 5 分。

（7）修理电气元件不合格，每处扣 2 分。

（8）回答相关问题不正确，每处扣 2 分。

（9）不遵守安全文明生产规章，每次扣 10 分。

模块七
三相异步电动机控制线路及故障分析

三相笼型异步电动机坚固耐用，结构简单，且价格经济，在生产机械中应用十分广泛。在生产实践中，由于各种生产机械的工作性质和加工工艺的不同，使得它们对电动机的控制要求不同，需用的电器类型和数量不同，构成的控制线路也就不同，有的比较简单，有的则相当复杂。但任何复杂的控制线路也是由一些基本控制线路组合起来的。电动机常见的基本控制线路有：点动控制线路、长动控制线路、正反转控制线路、位置控制线路、顺序控制线路、多地控制线路、降压起动控制线路、制动控制线路和调速控制线路等。本块的任务就是学习三相笼型异步电动机的基本控制线路、配线工艺及故障分析。

知识目标

了解三相异步电动机基本控制线路的应用；理解三相异步电动机基本控制线路的工作原理。

能力目标

掌握三相异步电动机基本控制线路的配线方法；掌握三相异步电动机基本控制线路的故障分析方法。

器材准备

常用配线工具、常用低压电器、导线、万用表、绝缘电阻表。

分块一　三相异步电动机直接起动控制

直接起动又称全压起动，就是将额定电压直接加到电动机的定子绕组上，使电动机起动。

一、点动控制

所谓点动控制，是指按下按钮时电动机动作，松开按钮时，电动机即停止工作。生产机械在进行试车和调整时常要求点动控制。

图 7-1 为点动控制电路图，它由组合开关 QS、熔断器 FU1、按钮 SB、接触器 KM 和电动机 M 组成。当电动机需要点动时，先合上 QS，再按下 SB，使接触器 KM 线圈通电，铁

心吸合，于是接触器的三对主触头闭合，电动机与电源接通而运转。松开 SB 后，接触器 KM 的线圈断电，动铁心在弹簧力作用下释放复位，KM 主触头断开，电动机停止运行。

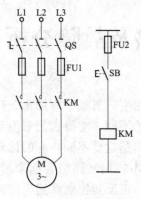

图 7-1　点动控制

二、长动控制

大多数生产机械需要连续工作，如水泵、通风机、机床等，如仍采用点动控制电路，则需要操作人员一直按着按钮来工作，这显然不符合生产实际的要求。为了使电动机在按钮按过以后能保持连续运转，需用接触器的一副动合触头与按钮并联，如图 7-2 所示。

1. 线路分析

当按下起动按钮 SB2 以后，接触器 KM 线圈通电，其主触头 KM 闭合，电动机运转。同时 KM 辅助触头也闭合，它给 KM 线圈另外提供了一条通路，因此按钮松开后线圈能保持通电，电动机便可连续运行。接触器用自己的动合辅助触头"锁住"自己的线圈电路，这种作用称为自锁，此时该触头称为自锁触头（或自保触头）。这时的按钮 SB2 已不再起点动作用，故改称它为起动按钮。另外，电路中还串接了一个停止按钮 SB1，当需要电动机停转时，按下 SB1 使动断触头断开，KM 线圈断电，主触头和自锁触头同时断开，电动机停止运行。

2. 保护环节

（1）短路保护。熔断器 FU1、FU2 分别作主电路和控制线路的短路保护，当线路发生短路故障时能迅速切断电源。

（2）过载保护。通常生产机械中需要持续运行的电动机均用热继电器做过载保护，其特点是过载电流越大，保护动作越快，但不会受电动机起动电流影响而动作。

（3）失电压和欠电压保护。依靠接触器自身电磁机构实现失电压和欠电压保护。即在停电或电压过低时，接触器线圈的电磁吸力消失或不足，使主触头断开，切断了电动机的电源，同时也使自锁触头断开。而当电源恢复正常时，必须

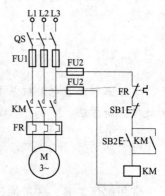

图 7-2　长动控制

再按起动按钮才能使电动机重新起动。如果使用手动刀开关控制，则当电源恢复时，电动机会自行起动，有可能造成人身和设备事故。

三、正反转控制

生产上有许多设备需要正、反两个方向的运动，如机床主轴的正转和反转，工作台的前进和后退，吊车的上升和下降等，都要求电动机能够正反转。我们知道，为了实现三相异步电动机的正、反转，只要将接到电源的三根连线中的任意两根对调即可。因此，可利用两个接触器和三个按钮组成正反转控制电路，如图 7-3 所示。

1. 线路分析

图 7-3 中，KM1 为正转接触器，KM2 为反转接触器，SB2 为正向起动按钮，SB3 为反向起动按钮。正转接触器 KM1 的三对主触头把电动机按相序 L1—U1、L2—V1、L3—

W1 与电源相接；反转接触器 KM2 的三对
主触头把电动机按相序 L3—U1、L2—V1、
L1-W1 与电源相接。因此，当按下 SB2 时，
KM1 接通并自锁，电动机正转；如果按下
SB3，则 KM3 接通并自锁，电动机反转。
当按下停止按钮 SB1 时，接触器释放，电动
机停止运行。

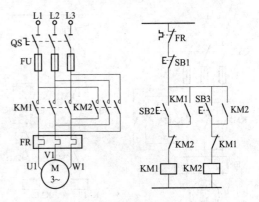

图 7-3　接触器互锁正反转控制

　　从主电路可以看出，KM1 和 KM2 的主
触头是不允许同时闭合的，否则会发生相间
短路，因此要求在各自的控制电路中串接入
对方的动断辅助触头。当正转接触器 KM1
的线圈通电时，其动断触头断开，即使按下 SB3 也不能使 KM2 线圈通电；同理，当
KM2 的线圈通电时，其动断触头断开，也不能使 KM1 线圈通电。这两个接触器利用各
自的触头封锁对方的控制电路，称为互锁。这两个动断触头称为互锁触头。控制电路中
加入互锁环节后，就能够避免两个接触器同时通电，从而防止了相间短路事故的发生。

　　2. 工作过程
　　该电路的工作过程：
　　(1) 电路送电：合上 QS→电路通电。
　　(2) 正转控制：

正转：按下 SB2→KM1 线圈通电 $\begin{cases} \text{KM1 主触头闭合→电动机正向运行} \\ \text{KM1 动断辅助触头断开，实现互锁} \\ \text{KM1 动合辅助触头闭合，实现自锁} \end{cases}$

停止：按下 SB1→KM1 线圈断电 $\begin{cases} \text{KM1 主触头断开→电动机惯性运行} \\ \text{KM1 动合辅助触头断开，解除自锁} \\ \text{KM1 动断辅助触头闭合，为电动机反转做准备} \end{cases}$

　　(3) 反转控制：

反转：按下 SB3→KM2 线圈通电 $\begin{cases} \text{KM2 主触头闭合→电动机反向运行} \\ \text{KM2 动断辅助触头断开，实现互锁} \\ \text{KM2 动合辅助触头闭合，实现自锁} \end{cases}$

停止：按下 SB1→KM2 线圈断电 $\begin{cases} \text{KM2 主触头断开→电动机停止运行} \\ \text{KM2 动合辅助触头断开，解除自锁} \\ \text{KM2 动断辅助触头闭合，解除互锁} \end{cases}$

　　上述电路中，当电动机在正转时如要使其反转，必须先按停止按钮 SB1，令 KM1 线
圈断电，KM1 动断辅助触头复位，然后按下 SB3，才能使 KM2 通电，电动机反转。如果
不按 SB1 而直接按 SB3，将不起作用。反之，由反转改为正转也要先按停止按钮。这种
操作方式适用于大功率电动机及一些频繁正、反转的电动机。因为电动机如果由正转直
接变为反转或由反转直接变为正转，在换接瞬间，其转差率 s 接近等于 2，不仅会引起很
大的电流冲击，而且会造成相当大的机械冲击。如果频繁正反转，还会使热继电器动作，
故对大功率电动机及一些频繁正、反转的电动机一般应先按停止按钮，待转速下降后再
反转。图 7-3 所示的控制电路能防止因操作失误而造成正、反转的直接切换。但是对于一
些功率较小的允许直接正、反转切换的电动机，采用这种电路会使操作不方便，为此可

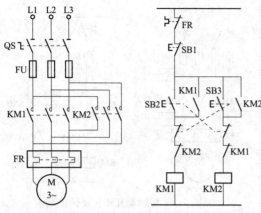

图 7-4 按钮、接触器双重互锁的正反转控制

采用复式按钮互锁的控制电路，如图 7-4 所示。

电动机正转时，按下反转按钮 SB3，它的常闭触头断开，使正转接触器 KM1 线圈断电，同时 SB3 的常开触头闭合，使反转接触器 KM2 线圈通电，于是电动机由正转直接变为反转。同理，按下 SB2 可以使电动机由反转改为正转，操作比较方便。我们还可以称图 7-3 的电路为"正—停—反"电路，而称图 7-4 的电路为"正—反—停"电路。

四、限位控制

在生产中，由于工艺和安全的需要，常要求按照生产机械中某一运动部件的行程或位置变化来对生产机械进行控制，如吊钩上升到终点时要求自动停止，龙门刨床的工作台要求在一定范围内自动往返等，这类自动控制称为行程控制或限位控制。限位控制通常是利用行程开关来实现的。

图 7-5 是吊车上下限位控制电路，它能够按照所要求的空间限位使电动机自动停车。在吊车上安装一块撞块，在吊车上下行程两端的终点处分别安装行程开关 SQ1 和 SQ2，将它们的动断触头串接在电动机正反转接触器 KM1 和 KM2 的线圈回路中。

当按下正转按钮 SB2 时，正转接触器 KM1 通电，电动机正转，此时吊车上升。到达顶点时，吊车撞块顶撞行程开关 SQ1，使其动断触头断开，接触器线圈 KM1 断电，于是电动机停转，吊车不再上升（此时应有抱闸将电动机转轴抱住，以免重物滑下），此时即使再误按 SB2 接触器 KM1 线圈也不会通电，从而保证吊车不会运行超过 SQ1 所在的极限位置。当按下反转按钮 SB3 时，反转接触器 KM2 通电，电动机反转，吊车下降，到达下端终点时顶撞行程开关 SQ2，电动机停转，吊车不再下降。

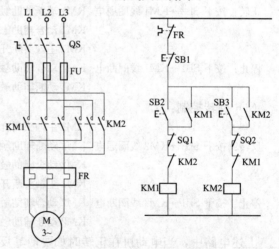

图 7-5 吊车上下限位控制电路

这种限位控制的方法并不局限于吊车的上下运动，它也适用于有同类要求的其他生产机械，如建筑工地上的塔式起重机，在铁轨的两端安装行程开关可以防止起重机行走时超出极限位置而出轨。

某些生产机械如万能铣床要求工作台在一定距离内能自动往复运动，以便对工件连续加工。为实现这种自动往复行程控制，可将行程开关 SQ1 和 SQ2 安装在机床床身的左右两侧，将撞块 A、B 装在工作台上，并在图 7-5 的基础上再将行程开关 SQ1 的常开触头与反转按钮 SB3 并联，将行程开关 SQ2 的动合触头与正转按钮 SB2 并联，如图 7-6 所示。

当电动机正转带动工作台向右运动到极限位置时，撞块 A 碰撞行程开关 SQ1，一方面使其动断触头断开，使电动机先停转，另一方面也使其动合触头闭合，相当于自动按了反转按钮 SB3，使电动机反转带动工作台向左运动。这时撞块 A 离开行程开关 SQ1，其触头自动复位。由于接触器 KM2 自锁，故电动机继续带动工作台左移，当移动到左面极限位置时，撞块 B 碰到行程开关 SQ2，一方面使其动断触头断开，使电动机先停转，另一方面其常开触头又闭合，相当于按

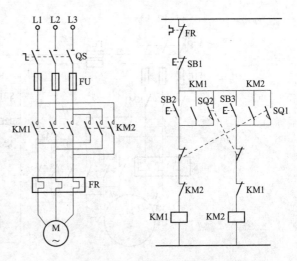

图 7-6　自动往复行程控制

下正转按钮 SB2，使电动机正转，带动工作台右移。如此往复不已，直至按下停止按钮 SB1 才会停止。

分块二　三相异步电动机降压起动及制动控制

一、三相异步电动机降压起动

电动机的起动是指其转子由静止状态转为正常运转状态的过程，在此过程中电动机起动电流将增至额定值的 4～7 倍，过大的起动电流会造成电网电压显著下降，直接影响在同一电网中工作的其他电动机，甚至使它们停转或无法起动。因此，三相异步电动机经常采用降压起动，如定子串电阻降压起动、星—三角降压起动、自耦变压器降压起动等。其中，星—三角降压起动广泛用于笼型三角形接法的异步电动机。

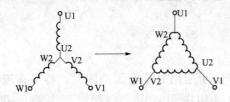

图 7-7　Ｙ—△绕组连接转换图

对于星—三角起动，正常运行时，电动机绕组为三角形接法，工作电压为 380V，起动时，绕组接法为星形，工作电压降为 220V，起动电流降为正常的 1/3，起动转矩也降为正常的 1/3，因此星—三角起动仅适用于电动机的空载或轻载起动，如图 7-7 所示。

图 7-8 是三相交流异步电动机Ｙ—△降压起动控制电路。

该电路工作过程：

（1）Ｙ起动：

合上QS，按下SB2
- KT线圈通电（其延时打开的动断触点不立即动作）
- KM3线圈通电
  - KM3主触头闭合 →为电动机Ｙ起动做准备
  - KM3动断辅助触头断开 →保证KM2不通电
  - KM3动合辅助触头闭合 →KM1线圈通电
- KM1主触头闭合 →电动Ｙ起动
- KM1动合辅助触头闭合自锁 →保证电动机连续运转

117

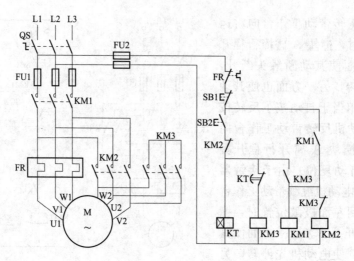

图 7-8　丫—△降压起动控制电路

（2）△运行：

延时2~3s后，KT通电延时动断触点断开→KM3线圈断电

KM3主触头断开→为电动机△运行做准备
KM3动合辅助触头断开→KT线圈断电→KT动断触点瞬时复位
KM3动断辅助触头闭合→KM2线圈通电

KM2主触头闭合→电动机△运行
KM2动断辅助触头断开→保证KT、KM3线圈不断电

（3）停止：

按下 SB1

KM1 线圈断电
　KM1 主触头断开→电动机停止运行
　KM1 动合辅助触头断开

KM2 线圈断电
　KM2 主触头断开
　KM2 动断辅助触头复位→为电动机下次起动做准备

二、三相笼型异步电动机制动控制

1. 能耗制动控制

能耗制动控制的工作原理：在三相电动机停车切断三相交流电源的同时，将一直流电源引入定子绕组，产生静止磁场，电动机转子由于惯性仍沿原方向转动，则转子在静止磁场中切割磁力线，产生一个与惯性转动方向相反的电磁转矩，实现对转子的制动。能耗制动控制线路如图 7-9 所示，图中变压器 TC、整流装置 VC 提供直流电源。

2. 反接制动控制

反接制动控制的工作原理：改

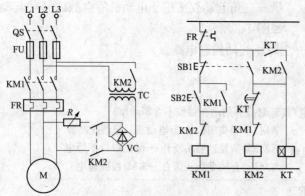

图 7-9　能耗制动控制线路

变异步电动机定子绕组中的三相电源相序，使定子绕组产生方向相反的旋转磁场，从而产生制动转矩，实现制动。反接制动要求在电动机转速接近零时及时切断反相序的电源，以防电动机反向起动，其电路如图 7-10 所示。

三、电气控制线路的检修

1. 电气控制线路的检修步骤

（1）故障调查。电路出现故障，切忌盲目乱动，在检修前应对故障发生情况进行尽可能详细的调查。

1）问：询问操作人员故障发生前后电路和设备的运行状况，发生时的迹象，如有无异响、冒烟、火花及异常振动；故障发生前有无频繁起动、制动、正反转、过载等现象。

2）听：在电路和设备还能勉强运

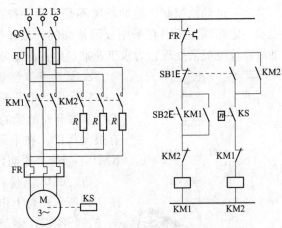

图 7-10 单向反接制动控制电路

转而又不致扩大故障的前提下，可通电起动运行，倾听有无异响，如有应尽快判断出异响的部位后迅速停车。

3）看：触头是否烧蚀、熔毁；线头是否松动、松脱；线圈是否发高热、烧焦，熔体是否熔断；脱扣器是否脱扣等；其他电气元件有无烧坏、发热、断线，导线连接螺钉是否松动，电动机的转速是否正常。

4）摸：刚切断电源后，尽快触摸检查电动机、变压器、线圈等容易发热的部分，看温升是否正常。

5）闻：用嗅觉器官检查有无电气元件发高热和烧焦的异味。

（2）根据电路、设备和结构及工作原理查找故障范围。弄清楚被检修电路、设备的结构和工作原理，是循序渐进、避免盲目检修的前提。检查故障时，先从主电路入手，看拖动该设备的几个电动机是否正常；然后逆着电流方向检查主电路的触头系统、热元件、熔断器、隔离开关及线路本身是否有故障；接着根据主电路与控制电路之间的控制关系，检查控制回路的线路接头、自锁或连锁触点、电磁线圈是否正常，检查制动装置、传动机构中工作不正常的范围，从而找出故障部位。如能通过直观检查发现故障点，如线圈脱落，触头、线圈烧毁等，则检修速度更快。

（3）从控制电路动作程序检查故障范围。通过直接观察无法找到故障点，断电检查仍未找到故障时，可对电气设备进行通电检查。通电检查前要先切断主电路，让电动机停转，尽量使电动机和其所传动的机械部分脱开，将控制器和转换开关置于零位，行程开关还原到正常位置；然后用万用表检查电源电压是否正常，有否缺相或严重不平衡。

（4）利用仪表检查。电气修理中，对线路的通断，电动机绕组、电磁线圈的直流电阻，触头的接触电阻等是否正常，可用万用表的欧姆挡检查；对电动机三相空载电流、负载电流是否平衡，大小是否正常，可用钳形电流表或其他电流表检查；对三相电源电压是否正常、是否一致，对电器的有关工作电压、线路部分电压等可用万用表的电压挡或其他电压表检查；对线路、绕组的有关绝缘电阻，可用绝缘电阻表检查。

（5）机械故障的检查。在电气控制线路中，有些动作是由电信号发出指令，由机械机构执行驱动的。如果机械部分的连锁机构、传动装置及其他动作部分发生故障，即使电路完全正常，设备也不能正常运行。在检修中，应注意机构故障的特征和表现，探索故障发生的规律，找出故障点，并排除故障。

总之，电动机控制线路的故障不是千篇一律的，即使是同一种故障现象，发生的部位也不一定相同。所以在采用故障检修的一般步骤和方法时，不要生搬硬套，而应按不同的故障情况灵活处理，力求迅速准确地找出故障点，判明故障原因，及时排除故障。

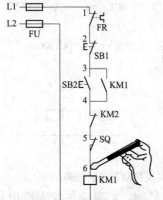

图 7-11　试电笔查找开路故障

2. 开路故障检修实例分析

实际生产中，开路故障占线路故障的绝大部分，因此，熟练掌握开路故障的检修方法，对于迅速、准确地排除故障有很大帮助。在下列电路中，按下起动按钮 SB2，接触器 KM1 不吸合，说明该电气回路有开路故障。

（1）试电笔检修法：试电笔检修开路故障的方法如图 7-11 所示。合上电源开关，用试电笔依次测试 1、2、3、6、5、4 各点，测到哪点试电笔不亮，即表示该点为开路处。

（2）电压表法：在图 7-12 所示的电路中，合上电源开关，按下起动按钮 SB2，万用表置于 500V 交流电压挡，把黑表笔作固定笔固定在相线 L2 端，以醒目的红表笔作移动笔，依次测试 1、2、3、4、5、6 各点，通过检测电压，确定开路处。

（3）绝缘电阻表法：在图 7-13 电路中，在查找故障点前首先把控制电路两端从控制电源上断开，万用表置于 2kΩ 挡，把黑表笔作固定笔固定在 L2 端，以红表笔作移动笔，依次测试 6、5、4、3、2、1 各点，通过检测电阻，确定开路处。

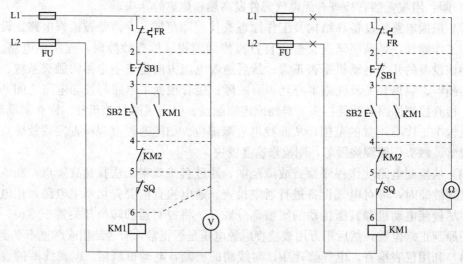

图 7-12　电压表查找开路故障　　　　图 7-13　绝缘电阻表查找开路故障

用欧姆表法检测故障应注意下列几点。

（1）用电阻测量法检查故障时一定要断开电源。

（2）如被测的电路与其他电路并联，则必须将该电路与其他电路断开，否则所测得的电阻值是不准确的。

（3）测量高电阻值的电气元件时，把万用表的选择开关旋转至适合的电阻挡。

分块三　中级维修电工配线实训

一、实训目的与要求

1. 实训目的

（1）掌握电动机正、反转及丫—△起动控制的接线方法及工艺要求。

（2）掌握电动机正、反转及丫—△起动控制线路的故障检查方法。

2. 实训材料与工具

（1）电工工具1套、万用表、绝缘电阻表、钳形电流表。

（2）BV-1、BVR-0.5导线若干。

（3）电动机控制实训台、三相异步电动机。

（4）组合开关、熔断器、交流接触器、热继电器、时间继电器、按钮、接线端子。

3. 实训要求

（1）配线操作要按照工艺要求，做到横平竖直，整齐美观。

（2）要节约导线材料，爱护器材工具。

（3）应保持工位整洁，做到工完场净。

（4）注意安全操作，通电试车应在老师指导下进行，保证人身及设备安全。

二、电动机接触器连锁正、反转控制电路安装

1. 熟悉控制原理（见图7-3）

2. 选择并检查元件

根据电动机功率正确选择组合开关、接触器、熔断器、热继电器和按钮等的型号规格，检查元器件是否完好，有无破损。利用万用表检查触点、线圈等的通断情况。

3. 画位置图并固定元件

位置图绘制方法：

（1）原理图是位置图的依据，根据原理图画出位置图。

（2）元器件一般用矩形或圆形表示，不需绘出实际形状。

（3）元器件要遵照易于配线、节约导线的原则排列。

（4）元器件上、下、左、右边缘及元件之间横向、纵向最小距离如图7-14所示。

（5）图中电器件的数量、图形和文字符号要和原理图一致。

4. 画出编号图

编号图绘制方法：

（1）所有元器件按1、2、3、…、顺序编号，如QS为1号元件。

（2）各元器件的端子号进线端编单号，出线端编双号，如图7-15所示。

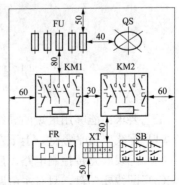

图7-14　接触器互锁正反转控制位置图

121

（3）标号分为远端标法和近端标法，一般采取远端标法，便于检查与维修。

（4）根据原理图和远端标法，标出各端子的线号。

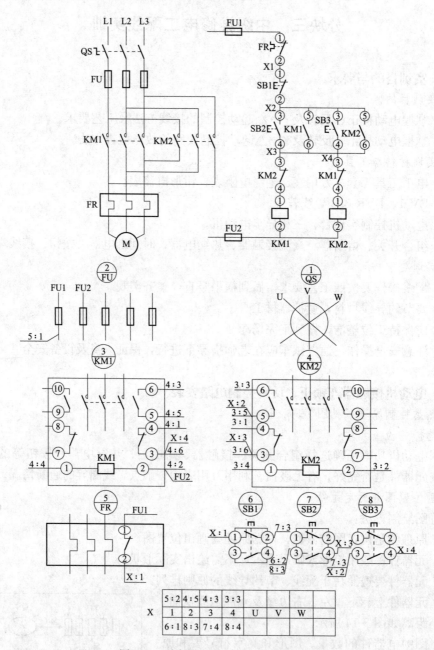

图 7-15　接触器互锁正反转控制编号图

5. 接线

工艺要求：能够用最短的导线连接出美观、正确的电路。

（1）配线要横平竖直，上下左右对称，成排成束，尽量减少层次。

（2）配线要先接控制电路，后接主电路，先造型后安装。

（3）配线要贴盘，只有主电路接触器横向并联可以架空。

（4）配线变向要垂直，拐角要圆滑，尽量避免交叉。

（5）进出配电盘的导线要经过端子排（用软线），便于安装和检修。

（6）配线接触紧密，不能有虚接、不能压绝缘层，露铜不超过 2mm。

（7）配线不允许有接头，一个接线柱接线不得超过两根，不能接反环。

6. 线路检查

（1）目测检查：从大体上观看，每个元件必有进出线，而且互相对应，看清每个元件有无漏接、错接，并检查每一条导线是否牢固。

（2）用仪表检查：

1）主电路的检查：断开 QS，将万用表打到欧姆挡，把两表笔分别放在 QS 的下端，显示为∞，按下 KM1 或 KM2 主触点后，应显示电动机两个绕组的串联电阻值（设电动机为星形接法），断开 KM1（或 KM2）主触点后都应显示为∞。

2）控制电路的检查：设交流接触器的线圈电阻为 1000Ω，将万用表置于欧姆挡，表笔放在控制电路两端，此时万用表的读数应为∞；按下 SB2 或 KM1，读数应为 KM1 线圈的电阻值（1000Ω），同时再按下 SB1，则读数应变为∞；按下 SB3 或 KM2，读数应为 KM2 线圈的电阻值（1000Ω），同时再按下 SB1，则读数应变为∞；同时按下 SB2、SB3，读数应为 KM1 线圈和 KM2 线圈电阻的并联值（500Ω）；同时按 KM1、KM2，读数应为∞。

3）绝缘电阻的检查：用 500V 摇表测量线路的绝缘电阻（应不小于 0.5MΩ）。

7. 整定热继电器

整定电流值应等于电动机的额定电流值。

8. 线路的运行与调试

经检查无误后，可在指导教师的监护下通电试运转。注意操作顺序，仔细观察电器及电动机的动作和运转情况。

（1）合上 QS，接通电源。

（2）按下正转起动按钮 SB2，接触器 KM1 线圈通电吸合，电动机连续正转。

（3）按下停止按钮 SB1，接触器 KM1 断电断开，电动机停转。

（4）按下反转起动按钮 SB3，接触器 KM2 线圈通电吸合，电动机连续反转。

（5）按下停止按钮 SB1，接触器 KM2 断电断开，电动机停转。

（6）断开 QS。

9. 故障分析

在试运行中发现电路异常现象，应立即停电后作认真检查。常见故障现象如下。

（1）开路故障。

1）合上 QS，分别按下 SB2、SB3，线路没有反应，电动机不运行。

原因：将万用表置欧姆挡，表笔放在控制电路两端，分别按下 SB2 或 SB3，若读数正常，则此故障应为控制电路电源断电；若读数为∞，则此故障应为正反转控制电路部分（如 FR 动断触点、SB1、KM1 与 KM2 线圈接电源端等）有开路处。

2）电动机正向运转控制正常；按下 SB3，系统无反应，电动机不运行。

原因：正转控制电路相关元件和接线正常，应为反转控制电路元件（SB3、KM1 动断辅助触点、KM2 线圈）及其接线有开路处。

3）按下 SB2，系统无反应，电动机不运行；电动机反向运转控制正常。

原因：反转控制电路相关元件和接线正常，应为正转控制电路元件（SB2、KM2 动断辅助触点、KM1 线圈）及其接线有开路处。

4）分别按下 SB2、SB3，接触器能吸合，但电动机无反应。

原因：主电路或电动机有两相以上开路。

（2）缺相故障。

合上 QS，按下 SB2 或 SB3，接触器动作，电动机"嗡嗡"响，不转（或转得很慢）。

原因：电动机缺相，应为主电路一相开路。

（3）短路故障。

1）合上 QS，熔丝烧断或断路器跳闸。

原因：电源被短路，接触器的线圈和 SB1 同时被短接，或者是主电路短路（QS 到接触器主触头这一段）。

2）合上 QS，按下 SB2 或 SB3，熔丝烧断或断路器跳闸。

原因：接触器线圈被短接，或者是接线错误（见图 7-16），导致 KM1、KM2 线圈同时通电，其主触点同时闭合，使主电路短路。

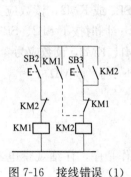

图 7-16　接线错误（1）

（4）其他故障。

1）合上 QS，按下 SB2 电动机能正常起动，松开 SB2 电动机停转。

原因：电动机正转时无自锁，检查 KM1 动合触点及其接线。

2）通电后接触器频繁吸合断开。

原因：如果合上 QS 立即出现此故障，原因是接触器自锁触点错接成动断触点；如果合上 QS，按下起动按钮后出现此故障，原因是接触器互锁触点错接成自身的动断触点。

3）合上 QS，正反转运行控制正常，按下停止按钮后电动机停不下来。

原因：停止按钮 SB1 熔焊或被自锁触点短接。

4）电动机转向不变。

原因：若接触器动作正常，原因是主电路没有换相；若正反转时只有一个接触器动作，则是接线错误（见图 7-17），使一个接触器线圈正反转控制时都不通电，另一个接触器线圈正反转控制时都通电。

5）合上 QS，电动机直接起动运行。

原因：SB2（SB3）被短接或错接成常闭。

6）合上 QS，电动机正向运转控制正常；按下反转按钮，接触器"嗡嗡"响，不能吸合。

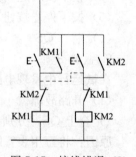

图 7-17　接线错误（2）

原因：KM2 线圈的出线端错接到 KM1 线圈的进线端，使反转控制时两个线圈串联，接触器线圈得不到吸合电压。

三、电动机Y—△降压起动控制电路安装

线路安装步骤方法同正反转控制，仅就不同点说明如下。

1. 用仪表检查

（1）主电路的检查：断开 QS，将万用表打到欧姆挡，把两表笔分别放在 QS 的下端，显示为∞，同时按下 KM1 和 KM3，应显示电动机两个绕组的串联电阻值；按下 KM1 和

KM2，因为电动机的绕组是△连接，故读数约为电动机两绕组串联再与另一绕组并联的电阻值。

（2）控制电路的检查：设交流接触器的线圈电阻为 1000Ω，时间继电器线圈的电阻为 800Ω，将万用表置欧姆挡；表笔放在控制电路两端，此时万用表的读数应为∞；按下 SB2，读数应为 KM3 线圈和 KT 线圈电阻的并联值（约为 440Ω），用手动的方法使时间继电器 KT 的动断触点动作，读数应为 KM3 线圈的电阻（1000Ω）；按下 KM1，读数应为 KM1 线圈和 KM2 线圈电阻的并联值（500Ω）；同时再按 SB1，则读数应变为∞。

2．线路的运行与调试

（1）合上 QS，接通电源。

（2）按下起动按钮 SB2，接触器 KM3、KM1 线圈通电吸合，电动机丫起动。

（3）延时 2～3s，时间继电器 KT 触点动作，KM3、KT 线圈断电，KM2 通电吸合，电动机△运行。

（4）按下停止按钮 SB1，接触器 KM2、KM1 断电断开，电动机停转。

3．故障分析

（1）开路故障。

1）合上 QS，按下起动按钮，线路无反应。

原因：将万用表置欧姆挡，表笔放在控制电路两端，按下起动按钮若读数正常，则此故障应为控制电路电源断电；若读数为∞，则此故障是控制电路 KT 线圈、KM3 线圈都不能通电，原因是 FR 动断触点、SB1、SB2、KM2 动断触点串联支路有开路处。

2）按下起动按钮，只有 KT 动作，其他无反应，电动机不起动。

原因：控制电路 KM3 线圈不能通电，KT 延时动断触点和 KM3 线圈串联支路有开路处，或者是 KT 延时触点瞬时动作。

3）按下起动按钮，只有 KT、KM3 动作，其他无反应，电动机不转。

原因：KM1 线圈不通电，可能是 KM3 动合触点与 KM1 串联支路有开路处，或接线时少接一根线（图 7-18 中虚线）。

4）按下起动按钮，电动机起动，KT 触点动作后，KM2 不动作，电动机停止运行。

原因：KM2 线圈不能通电，KM3 常闭辅助触点与 KM2 线圈串联支路有开路处。

5）按下起动按钮，KT、KM3、KM1 动作，电动机无反应，KT 触点动作后，电动机运行。

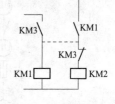

图 7-18　少接线示意图

原因：主要是电动机星形连接的中性点未接。

（2）缺相故障。

1）合上 QS，按下起动按钮，KT、KM3、KM1 动作，电动机"嗡嗡"响，不转（或转得很慢）；KT 触点动作后，电动机"嗡嗡"响，不转（或缓慢起动）。

原因：电动机丫起动和△运行时都缺相，应为主电路部分（如电源、QS、FU、KM1、FR、电动机等）任一处发生缺相故障。

2）按下起动按钮，电动机起动；KT 触点动作后，KM2 动作，电动机"嗡嗡"响，转速降低。

原因：电动机△运行时缺相，KM2 主触点及其接线处有缺相故障，或者是电动机接

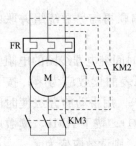

图 7-19　电动机接线错误

线错误，如图 7-19 所示。

3）按下起动按钮，KT、KM3、KM1 动作，电动机"嗡嗡"响，不转（或转得很慢）；KT 触点动作后，电动机正常运行。

原因：电动机丫起动缺相，KM3 主触点及其接线处有缺相故障。

（3）短路故障。

1）合上 QS，熔丝烧断或断路器跳闸。

原因：时间继电器 KT 或接触器 KM3 的线圈和 SB1 同时被短接，或者是主电路短路（QS 到接触器主触头这一段）。

2）按下起动按钮，熔丝烧断或断路器跳闸。

原因：时间继电器 KT 或接触器 KM3 的线圈被短接，或者是主电路短路（接触器 KM1 主触头以下部分）。

3）电动机丫起动控制正常；KT 触点动作后烧熔丝或断路器跳闸。

原因：接触器 KM2 的线圈被短接。

（4）其他故障。

1）合上 QS，按下 SB2 电动机能正常起动，松开 SB2 电动机停转。

原因：电动机运行时无自锁，检查 KM1 动合触点及其接线。

2）电动机丫—△运行控制正常，按下停止按钮电动机停不下来。

原因：停止按钮 SB1 熔焊或被 KM1 自锁触点短接。

3）电动机直接起动运行。

原因：SB2 被短接或错接成动断触点。

四、思考题

分析图 7-20 和图 7-21 各点开路后的故障现象。

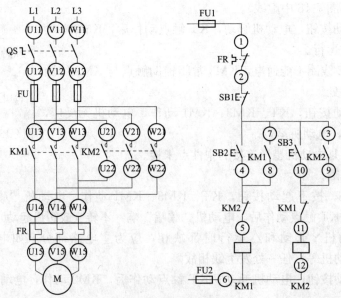

图 7-20　故障现象分析电路图（1）

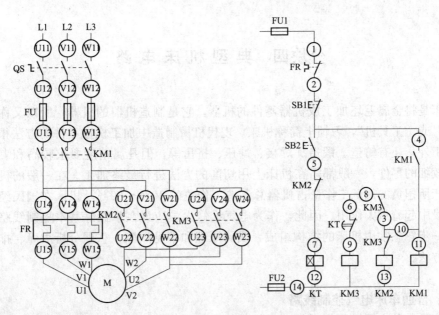

图 7-21 故障现象分析电路图（2）

五、成绩评定

考核及评分标准见表 7-1。

表 7-1   考 核 及 评 分 标 准

序号	项目	技术要求	配分	评分标准	课时
1	线路敷设	按位置图安装元件	20分	安装不正确扣1~5分	120min
		线路敷设整齐美观、横平竖直、布线合理，露铜不超过2mm		配线不整齐扣3~8分，触点松动、露铜过长、压绝缘层、损伤导线绝缘或线芯，每处扣1分	
2	通电试车	会整定热继电器（时间继电器）	4分	不会扣1~4分	30min
		电源线和电动机线的连接及拆线和送电、断电顺序正确	8分	每错一次扣4分	
		通电一次成功	30分	一次不成功扣10~15分 二次不成功本项不得分	
3	故障排除	1. 主电路设1处、控制电路设两处故障。 2. 会使用万用表检查并排除线路故障	30分	1. 根据故障现象确定故障范围（9分） 2. 用万用表确定故障位置（15分） 3. 排除故障（6分）	30min
4	安全文明生产	1. 劳动保护用品穿戴整齐 2. 电工工具佩带齐全 3. 遵守操作规程 4. 尊重考评员，讲文明礼貌 5. 考试结束要清理现场	8分	违犯安全文明生产考核要求的任何一项扣2分。累计扣完为止	
5	合计		100分		180min
6	备注	否定项：要求遵守考场纪律，不能出现重大事故。因考生本人原因出现严重违犯考场纪律或发生安全事故，本次技能考核视为不合格			

分块四　典型机床电路

机床是将金属毛坯加工成机器零件的机器，它是制造机器的机器，所以又称为"工作母机"或"工具机"，习惯上简称机床。现代机械制造中加工机械零件的方法很多：除切削加工外，还有铸造、锻造、焊接、冲压、挤压等，但凡属精度要求较高和表面粗糙度要求较细的零件，一般都需在机床上用切削的方法进行最终加工。在一般的机器制造中，机床所担负的加工工作量占机器总制造工作量的 $40\%\sim60\%$，机床在国民经济现代化的建设中起着重大作用。因此，作为电气维修人员应该在掌握好基本控制线路的基础上，进一步熟悉常用机床的结构组成、线路原理和常见故障，掌握分析故障、排除故障的基本方法。

一、普通车床电气控制线路

车床是一种应用极为广泛的金属切削机床，能够车削外圆、内圆、螺纹、螺杆以及车削定型表面等。普通车床外形图如图 7-22 所示（以 C6132 型普通车床为例进行分析）。

1. C6132 普通车床的主要结构及运动形式

C6132 普通车床的型号意义如下：

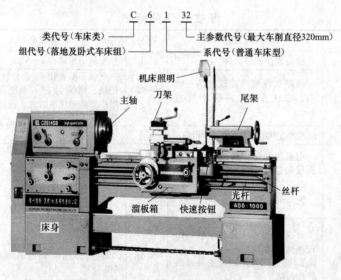

图 7-22　普通车床外形图

C6132 普通车床由床身、主轴变速箱、进给箱、溜板箱、刀架、尾架等几部分组成。

车削加工的基本运动是主轴通过卡盘带动工件旋转，溜板带动刀架做直线移动，前者为主运动，它承受车削时的主要切削功率；后者为进给运动，它使刀具移动，进行切削。

车削加工的切削速度是工件切削面与刀接触点的相对速度，根据被加工零件材料的性质、车刀材料及几何形状、工件的直径、加工方式及冷却条件的不同，要求具有不同的切削速度，因而主轴就需要在相当大的范围内变速。车削加工一般不要求反转，但在加工螺纹时，为避免乱扣，应变为反转退刀，并保证工作的转速与刀具的移动速度之间具有严格的比例关系，因而溜板箱往往与主轴箱之间通过齿轮传动系统连接，刀架移动与主轴旋转都是由同一台电动机拖动的。

车削特点是近似恒功率负载，因而一般中小型车床都采用鼠笼式异步电动机拖动，配合齿轮变速箱实行机械调速，以满足车削负载的要求，此为恒功率调速。车床的主传动是主轴的旋转运动，由主轴电动机通过变速箱再由皮带传动到主轴箱来实现，车床刀架的纵向运动与横向运动，均为进给运动。

C6132型普通车床的主轴和进给运动都是由一台电动机拖动的，它采用直接起动，由变速箱、主轴箱来实现机械式有级调速，主轴传动由电动机开始，经过齿轮变速箱及皮带传动，把动力传至主轴箱，而后经齿轮变速机构使主轴做旋转运动。通过不同齿轮搭配，主轴可获得 12 种转速。主轴旋转方向有电气和机械两种方法，其制动也采用机械和电气两种制动方法。另外，C6132 普通车床为了冷却刀具，加强对传动和变速装置的润滑，另有两个笼型电动机拖动冷却泵和润滑泵。

2. C6132 普通车床电气控制的基本要求

（1）C6132 车床共有 3 台电动机：其中 1 台是主轴电动机，带动主轴旋转，由于车床车削需要，主轴电动机要进行正反转运行。另两台为润滑泵电动机和冷却泵电动机，主要用于传动和变速装置润滑及刀具冷却，所以只需单向运行。

（2）因为 3 台电动机功率都不大，都采用 380V 电源供电，全压起动。

（3）要保证车床润滑良好后才能起动主电动机，即润滑泵电动机不起动，主电机不能起动。

（4）线路要有过载保护、短路保护、零压保护及连锁环节等。

（5）车床要有照明与指示电路。

3. C6132 普通车床的电气控制线路分析

C6132 普通车床电气控制线路如图 7-23 所示。图中 M1 为主电动机，M2 为润滑泵电动机，M3 为冷却泵电动机。3 台电动机由电源开关 QS1 引入。主电动机由交流接触器 KM1 和 KM2 控制正反转，润滑泵由交流接触器 KM3 控制，冷却泵电动机由开关 QS2 控制。

控制电路采用 380V 电压供电。照明和指示由变压器 T 的二次侧提供安全电压。照明灯 EL 为 36V，由开关 SA3 控制，信号灯 HL 为 6.3V，合上电源总开关 QS1 则电源指示灯 HL 亮。

线路有过载保护（热继电器 FR），短路保护（熔断器 FU1、FU2），零压保护（中间继电器 KA）及连锁环节等。

电路工作原理：合上电源总开关 QS1 后，指示灯 HL 亮，表示电源已经引入，可以进行操作，在起动主电机之前合上开关 SA2，则接触器 KM3 吸合，润滑泵电动机起动运转，开始润滑。同时，接触器 KM3 常开辅助触点闭合，为主电动机起动准备条件。动合触点 KM3 为连锁环节，它的作用是在保证润滑电动机 M2 起动后方可起动主轴电动机 M1，这个环节保证了车床润滑良好后才能起动主电动机。

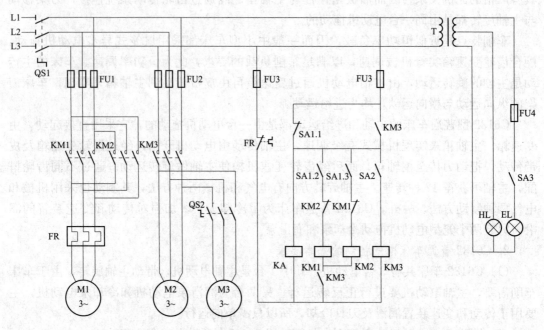

图 7-23　C6132 普通车床电气控制线路

主电动机的旋转通过一个 3 位万能转换开关 SA1 来控制，它有一对动断触点 SA1.1 和两对动合触点 SA1.2 及 SA1.3，当起动手柄处于零位时，SA1.1 闭合（此时 SA1.2 与 SA1.3 断开），中间继电器 KA 吸合，其动合触点 KA 闭合，为主电动机运转做好运行准备。

当起动手柄打向正转位置时，触点 SA1.2 闭合，正向接触器 KM1 吸合，主电动机 M1 正向运转。若使主电动机反转，只要将手柄打向反转位置，则触点 SA1.3 闭合，SA1.2 断开，使 KM1 断电，KM2 吸合，电动机 M1 反向运转。KM1 和 KM2 的动断触点是互锁环节，当手柄打到零位时，触点 SA1.2 和 SA1.3 断开，SA1.1 闭合，此时主电动机停止运转，并为下次做好起动。

当起动手柄不在零位而合上电源总开关 QS1 时，由于 SA1.1 断开，故 KA 不能吸合，主电动机无法起动。这样就保证了一旦因外界原因突然停电，KA 立即断开，使主电动机停车，再重新供电时，虽然手柄处于运转位置，但由于 KA 不能吸合，故主电动机便不能自动起动运转，起到了零压保护的作用。

4. C6132 普通车床的常见电气故障及排除

（1）主轴电动机不能起动。

故障现象：

1）起动手柄打向正转位置，熔断器中的熔体烧断。

2）按下起动手柄，电动机不起动。

3）运行过程中突然自停，不能再起动。

4）按下起动手柄后主轴电动机不起动，并发出嗡嗡声。

5）起动手柄打到零位停车后，再打到正转位置时不能起动。

检查方法：

1）首先应重点检查主回路熔断器及控制回路熔断器是否熔断。若未熔断，则应检查热继电器，看其触点是否动作过。若动作过，则应找出动作的原因。热继电器动作的原因可能是：切削时负载过大，热继电器整定电流值过小或其规格选择不当，有时机械部分被卡住，造成热继电器脱扣。这时应重新调整热继电器，复位后可将整定电流调大，但不能超过电动机的额定电流。

2）若热继电器没有动作过，检查交流接触器 KM1，看其线圈引线是否松动，触点接触是否良好，排除故障后便可重新起动。

3）若经上述检查处理后主轴电动机仍不能起动，应判断故障是在主电路，还是在控制电路。合上电源开关，按下起动手柄。若接触器 KM1 不动作，则故障必定在控制回路，先看中间继电器 KA 是否吸合，若不吸合，应检查中间继电器 KA 是否松动，SA1 开关是否接在零位（动断触点）。若吸合，应检查交流接触器 KM3 是否吸合，若不吸合，应检查润滑泵电动机开关 SA2 接触及接线情况，交流接触器 KM3 线圈的接线是否松动。若吸合，应检查动合触点 SA1.2 的连线是否接好，KM2 动断触点是否接触不良。消除接触不良、松动、机械卡阻及主触点氧化等因素，更换损坏的电气元件，控制电路便可正常工作。

4）若接触器 KM1 正常工作，电动机仍不起动，则说明故障在主电路，应逐一检查接触器 KM1 的主触点和电动机线路，排除接触器触点接触不良、线路断线等故障，电动机应能正常起动。

（2）主轴电动机能正转但不能换相反转。

检查方法：应首先观察接触器 KM2 是否吸合，若没有吸合，说明故障在控制电路，检查 KM2 线圈的引线是否松动，再检查接触器 KM1 动断触点是否复位，再检查 SA1 开关接线的好坏，排除故障。若接触器 KM2 已经吸合，电动机仍不能反转，则说明故障在主电路，应检查 KM2 主触点接触是否良好。

（3）主轴电动机缺相运行。

故障现象：电动机缺相运行。开机时缺相，按下起动手柄至正转位置，主轴电动机不能起动或转动很慢，并且发出嗡嗡响声。在运行时缺相，会突然发出嗡嗡声。

检查方法：出现缺相运行时，应立即切断电源，以免烧毁电动机。造成这种故障的原因是三相电源有一相开路，应检查熔断器、接触器的主触点、电动机接线板及连接导线，更换烧断的熔体，消除接触器触点氧化、油污和接线板的接触不良及导线故障后，电动机应能正常运转。

（4）主轴电动机不能停车。

检查方法：先拉下电源开关，使主轴电动机停转，检查万能转换开关，排除其不动作的可能，然后检查接触器的 3 个主触点，因为触点熔焊往往会造成电动机不能停车（正转时，检查 KM1；反转时，检查 KM2）。修复或更换接触器后，一般便能恢复对电动机的正常控制。

（5）润滑泵和冷却泵电动机不能正常工作。

故障现象：在主轴电动机能正常工作时，润滑泵不能正常旋转工作；合上冷却泵电机开关 QS2，冷却泵不能旋转。

检查方法：由于主轴电动机能正常工作，所以接触器 KM3 的吸合是能保证的，应检查熔断器 FU2 熔体是否熔断，接触器 KM3 的主触点是否接触不良，开关 QS2 的接线是否良好，以及电动机连线是否接好。排除以上故障后，润滑泵电动机及冷却泵电动机将会恢复正常工作。

（6）车床照明灯、指示灯不亮。

检查方法：故障原因可能是照明电路熔丝烧断，信号灯、车床灯灯头损坏或是照明电路出现开路所造成的。应首先检查照明变压器接线，更换熔丝或灯泡，排除变压器接线松脱，初、次级绕组断线等故障，便可恢复正常照明。

二、摇臂钻床电气控制线路

钻床是一种用途广泛的孔加工机床。主要用于钻削精度要求不太高的孔，另外还可用来扩孔、铰孔、镗孔，以及刮平面、攻螺纹等。

钻床的结构型式很多，有立式钻床、卧式钻床、深孔钻床及多轴钻床等。摇臂钻床是一种立式钻床，它适用于单件或批量生产中带有多孔的大型零件的孔加工。摇臂钻床外形如图 7-24 所示（以 Z3050 摇臂钻床为例进行分析）。

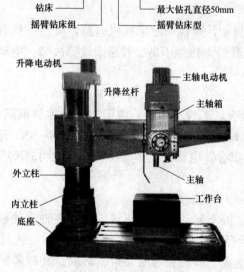

图 7-24　摇臂钻床外形

1. Z3050 摇臂钻床的主要结构及运动形式

Z3050 摇臂钻床的型号意义如下：Z3050 摇臂钻床主要由底座、内立柱、外立柱、摇臂、主轴箱、工作台等组成。内立柱固定在底座上，在它外面套着空心的外立柱，外立柱可绕着内立柱回转一周，摇臂一端的套筒部分与外立柱滑动配合，借助于丝杆，摇臂可沿着外立柱上下移动，但两者不能做相对转动，所以摇臂将与外立柱一起相对内立柱回转。主轴箱是一个复合的部件，它具有主轴及主轴旋转部件和主轴进给的全部变速和操纵机构。主轴箱可沿着摇臂上的水平导轨做径向移动。当进行加工时，可利用特殊的夹紧机构将外立柱紧固在内立柱上，摇臂紧固在外立柱上，主轴箱紧固在摇臂导轨上，然后进行钻削加工。

2. Z3050 摇臂钻床的电力拖动特点及控制要求

（1）由于摇臂钻床的运动部件较多，使用多电动机拖动，主电动机承担主钻削及进给任务，摇臂升降，夹紧放松和冷却泵各用一台电动机拖动。

（2）为了适应多种加工方式的要求，主轴及进给应在较大范围内调速。但这些调速都是机械调速，用手柄操作变速箱调速，对电动机无任何调速要求。从结构上看，主轴变速机构与进给变速机构应该放在一个变速箱内，而且两种运动由一台电动机拖动是合理的。

（3）加工螺纹时要求主轴能正反转。摇臂钻床的正反转一般用机械方法实现，电动机只需单方向旋转。

（4）摇臂升降由单独电动机拖动，要求能实现正反转。

（5）摇臂的夹紧与放松以及立柱的夹紧与放松由一台异步电动机配合液压装置来完成，要求这台电动机能正反转。摇臂的回转和主轴箱的径向移动在中小型摇臂钻床上都采用手动。

（6）钻削加工时，为对刀具及工件进行冷却，需要一台冷却泵电动机拖动冷却泵输送冷却液。

3. Z3050 摇臂钻床的电气控制线路分析

Z3050 摇臂钻床的电气控制原理图如图 7-25（见文后插页）所示。

（1）主电路分析。Z3050 摇臂钻床共 4 台电动机，除冷却泵电动机采用开关直接起动外，其余三台异步电动机均采用接触器控制起动。

M1 是主轴电动机，由交流接触器 KM1 控制，只要求单方向旋转，主轴的正反转由机械手柄操作。M1 装在主轴箱顶部，带动主轴及进给传动系统，热继电器 FR1 是过载保护元件，短路保护电器是总电源开关中的电磁脱扣装置。

M2 是摇臂升降电动机，装于主轴顶部，用接触器 KM2 和 KM3 控制正反转。因为该电动机短时间工作，故不设过载保护电器。

M3 是液压油泵电动机，可以做正向转动和反向转动，由接触器 KM4 和 KM5 控制。热继电器 FR2 是液压油泵电动机的过载保护电器。该电动机的主要作用是供给夹紧装置压力油，实现摇臂和立柱的夹紧和松开。

M4 是冷却泵电动机，功率很小，由开关直接起动和停止。

摇臂升降电动机 M2 和液压油泵电动机 M3 共用第三个低压断路器中的电磁脱扣作为短路保护电器。

主电路电源电压为交流 380V，低压断路器 QF1 作为电源引入开关。

（2）控制电路分析。

1）开车前的准备工作。为了保证操作安全，本机床具有"开门断电"功能。所以开车前应将立柱下部及摇臂后部的电门盖关好，方能接通电源。合上 QF3 及总电源开关 QF1，则电源指示灯 HL1 亮，表示机床的电气线路已进入带电状态。

2）主轴电动机 M1 的控制。按起动按钮 SB3，则接触器 KM1 吸合并自锁，使主电动机 M1 起动运行，同时指示灯 HL2 显亮。按停止按钮 SB2，则接触器 KM1 释放，使主电动机 M1 停止旋转，同时指示灯 HL2 熄灭。

3）摇臂升降控制。

Ⅰ 摇臂上升。按上升按钮 SB4，则时间继电器 KT1 通电吸合，它的瞬时闭合的动合触头（15 区）闭合，接触器 KM4 线圈通电，液压油泵电动机 M3 起动正向旋转，供给压力油。压力油经分配阀体进入摇臂的"松开油腔"，推动活塞移动，活塞推动菱形块，将摇臂松开。同时，活塞杆通过弹簧片压下位置开关 SQ2，使其动断触点断开，动合触点闭合。前者切断了接触器 KM4 的线圈电路，KM4 的主触头断开，液压松紧电动机停止工作。后者使交流接触器 KM2 的线圈通电，主触头接通 M2 的电源，摇臂升降电动机起动正向旋转，带动摇臂上升，如果此时摇臂尚未松开，则位置开关 SQ2 动合触头不闭合，接触器 KM2 就不能吸合，摇臂就不能上升。

当摇臂上升到所需位置时，松开按钮 SB4 则接触器 KM2 和时间继电器 KT 同时断电释放，M2 停止工作，随之摇臂停止上升。

由于时间继电器 KT1 断电释放，经 1～3s 的延时后，其延时闭合的动断触点（17 区）闭合，使接触器 KM5 吸合，液压松紧电动机 M3 反向旋转，随之泵内压力油经分配阀进入摇臂的"夹紧油腔"，摇臂夹紧。在摇臂夹紧的同时，活塞杆通过弹簧片使位置开关 SQ3 的动断触点断开，KM5 断电释放，最终停止 M3 工作，完成了摇臂的松开→上升→夹紧的整套动作。

Ⅱ摇臂下降。按下降按钮 SB5，则时间继电器 KT1 通电吸合，其动合触头闭合，接通 KM4 线圈电源，液压松紧电动机 M3 起动正向旋转，供给压力油。与前面叙述的过程相似，先使摇臂松开，接着压动位置开关 SQ2。其动断触头断开，使 KM4 断电释放，液压松紧电动机停止工作；其动合触头闭合，使 KM3 线圈通电，摇臂升降电机 M2 反向运转，带动摇臂下降。

当摇臂下降到所需位置时，松开按钮 SB5，则接触器 KM3 和时间继电器 KT1 同时断电释放，M2 停止工作，摇臂停止下降。

由于时间继电器 KT1 断电释放，经 1～3s 的延时后，其延时闭合的动断触头闭合，KM5 线圈通电，液压泵电机 M3 反向旋转，随之摇臂夹紧。在摇臂夹紧的同时，使位置开关 SQ3 断开，KM5 断电释放，最终停止 M3 工作，完成了摇臂的松开→下降→夹紧的整套动作。

组合开关 SQ1a 和 SQ1b 用来限制摇臂的升降过程。当摇臂上升到极限位置时，SQ1a 动作，接触器 KM2 断电释放，M2 停止运行，摇臂停止上升；当摇臂下降到极限位置时，SQ1b 动作，接触器 KM3 断电释放，M2 停止运行，摇臂停止下降。

摇臂的自动夹紧由位置开关 SQ3 控制。如果液压夹紧系统出现故障，不能自动夹紧摇臂，或者由于 SQ3 调整不当，在摇臂夹紧后不能使 SQ3 的动断触头断开，都会使液压泵电动机因长期过载运行而损坏。为此，电路中设有热继电器 FR2，其整定值应根据液压电动机 M3 的额定电流进行调整。

摇臂升降电动机的正反转控制继电器不允许同时通电动作，以防止电源短路。为避免因操作失误等原因而造成短路事故，在摇臂上升和下降的控制线路中采用了接触器的辅助触头互锁和复合按钮互锁两种保证安全的方法，确保电路安全工作。

4) 立柱和主轴箱的夹紧与松开控制。立柱和主轴箱的松开（或夹紧）既可以同时进行，也可以单独进行，由转换开关 SA1 和复合按钮 SB6（或 SB7）进行控制。SA1 有三个位置。扳到中间位置时，立柱和主轴箱的松开（或夹紧）同时进行；扳到左边位置时，立柱夹紧（或放松）；扳到右边位置时，主轴箱夹紧（或放松）。复合按钮 SB6 是松开控制按钮，SB7 是夹紧控制按钮。

Ⅰ立柱和主轴箱同时松、夹。将转换开关 SA1 扳到中间位置，然后按松开按钮 SB6，时间继电器 KT2、KT3 同时通电。KT2 的延时断开的动合触头闭合，电磁铁 YA1、YA2 通电吸合，而 KT3 的延时闭合的动合触点经 1～3s 后才闭合。随后，KM4 闭合，液压泵电动机 M3 正转，供出的压力油进入立柱和主轴箱松开油腔，使立柱和主轴箱同时松开。

Ⅱ立柱和主轴箱单独松、夹。如希望单独控制主轴箱，可将转换开关 SA1 扳到右侧位置，按下松开按钮 SB6（或夹紧按钮 SB7），此时时间继电器 KT2 和 KT3 的线圈同时通电，电磁铁 YA2 单独通电吸合，即可实现主轴箱的单独松开（或夹紧）。

松开复合按钮 SB6（或 SB7），时间继电器 KT2 和 KT3 的线圈断电释放，KT3 的通电延时闭合的常开触头瞬时断开，接触器 KM4（或 KM5）的线圈断电释放，液压泵电动机停转。经过 1～3s 的延时，电磁铁 YA2 的线圈断电释放，主轴箱松开（或夹紧）的操作结束。

同理，把转换开关扳到左侧，则可使立柱单独松开或夹紧。

因为立柱和主轴箱的松开与夹紧是短时间的调整工作，所以采用点动方式。

4. Z3050 摇臂钻床的常见电气故障及排除

摇臂钻床电气控制的特殊环节是摇臂升降。Z3050 系列摇臂钻床的工作过程是由电气与机械、液压系统紧密结合实现的。因此，在维修中不仅要注意电气部分能否正常工作，也要注意它与机械和液压部分的协调关系，下面仅分析摇臂钻床升降中的电气故障。

（1）摇臂不能升降。由摇臂升降过程可知，升降电动机 M2 旋转，带动摇臂升降，其前提是摇臂完全松开，活塞杆压位置开关 SQ2。如果 SQ2 不动作，常见故障是 SQ2 安装位置移动。这样，摇臂虽已放松，但活塞杆压不上 SQ2，摇臂就不能升降，有时，液压系统发生故障，使摇臂放松不够，也会压不上 SQ2，使摇臂不能移动，由此可见，SQ2 的位置非常重要，应配合机械、液压调整好后紧固。

电动机 M3 电源相序接反时，按上升按钮 SB4（或下降按钮 SB5），M3 反转，使摇臂夹紧，SQ2 应不动作，摇臂也就不能升降。所以，在机床大修或新安装后，要检查电源相序。

（2）摇臂升降后，摇臂夹不紧。由摇臂夹紧的动作过程可知，夹紧动作的结束是由位置开关 SQ3 来完成的，如果 SQ3 动作过早，将导致 M3 尚未充分夹紧就停转。常见的故障原因是 SQ3 安装位置不合适、固定螺钉松动造成 SQ3 移位，使 SQ3 在摇臂夹紧动作未完成时就被压上，切断了 KM5 回路，使 M3 停转。

排除故障时，首先判断是液压系统的故障（如活塞杆阀芯卡死或油路堵塞造成的夹紧力不够），还是电气系统故障。对电气方面的故障，应重新调整 SQ3 的动作距离，固定好螺钉即可。

（3）立柱、主轴箱不能夹紧或松开。立柱、主轴箱不能夹紧或松开的可能原因是油路堵塞、接触器 KM4 或 KM5 不能吸合所致。出现故障时，应检查按钮 SB6、SB7 接线情况是否良好，若接触器 KM4 或 KM5 能吸合，M3 能运转，可排除电气方面的故障，则应请液压、机械修理人员检修油路，以确定是否是油路故障。

（4）摇臂上升或下降限位保护开关失灵。组合开关 SQ1 的失灵分为两种情况：一是组合开关 SQ1 损坏，SQ1 触头不能因开关动作而闭合或接触不良使线路断开，由此使摇臂不能上升或下降；二是组合开关 SQ1 不能动作，触头熔焊，使线路始终处于接通状态，当摇臂上升或下降到极限位置后，摇臂升降电动机 M2 发生堵转，这时应立即松开 SB4 或 SB5。根据上述情况进行分析，找出故障原因，更换或修理失灵的组合开关 SQ1 即可。

（5）按下 SQ6 立柱、主轴箱能夹紧，但释放后就松开。由于立柱、主轴箱的夹紧和松开机构都采用机械菱形块结构，所以这种故障多为机械原因造成的。可能是菱形块和承压块的角度方向搞错，或者距离不合适，也可能因夹紧力调得太大或夹紧液压系统压力不够导致菱形块立不起来，可找机械修理工检修。

实训　典型机床线路故障排查

一、实训目的

（1）熟悉典型机床线路的电气控制原理。

（2）掌握典型机床线路的常见故障及检修方法。

二、实训工具及器材

（1）常用电工工具 1 套。

（2）万用表、500V 绝缘电阻表、钳形电流表。

（3）机床线路实训台或实物机床。

三、实训步骤

（1）在老师的指导下，对机床进行操作，了解机床的各种工作状态、操作方法及操作手柄的作用。

（2）弄清机床电气元件安装位置及走线情况；结合机械、电气、液压几方面相关的知识，弄清机床电气控制的特殊环节。

（3）在实训台上人为设置自然故障。

（4）老师示范检修，步骤如下。

1）用通电试验法引导学生观察故障现象。

2）根据故障现象，依据电路图，用逻辑分析法确定故障范围。

3）采用正确的检查方法，查找故障点并排除故障。

4）检修完毕，进行通电试验，并做好维修记录。

（5）老师设置人为的故障点，主电路一处，控制电路两处，由学生进行检修训练。

四、实训要求

（1）学生应根据故障现象，仔细分析原理图，尽量缩小故障范围，然后采用正确的检查和排故方法并在规定时间内排除故障。

（2）排除故障时，必须查找修复故障点，不得采用更换电气元件或改动线路的方法，否则，认作没有排除故障点。

（3）不能随便改变电动机原来的电源相序。

（4）带电检修时，必须有指导教师监护，以确保安全。

五、成绩评定

考核及评分标准见表 7-2。

表 7-2　　　　　　　　　　　　　　　　考核及评分标准

项目内容	配分	评分标准	扣分	得分
故障分析	30 分	排除故障前不进行调查研究扣 1～5 分 检修思路不正确扣 1～5 分 标不出故障点、线或标错位置，每个故障点扣 1～10 分		
检修故障	60 分	切断电源后不验电扣 1～5 分 使用仪表和工具不正确，每次扣 1～5 分 检查故障的方法不正确扣 1～10 分 查出故障不会排除，每个故障扣 1～20 分 检修中扩大故障范围扣 1～10 分 少查出故障，每个扣 1～20 分 损坏电气元件扣 1～30 分 检修中或检修后试车操作不正确，每次扣 1～5 分		
安全、文明生产	10 分	防护用品穿戴不齐全扣 1～5 分 检修结束后未恢复原状扣 1～5 分 检修中丢失零件扣 1～5 分 出现短路或触电扣 1～10 分		
课时		2 课时，检查故障不允许超时，修复故障允许超时，每超时 5min 扣 5 分，最多可延长 20min		
合计	100 分			
备注		每项扣分最高不超过该项配分		

模块八

三相异步电动机拆装与检修

随着工农业生产电气化、自动化程度的不断提高，电动机（特别是异步电动机）的使用范围日益扩大。为了保证电动机安全可靠地运行，必须定期对其保养、维护与检修，为此，有时需要对电动机进行拆装。如果拆装方法不当，就可能造成部件损坏，引发新的故障。因此，正确拆装与检修电动机是确保维修质量的前提。

 知识目标

熟悉电动机结构、原理、分类；掌握电动机定子绕组展开图的绘制。

 能力目标

能熟练地拆装电动机；运用正确的方法进行嵌线；能用正确的方法检测电动机。

 器材准备

万用表、绝缘电阻表、钳形电流表、小型异步电动机、拉码器、黄铜棒、划线板、压线板、绕线机、竹楔、漆包线、扎绳、复合纸、剪刀、手锤、橡皮锤、电工工具等。

分块一　电动机的拆卸

一、三相异步电动机基础知识
电动机是根据电磁感应原理，把电能转换为机械能，并输出机械转矩的原动机。

1. 电动机分类

电动机的分类如下：

$$
\text{电动机分类} \begin{cases} \text{直流} \\ \text{交流} \begin{cases} \text{同步} \\ \text{异步} \begin{cases} \text{单相} \\ \text{三相} \begin{cases} \text{绕线转子} \\ \text{笼型转子} \end{cases} \end{cases} \end{cases} \end{cases}
$$

2. 电动机结构

电动机主要由定子和转子组成，定子和转子之间的气隙一般为 0.2～1mm。

（1）定子主要由定子铁心、定子绕组、机座等组成。

（2）转子主要由转子铁心、转子绕组、转轴等组成。

（3）其他附件：包括端盖、轴承和轴承盖、风扇和风罩等。

（4）铭牌：电动机的机座上有一块铭牌，它简要标出一些技术数据。

3. 电动机常见故障

电动机常见故障主要分为机械故障和电气故障两大类。

机械故障主要包括机壳、转轴、轴承、风扇、端盖等故障，电气故障主要包括定子绕组和转子绕组的短路、开路和接地等故障。

二、电动机拆卸

电动机内部出现故障或定期大修就需要进行拆卸。这里以小功率三相笼型电动机拆卸为例介绍电动机的拆除方法与步骤。

1. 拆卸前的准备

（1）备齐常用电工工具及拉码等拆卸工具。

（2）查阅并记录被拆电动机的型号、外形和主要技术参数。

（3）在端盖、轴、螺钉、接线桩等零件上做好标记。

2. 拆卸步骤

拆卸步骤如下（见图 8-1）。

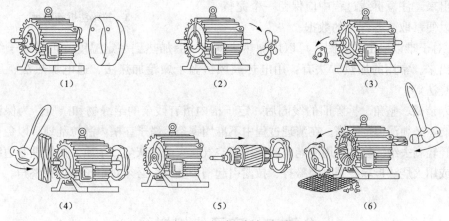

图 8-1 电动机拆卸步骤

（1）卸下电动机尾部的风罩。

（2）拆下电动机尾部的扇叶。

（3）拆下前轴承外盖和前、后端盖的紧固螺钉。两个端盖的记号应有所区别，拆卸时可用旋具（即螺丝刀、改锥）或扁铲沿缝口四周轻轻撬动，再用铁锤轻轻敲打端盖与机壳的接缝处，但不可用力过猛；对于容量较小的电动机，只需拆下前盖，而将后盖连同风扇与转子一起抽出。

（4）用木板（或铜板、铅板）垫在转轴前端，用榔头将转子和后盖从机座敲出，木榔头可直接敲打转轴前端。

（5）从定子中取出转子。在抽出转子前，应在转子下面气隙和绕组端部垫上厚纸板，以免抽出转子时碰伤绕组或铁心。对于 3kg 以内的转子，可直接用手抽出，如图 8-2 所示。对于大型电动机的转子，应用钢管加长转轴，吊装抽出。

 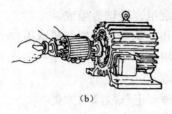

(a)   (b)

图 8-2　转子的取出

(a) 步骤一；(b) 步骤二

承就被拉出，如图 8-3 所示。

操作时注意：拉脚的拉钩应钩住轴承的内圈，使拉脚螺杆对准轴承的中心孔，不要歪斜，防止把轴承拉坏。

（8）拆除定子绕组。在旧线圈的拆除过程中，应按下列步骤进行。

1）详细记录电动机的铭牌数据和绕组数据。

2）在小型电动机中，一般采用半封口式线槽，拆卸绕组比较困难，大多数情况下必须先将线圈的一端铲断，然后从另一端用钳子把导线拉出来。注意拆线过程中应保留一个完整的绕组以便量取其各部分的数据。

（6）用木棒伸进定子铁心，顶住前端内侧，用榔头将前端盖敲离机座。

（7）拉下前后轴承及轴承内盖。一般用拉码器进行轴承的拆卸。这种方法简单、实用，尺寸可随轴承直径任意调节，只要转动手柄，轴

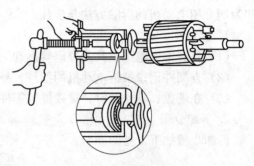

图 8-3　拉码法拆卸轴承

3）对于难以取出的线圈，可以用加热法将旧线圈加热到一定温度，再将定子绕组从槽中拉出来。常用的加热方法有：用电热鼓风恒温干燥箱加热法、通电加热法、用木柴直接燃烧法等。

（9）清槽、整角。拆除旧的线圈后，定子槽内留有残余的绝缘物和杂质。为保证电动机的性能，必须清理定子槽。在清理过程中不准用锯条、凿子在槽内乱拉乱划，以免产生毛刺。应轻轻剥去绝缘物，再用皮老虎或用压缩空气吹去槽内灰尘、杂质。如果铁心边缘局部胀开，或用火烧法拆除线圈时因敲打、拉凿引起槽齿变形，必须对定子槽进行整角。

分块二　定子绕组嵌线

一、定子绕组展开图及连接顺序图

现以 4 极 24 槽单层链式绕组的三相电动机为例来说明定子绕组展开图的绘制过程。什么是展开图呢？设想用纸做一个圆筒来表示定子的内圆，用画在圆筒内表面上的相互平行的直线表示定子槽内的线圈边，用数字标明槽的号数。然后，沿 1 号槽与最末一个槽之间的点划线剪开，展开后就一平面图，把线圈和它们的连接方法画在这个平面图上，就是展开图。

1. 有关术语和基本参数

（1）线圈。线圈是组成绕组的基本元件，用绝缘导线（漆包线）在绕线模上按一定形状绕制而成。一般由多匝绕成，其形状如图 8-4 所示。它的两直线段嵌入槽内，是电磁能量转换部分，称线圈有效边；两端部仅起连接作用，不能实现能量转换，故端部越长

浪费材料越多。

（2）线圈组。几个线圈顺接串联即构成线圈组，异步电动机中最常见的线圈组是极相组。它是一个极下同一相的几个线圈顺接串联而成的一组线圈，如图 8-5 所示。

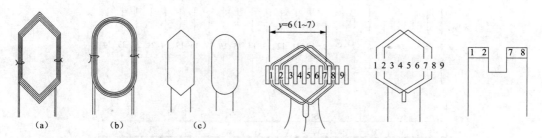

图 8-4　常用线圈及简化画法　　　　　图 8-5　一个极相组线圈的连接方法
（a）菱形线圈；（b）弧形线圈；（c）简化画法

（3）线圈的串联方式。

反串联：每相绕组中各线圈之间的连接次序是首端接首端，尾端接尾端。每相绕组中线圈的数目等于磁极数时，采用反串联。

顺串联：每相绕组中各线圈之间的连接次序是首尾相接。每相绕组中线圈的数目等于磁极数的一半时，采用顺串联。

（4）定子槽数。定子铁心上线槽总数称为定子槽数，用字母 Z 表示。

（5）磁极数。磁极数是指绕组通电后所产生磁场的总磁极个数，电动机的磁极数总是成对出现，所以电动机的磁极数用 $2p$ 表示。异步电动机的磁极数可从铭牌上得到。

（6）极距。相邻两磁极之间的槽距，通常用槽数来表示

$$\tau = \frac{Z}{2p}（槽）$$

（7）节距。一个线圈的两有效边所跨占的槽数称为节距。为了获得较好的电气性能，节距应尽量接近极距 τ，即

$$y \approx \tau = \frac{Z}{2p}（取整）$$

当 $y=\tau$ 时称为整节距，当 $y<\tau$ 时称为短节距，当 $y>\tau$ 时称为长节距。在实际生产中常采用的是整距和短距绕组。

（8）每极每相槽数。是指绕组每极每相所占的槽数。

$$q = \frac{Z}{3 \times 2p}（槽）$$

（9）机械角度。一个圆周几何角度是 360°，在电动机分析中称为机械角度。

（10）电角度。在电路理论中，随着时间按正弦规律变化的物理量交变一次经过 360° 时间电角度。在电动机中，导体经过一对磁极，其感应电动势交变一次，因此一对磁极所对应的空间电角度称为 360° 空间电角度（或者 2π 空间电弧度）。

（11）电角度和机械角度的关系。若电动机极对数为 p，则一个圆周代表 $p \times 360°$ 空间电角度，因此与机械角度 θ 对应的空间电角度为 $p\theta$。

（12）槽距角。表示相邻两个槽之间的空间电角度

$$\alpha = \frac{180° \times 2p}{Z}$$

2. 定子绕组展开图的绘制

画出一台 4 极 24 槽单层链式短节距绕组的三相笼型电动机的定子绕组展开图。

（1）画槽标号。画 24 根平行线代表 24 个槽，并标明每个槽的序号，如图 8-6 所示。

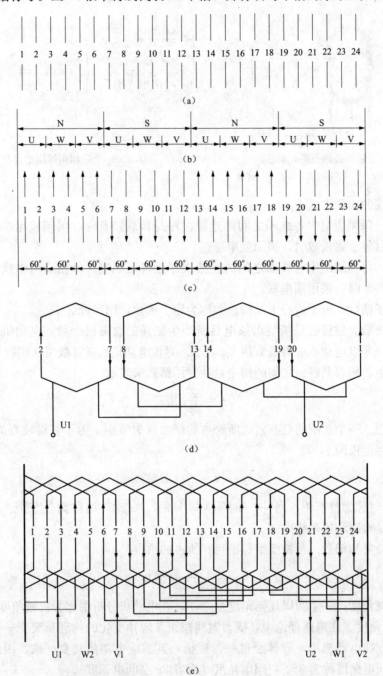

图 8-6 三相 24 槽 4 极电动机单链（短节距）绕组展开图

(a) 画槽标号；(b) 分极；(c) 分相带、标电流方向；(d) 画出 U 相绕组展开图；(e) 画 V 相和 W 相绕组展开图

（2）计算极距，每极每相槽数。极距 $\tau = \dfrac{Z}{2p} = \dfrac{24}{4} = 6$，$q = \dfrac{Z}{3 \times 2p} = 2$。

（3）在展开图上划分极、相带并画出电流方向。

将24个槽分成4个极，每个极下6个槽，而每个极占180°电角度，分属于三相，即为60°相带，每极每相2个槽，每槽占30°电角度，按U1、W2、V1、U2、W1、V2相带排列，各槽号所属磁极和相带如表8-1所示。

表8-1　　　　　　　　　　　　24槽4极单层链式绕组分布

磁极		N			S		
第一对极	相带	U1	W2	V1	U2	W1	V2
	槽号	1，2	3，4	5，6	7，8	9，10	11，12
第二对极	相带	U1	W2	V1	U2	W1	V2
	槽号	13，14	15，16	17，18	19，20	21，22	23，24

按照同一磁极下导线的电流方向相同，不同磁极下导线的电流方向相反的原则画出电流方向。

（4）画出U相绕组展开图。因为采用短节距，所以$y=5$，因此U相绕组的4个线圈分别为2～7、8～13、14～19、20～1之中，然后按照反串联的方法将各线圈连接起来，组成U相绕组，可以设定任意一个槽为U相的首端U1，假设从2号槽引出U1。

（5）画V相和W相绕组展开图。V相的4个线圈分别为6～11、12～17、18～23、24～5，W相的4个线圈分别为10～15、16～21、22～3、4～9，根据三相相隔120°电角度的原则，现每槽占30°电角度，因此，U1、V1、W1依次相差4个槽，如果U1是从2号槽引出，那么，V1就从6号槽引出，W1就从10号槽引出，再按上述方法将V相和W相的各线圈组串接起来，组成V相和W相绕组，这样就构成了一个完整的三相定子绕组展开图。注意，W1也可以从22号槽引出，这样可使三相绕组的6根首尾端引出线比较集中，便于和电动机接线板连接。

3. 各相绕组连接顺序图（见图8-7）

二、定子绕组的绕制

1. 绕线专用工具介绍

（1）绕线机。在工厂中绕制线圈都采用专用的大型绕线机。对于普通小型电动机的绕组，可用小型手摇绕线机。

（2）绕线模。绕制线圈必须在绕线模上进行，绕线模一般用质地较硬的木质材料或硬塑料制成，不易破裂和变形。如果极相组是由几个线圈连在一起组成的，就需制作几个相同的模子。这样，整个极相组就可以一次绕成，中间没有接头。这种做法虽然嵌线稍麻烦些，但外形美观，并且避免了发生个别线圈反接的可能，中型活络式绕线模如图8-8所示。

（3）划线板。由竹子或硬质塑料等制成，如图8-9所示，划线端呈鸭嘴形或匕首形，划线板要光滑，厚薄适中，要求能划入槽内2/3处。

（4）压线板。一般用黄铜或低碳钢制成，形状如图8-10所示，当嵌完每槽导线后，就利用压线板将蓬松的导线压实，使竹签能顺利打入槽内。

（5）压线条。压线条又称捅条，是小型电动机嵌线时必须使用的工具，如图8-11所示。压线条捅入槽口有两个作用：其一是利用楔形平面将槽内的部分导线压实或将槽内所有导线压实，压部分导线是为了方便继续嵌线，而压所有导线是为了便于插入槽楔，封锁槽口；其二是配合划线板对槽口绝缘纸进行折合、封口。最好根据槽形的大小制成不同尺寸的多件，

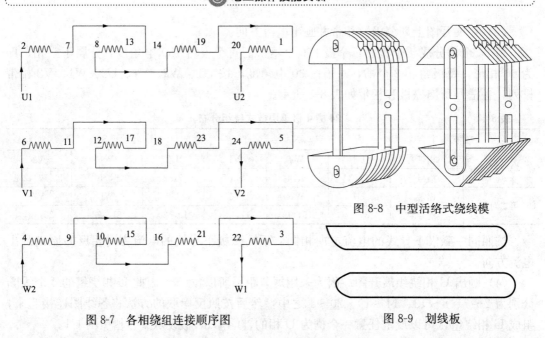

图 8-8　中型活络式绕线模

图 8-7　各相绕组连接顺序图

图 8-9　划线板

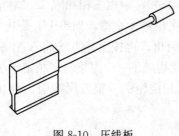

图 8-10　压线板

压线条整体要光滑，底部要平整，以免操作时损伤导线的绝缘和槽绝缘。一般用不锈钢棒或不锈钢焊条制成，横截面为半圆形，并将头部锉成楔状，便于插入槽口中。

2. 绕组的绕制方法

（1）绕线模尺寸的确定。绕线模的尺寸选得太小会造成嵌线困难；太大又会浪费导线，使导线难以整形且绕组电阻和端部漏抗都增大，影响了电动机的电气性能。因此，绕线模尺寸必须合适。

选择绕线模的方法：在拆线时应保留一个完整的旧线圈，作为选用新绕组的尺寸依据。新线圈尺寸可直接从旧线圈上测量得出。然后用一段导线按已决定的节距在定子上先测量一下，试做一个绕线模模型来决定绕线模尺寸。端部不要太长或太短，以方便嵌线为宜。

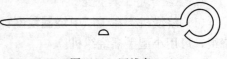

图 8-11　压线条

（2）绕线注意事项。

1）新绕组所用导线的粗细、绕制匝数以及导线面积，应按原绕组的数据选择。

2）检查一下导线有无掉漆的地方，如有，需涂绝缘漆，晾干后才可绕线。

3）绕线前，将绕线模正确地安装在绕线机上，用螺母拧紧，导线放在绕线架上，将线圈始端留出的线头缠在绕线模的小钉上。

4）摇动手柄，从左向右开始绕线。在绕线的过程中，导线在绕线模中要排列整齐、均匀、不得交叉或打结，并随时注意导线的质量，如果绝缘有损坏应及时修复。

5）若在绕线过程中发生断线，可在绕完后再焊接接头，但必须把焊接点留在线圈的端部，而不准留在槽内，因为在嵌线时槽内部分的导线要承受机械力，容易被损坏。

6）将扎线放入绕线模的扎线口中，绕到规定匝数时，将线圈从绕线槽上取下，逐一清数线圈匝数，不够的添上，多余的拆下，再用线绳扎好。然后按规定长度留出接线头，剪断导线，从绕线模上取下即可。

7）采用连绕的方法可减少绕组间的接头。把几个同样的绕线紧固在绕线机上，绕法同上，绕完一把用线绳扎好一把，直到全部完成。按次序把线圈从绕线模上取下，整齐地放在搁线架上，以免碰破导线绝缘层或把线圈搞脏、搞乱，影响线圈质量，如图 8-12 所示。

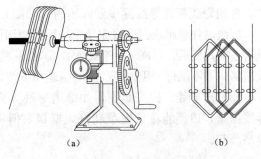

图 8-12　绕线圈

(a) 绕制线圈；(b) 绕扎好的线圈

8）绕线机长时间使用后，齿轮啮合不好，标度不准，一般不用于连绕；用于单把绕线时也应即时校正，绕后清数，确保匝数的准确性。

三、嵌线的基本方法

1. 绝缘材料的裁制

为了保证电动机的质量，新绕组的绝缘必须与原绕组的绝缘相同。小型电动机定子绕组的绝缘，一般用两层 0.12mm 厚的电缆纸，中间隔一层玻璃（丝）漆布或黄蜡绸。绝缘纸外端部最好用双层，以增加强度。槽绝缘的宽度以放到槽口下角为宜，下线时另用引槽纸。

我们用 0.2mm 厚的绝缘纸（复合纸）长度＝槽长＋5×2＝90＋10＝100（mm），宽度＝槽深×2×2＝15×2×2＝60（mm）。线圈端部的相间绝缘可根据线圈节距的大小来裁制，保持相间绝缘良好。

2. 单链短节距绕组的嵌线方法

（1）先将第一个线圈的一个有效边嵌入槽 7 中，线圈的另一个有效边暂时不嵌入槽 2 中。如图 8-13 所示。

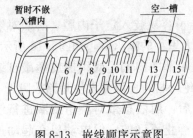

图 8-13　嵌线顺序示意图

（2）空一个槽（8 号槽）暂时不下线，再将第二个线圈的一个有效边嵌入槽 9 中。同样，线圈二的另一个有效边暂时不嵌入槽 4 中。

（3）再空一个槽（10 号槽）暂不嵌线，将线圈三的一个有效边嵌入槽 11，另一个有效边嵌入槽 6。

（4）接下来的嵌法和第三个线圈一样，依次类推，直到线圈十二的有效边都嵌入槽中。

（5）将线圈一和线圈二的另一个有效边分别嵌入槽 2 和槽 4 中去。即 7→9→6、11→8、13→10、15→12、17→14、19→16、21→18、23→20、1→22、3→24、5→2→4。

3. 嵌线的注意事项和工艺要求

（1）嵌线前注意事项：①用万用表测量 12 个线圈的通断；②将 24 个有效边按 1～24 进行编号，以方便嵌线和接线；③将线圈的引线放到电动机的同一侧；④绝缘纸要高于槽口 15mm 左右，呈喇叭口状；⑤绝缘纸两端伸出部分应折叠成双层，伸出铁心 5mm 左右，以加强槽口两端绝缘及机械强度；⑥绕组首尾端对应的槽尽量靠近接线盒。

（2）嵌线工艺。将线圈一个有效边捻成一个扁片，从槽的一端顺入，再将线圈从槽口另一端拉入槽内。在线圈的另一边与铁心之间垫一张牛皮纸或绝缘纸，防止线圈未嵌入的有效边与铁心摩擦，损伤导线绝缘层。若一次拉入有困难，可将槽外的导线理好放平，再用划线板将导线逐步划入槽内，如图 8-14 所示。

嵌线时注意事项：①嵌完一个线圈后要用仪表测其通断和对外壳的绝缘；②检查其位置是否正确，然后，再嵌下一个线圈；③导线一定要放在绝缘纸内，否则，将会造成线圈接地或短路；④不能过于用力把线圈的两端向下按，以免定子槽的端口损伤线圈绝缘层。

（3）压导线。嵌完线圈，如槽内导线太满，可用压线板沿定子槽来回地压几次，将导线压紧，以便能将竹楔顺利打入槽口，但一定注意不可猛撬，端部槽口转角处，往往容易凸起。

（4）封槽口。嵌完后，剪去槽口绝缘纸，用划线板将绝缘纸压入槽内。将竹楔一端插入槽口，用小锤轻轻敲入。竹楔的长度要比定子槽长 5mm 左右，其厚度不能小于 3mm，宽度应根据定子槽的宽窄和嵌线后槽内的松紧程度来确定，以导线不发生松动为宜，如图 8-15 所示。

图 8-14　嵌线示意图

槽楔
封口
线圈

图 8-15　封槽口

（5）端部相间绝缘。线圈端部、绕组之间必须加垫绝缘物。根据绕组端部的形状，可将相间绝缘纸剪裁成半圆弧形状，高出端部导线约 5mm，插入相邻的两个线圈之间，下端与槽绝缘接触，把两个线圈完全隔开。单层绕组相间绝缘可用两层 0.18mm 的绝缘漆布或一层聚酯薄酯复合青壳纸。

（6）端部整形。为了不影响通风散热，同时又使转子容易装入定子内膛，必须对绕组端部进行整形，形成外大里小的喇叭口，如图 8-16 所示。整形方法：用手按压绕组端部的内侧，或用橡皮锤敲打绕组，严禁损伤导线漆膜和绝缘材料，以免发生短路故障。

（7）包扎。端部整形后，用白布带对绕组线圈进行统一包扎，因为虽然定子是静止不动的，但电动机在起动过程中，导线将受电磁力的作用而振动。

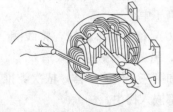
图 8-16　端部整形

4. 端部接线

绕组的接线分为内部接线和外部接线两部分。

（1）内部接线。嵌线完毕，先确定每相的首尾端，做好标记，预留线头足够长，然后将每相绕组的 4 个线圈连接起来，最后只留一头一尾，三相共三头三尾，如图 8-7 和图 8-17 所示。

（2）外部接线。将三相绕组的 6 个线端（U1、V1、W1、U2、V2、W2），按星形或三角形连接到接线盒内，如图 8-18 所示。

（3）内部接线注意事项。

1）接线前，要清除线头绝缘漆层，一定打磨干净，预留线头长短要合适。

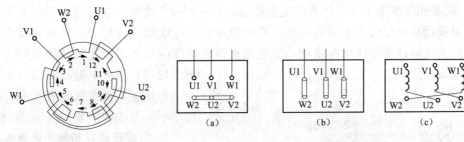

图 8-17 绕组的内部接线

图 8-18 电动机绕组外部接线

(a) 丫连接；(b) △连接；(c) 电动机绕组内部连接

2) 接线前，先套上绝缘管，然后紧密缠绕。

3) 用焊锡焊接严防焊液滴到绕组上，损坏绕组绝缘，造成匝间短路。一般小型电动机使用 50W 以下的电烙铁即可。

(4) 外部接线注意事项。

1) 接线要牢靠，避免出现打火或缺相现象。

2) 引出线要加绝缘套管，其长度要略小于导线长度。

3) 注意绕组首尾端的位置和连接顺序。

分块三 电动机的装配

一、绕组的检查与测试

连线接好后，应仔细检查三相绕组的接线有无错误，绝缘有无损坏，线圈是否有接地、短路或开路等现象。

1. 检查每相绕组是否接反

方法是：把一相绕组接上 36V 低压直流电源，用一个小磁针在定子铁心槽上逐槽慢慢移动。对于短节距绕组，如果小磁针在同相线圈相邻处的指示方向不定，则说明该处必定有接反的线圈。

2. 检查三相首尾端是否接反

方法有绕组串联检查法、电流检查法和万用表检查法。

(1) 绕组串联检查法。将一相绕组接在 36V 交流电源上，另外两相串联起来接一灯泡。灯泡发光，说明三相绕组首尾端的连接正确；灯泡不发光，说明三相绕组首尾端的连接相反，可对调后再试。用同样的方法可以找到每一个绕组的首尾端。

(2) 电流检查法。将三相绕组接经调压器降压的三相低压电源。若三相电流平衡，则表明接线正确；如有一相首尾端接反，则接通三相电源后，因三相电流不平衡，绕组温度急剧升高，此时应及时切断电源，以免烧坏电动机绕组。

(3) 万用表检查法。用万用表确定各相的首尾端有以下两种方法。

1) 将三相绕组并接在万用表的毫安挡上，用手转动转子，如万用表指针不动，则说明绕组首尾端的连接正确；如果万用表的指针偏转，则说明绕组首尾端的连接错误。这一方法是利用转子中的剩磁在定子三相绕组内感应出电动势，当感应出的电动势同向时，万用表中无电流流动；反向时万用表中有电流流动，方法如图 8-19 (a) 所示。

2）将某相绕组串接在万用表的毫安挡上，另一相接干电池。在接通开关的瞬间，若万用表毫安挡指针摆向大于零的一边，则电池正极所接线端与万用表负极所接线端同为首端或同为尾端；如指针反向摆动，则电池正极所接线端与万用表正极所接端同为首端

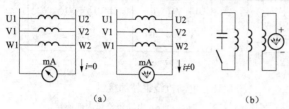

（a）

（b）

图 8-19 用万用表测三相绕组的首尾端
（a）指针不动，绕组首尾连接正确；
（b）指针动了，绕组首尾连接错误

或为尾端；再将电池接到另一相的两个线端试验，就可确定各相的首端与尾端了，方法如图 8-19（b）所示。

3. 检查相间与相地的绝缘情况

线圈嵌好后，要求各方面绝缘良好。若绕组对地绝缘不良或相间绝缘不良，就会造成绝缘电阻过低而不合格。检验绕组对地绝缘和相间绝缘的方法是用绝缘电阻表测量其绝缘电阻的大小。

4. 旋转磁场的测试

绝缘测试合格后，给定子绕组通入 50～60V 三相交流电压，用一钢珠或带孔铁片置入定子空间，沿槽壁慢慢移动，观察旋转情况。如转速均匀，表示旋转磁场正常，绕组接线正确。

二、电动机的装配

电动机的装配工序与拆卸时的工序相反。主要步骤及工艺要求如下。

1. 装配前检查

装配前应认真清点各零部件的个数，检查定子、转子、轴承上有无杂物或油污。

2. 装配轴承

（1）检查轴承质量是否合格，用机油清洗轴承，并加适当润滑脂。安装时标号必须向外，以便以后更换时核查轴承型号。

（2）安装时可采用冷套和热套两种方法。

1）热套法：轴承可放在温度为 80～100℃ 的变压器油中，加热 20～40min。趁热迅速把轴承一直推到轴肩，冷却后自动收缩套紧。在加热中应注意温度不能太高，时间不宜过长，以免轴承退火；轴承应放在网孔架上，不与油箱底或箱壁接触；轴承受热要均匀，如图 8-20 所示。

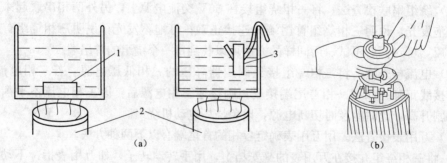

（a）

（b）

图 8-20 热套法安装轴承
（a）用油加热轴承；（b）热套轴承
1—轴承不能放在槽底；2—火炉；3—轴承应吊在槽中

2）冷套法：把轴承套到轴上，用一段铁管，一端对准轴颈，顶在轴承的内圈上，用手锤敲打另一端，缓慢地敲入，如图 8-21 所示。

3. 装配端盖

（1）后端盖的装配。将轴前端朝下垂直放置，在其端面上垫上木板，将后端盖套在后轴承上，用木锤敲打，如图 8-22 所示。把后端盖敲进去后，装

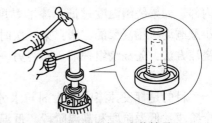

图 8-21　冷套法安装轴承

轴承外盖。注意紧固内外轴承盖螺栓时，要同时拧紧，不能先拧紧一个，再拧紧另一个。

图 8-22　后端盖的安装

（2）前端盖的装配。除去端盖口和机壳口的脏物，然后将前端盖对准机座标记，用木锤均匀敲击端盖四周，不可单边着力；把端盖装上；在拧上端盖的紧固螺栓时，要四周均匀用力，按对角线上下左右逐步拧紧，不能先拧紧一个，再拧紧另一个，不然会造成耳攀断裂和转子同心度不良，方法如图 8-23 所示。在装前轴承外端盖时，先在外轴承盖孔内插入一根螺栓，一只手顶住螺栓，另一只手慢慢转动转轴，轴承内盖也随之转动，当手感觉到外盖螺孔对齐时，就可以将螺栓拧入内轴承盖的螺孔内。

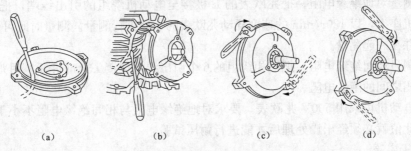

（a）　　　　　　（b）　　　　　　（c）　　　　　　（d）

图 8-23　前端盖的安装

（a）步骤一；（b）步骤二；（c）步骤三；（d）步骤四

4. 装配后的机械性能检查

（1）所有紧固螺钉是否拧紧。

（2）轴承内是否有杂声。

（3）转子是否灵活，无扫膛、无松动。

（4）转轴径向偏摆是否超过允许值。

三、浸漆、烘干

电动机绕组浸漆能增强绕组的耐潮性，提高绕组的绝缘强度和机械强度，改善绕组的散热能力和防腐能力。电动机的浸漆分为预烘、浸漆、烘干三个环节。

1. 预烘

预烘是为了驱除线圈和绝缘材料中的潮气，便于浸漆。

方法：温度控制在 120℃ 左右，时间控制在 5～8h，每隔 1h 测一次绝缘电阻，直至绝缘电阻稳定。

2. 浸漆

绕组的温度控制在 60～70℃。如果绕组温度过高，溶剂挥发太快，不容易浸到线圈

内部。如果绕组温度过低,漆的黏度大,流动性与渗透性差,也不易浸到线圈内部。中小型电动机用浸漆的方法:第一次时间要大于15min,直到不冒气泡为止。大型电动机用浇漆方法:先浇绕组一端,再浇另一端,最好重复浇几次。最后,滴干余漆。

3. 烘干

目的是挥发掉漆中的溶剂与水分,在绕组表面形成坚固的漆膜。烘干过程最好分两个阶段:低温阶段和高温阶段。低温烘干时控制温度在70~80℃,为2~4h,这样使溶剂缓慢挥发,以免表面太快成膜。高温烘干时温度在110~120℃,为8~16h。烘干过程每隔一小时测一次绝缘电阻,直至稳定,使绝缘电阻值大于5MΩ以上。

烘干方法有:烘干箱、灯泡加热、火炉加热、电流干燥法等。

四、电动机装配后的电气检查与试验

1. 直流电阻的测定

测量目的是检验定子绕组在装配过程中是否造成线头断裂、松动、绝缘不良等。具体方法是测三相绕组的直流电阻是否平衡,要求误差不超过平均值的4%。

2. 绝缘电阻的测定

测量目的主要是检验绕组对地绝缘和相间绝缘。

(1)测量对地绝缘电阻。把兆欧表的L极接至电动机绕组的引出线端,把E极接在电动机的机座上,以120r/min的速度摇动兆欧表的手柄进行测量。测量时既可分相测量,也可三相并在一起测量。

(2)测量相间绝缘电阻。把三相绕组的6个引出线端连接头全部拆开,用兆欧表分别测量每两相之间的绝缘电阻。

低压电动机可采用500V兆欧表,要求对地绝缘电阻与相间绝缘电阻不小于0.5MΩ。如果低于此值就必须经干燥处理后才能进行耐压试验。

3. 耐压实验

试验目的是检验电动机的绝缘和嵌线质量。方法是:在绕组与机座及绕组各相之间施加500V的交流电压,历时1min,而无击穿现象为合格。在试验时,必须注意安全,防止触电事故发生。

4. 短路试验

在定子线圈两端加70~95V短路电压,此时,定子电流达到额定值为合格。试验要求在转子不转的情况下进行。电压通过调压器从零逐渐增大到规定值。

如果定子电流达到额定值,而短路电压过高,表示匝数过多、漏抗太大,反之表示匝数太少、漏抗太小。

5. 空载试验

在定子绕组上施加额定电压,使电动机不带负载运行。

(1)用钳形电流表测三相起动电流。

(2)用电流表测三相空载电流。三相空载电流不平衡应不超过5%,如相差较大或有嗡嗡声,则可能是接线错误或有短路现象。

(3)用电压表测各相电压和线电压。

(4)用转速表测空载转速。

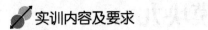实训内容及要求

实训项目量化考核表见表 8-2。

表 8-2 实训项目量化考核表

项目内容	考核要求	配分	扣分标准	课时	得分
拆卸电动机	拆卸方法正确，顺序合理，定子绕组无碰伤、部件无损坏，所打标记清楚	10 分	拆卸方法不正确，扣 2 分；碰伤定子绕组或损坏部件，扣 2 分；标记不清楚，每处扣 2 分	6	
绕组嵌线	嵌线方法正确，工艺符合要求，线圈无碰伤，零部件、工具无损坏，节约材料	40 分	工具使用不当，扣 5 分；材料消耗不当，扣 5 分；嵌线方法不正确，扣 5 分；整装工艺不佳，扣 5 分；出现绕组故障，扣 5 分	14	
装配电动机	装配方法正确，顺序合理，重要及关键部件清洗干净，装配后转动灵活	10 分	装配方法错误，扣 2 分；轴承和轴承盖清洗不干净，扣 2 分；轴承装反或装法不当，扣 2 分；装配后转动不灵活扣 2 分	2	
故障分析	对常见的故障通过现象会判断、会分析，并能提出一般的处理方案及实施	10 分	给出缺相、匝间短路、相间短路、过载、接地等故障现象，每判断错一项扣 2 分	2	
旋转磁场测试	一次测试成功	15 分	二次测试成功，扣 5 分	2	
电动机试车	通电一次试车成功	15 分	二次试车成功，扣 5 分	2	
合计		100 分		28	
安全文明操作	根据实际情况，指导教师酌情扣 0～10 分				

模块九
变压器安装与检修

变压器是一种静止的电动机，它利用电磁感应原理，把交流电压升高或降低为同频率的交流输出电压，以满足高压输电、低压供电及其他用途的需要。

变压器的种类有很多，按用途可分为电力变压器、电炉变压器、电焊变压器、矿用变压器、船用变压器、整流变压器和特种变压器（控制变压器、电流互感器、电压互感器、调压器等）；按相数可分为单相变压器、三相变压器和多相变压器；按绕组结构分为自耦变压器、双绕组变压器、三绕组变压器和多绕组变压器等；按冷却方式可分为干式变压器、油浸式变压器、充气式变压器、水内冷式变压器等。

变压器的主要组成部分是铁心和套在铁心上的两个或多个绕组。

知识目标

了解变压器安装的形式；了解变压器并联运行的条件；掌握变压器三种主要连接组别的方法。

能力目标

按尺寸要求进行变压器安装；变压器吊心检查及检修。

器材准备

检修工具、中小型变压器。

分块一 变压器的安装

变压器的安装形式分为室内安装和室外安装。

一、变压器室内安装

将变压器装于室内，有利于人身和设备安全。变压器在室内安装一般有两种方法：一种是变压器和配电盘装在同一个房间内，中间隔开；另一种是变压器和配电盘分室安装。变压器一般落地安装在平台上，用遮栏围护起来。室内变压器的安装方式如图 9-1 所示。

安装工艺要求如下。

（1）油式变压器安装时气体继电器侧垫铁厚度为轮距的 $1\%\sim1.5\%$，以利于瓦斯气体流向继电器，如图 9-2 所示。

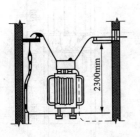
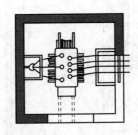

图 9-1　室内变压器安装

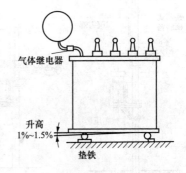

图 9-2　变压器气体继电器侧升高坡度

（2）变压器电源由架空线引入时，弓字线要低于穿墙套管，并接避雷器，如图 9-3 所示。

（3）变压器电源由电缆引入时，安装形式如图 9-4 所示。

（4）变压器高、低压侧母线连接要紧密，要涂 A、B、C 相色。

（5）在三相四线制低压供电线路中，变压器低压侧中性点和外壳都要接地（即零线）。

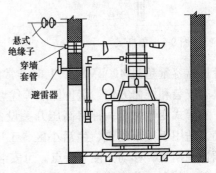

图 9-3　架空线引入电源

二、变压器室外安装

变压器室外安装有杆架式（单杆式、双杆式和三杆式）、地台式和落地式三种。现在应用更为普遍的是箱式变电站。

安装要求如下。

（1）变台一般设在负载中心区域，以减少供电线路的功率损耗和电压降。

（2）变压器外廓与建筑物的距离不应小于 3m，其带电部分与树梢间的距离不应小于 2m。

（3）变压器杆上安装，距地面不应小于 2.5m，带电部位应在 3.5m 以上，并悬挂"高压危险，禁止攀登"的警示牌。

（4）变台各部件安装要牢固，其安装尺寸如图 9-5～图 9-9 所示。

（5）地台式和落地式变压器周围要设栅栏，以防人畜靠近，并悬挂警示牌。

（6）变压器的高、低压引线应采用绝缘电线（或电缆），但引线不应使变压器套管承受压力。

杆架式变台是利用线路电杆组成的变台，具有占地少、安全、不易受外力破坏等优点。地台式变台一般用砖或石块砌成，台高 1.5～2m，具有基础牢固，材料节约，维修方便等优点。当

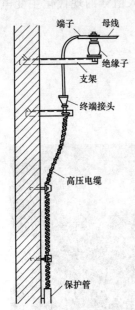

图 9-4　电缆引入电源

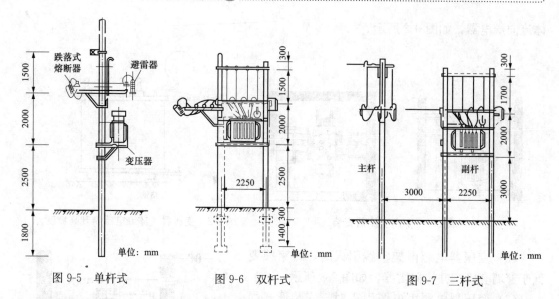

图 9-5　单杆式　　　　　　图 9-6　双杆式　　　　　　图 9-7　三杆式

变压器容量超过 400kVA 以上时，常用落地式变台，其基础用砖石砌成，混凝土抹面，具有安装和维修方便，造价低廉等优点。

　　箱式变电站是一种将高压开关设备、变压器、低压配电设备组装成一体的成套性产品。适用于城市建筑、生活小区、工厂、矿山等变配电，具有体积小、结构紧凑、安装调试周期短、移动方便等特点。可安装在最佳供电半径内，以提高供电质量，如图 9-10 所示。其中，美式箱变前部为箱体，后部为外附的专用油浸式卷铁心变压器，紧凑小型化，体积比通用型箱式站小 2/3，适用于全天候环境，可耐风沙雨雪，且具有过载能力强、噪声低、操作便利等优点，如图 9-11 所示。电压 35kV 箱式站为集装箱式外形设计，箱内可配置屏柜，有操作走廊，带有空调和室内照明，既可内置变压器，也可外置变压器，有较充裕的空间配置综合自动化装备，可方便快捷地组建无人值守的现代化主变电站，如图 9-12 所示。

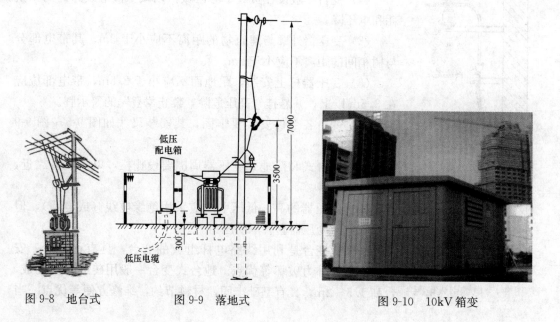

图 9-8　地台式　　　　　　图 9-9　落地式　　　　　　图 9-10　10kV 箱变

图 9-11　美式箱变　　　　　　　　　　　图 9-12　35kV 箱变

分块二　变压器的吊心和检修

变压器内部发生故障，如绕组短路、断线或定期大修，需要进行吊心修理。为了避免绕组在空气中受潮，检修要求在室内或棚内进行，时间一般不要超过 12～16h。

一、吊心

（1）放油。吊心前，应将油箱中的油放出一部分，防止顶盖螺栓卸开时油溢出。

（2）拆去盖板观察内部情况。记下分接开关位置并刻上标记，拆下无载分接开关的转动部分。

（3）拆除附件。

（4）拆卸变压器大盖螺栓。

（5）吊出变压器心部，如图 9-13 所示。

二、器心检查

（1）变压器心子吊出后，首先拆掉绝缘围层（有的变压器没有），拆前应做好记号，以备组装。

（2）用干净的布擦净线圈、铁心支架及绝缘隔板，并检查有无铁渣等金属物附着在铁心上。

（3）将铁心上全部机螺钉拧紧，以免松脱，并拧紧线圈的压紧螺栓，检查线圈两端的绝缘楔垫是否松动或变形，如有松动或变形的，应用绝缘板垫紧。

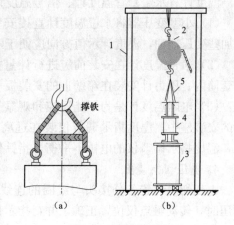

图 9-13　变压器吊心
（a）撑铁吊心；（b）门架吊心
1—门架；2—倒链；3—器身；4—器芯；5—绳套

（4）用手或扳手旋转电压切换装置，检查切换与转动装置的相互动作是否正常和灵活，其触头应接触严密，以 0.05mm×10mm 塞尺检查，应塞不进去。

（5）检查铁心上、下接地片接触是否良好，有无缺少和损坏。

（6）线圈的绝缘层应完整，表面无变色、脱裂、击穿等缺陷，高低压线圈无移动变位情况。线圈间，线圈与铁心、铁心与轭铁间的绝缘层应完整无松动。

（7）高压与低压引出线绝缘良好，包扎紧固无破裂情况，用支架固定牢固，引出线与套管连接牢固。

（8）穿心螺栓应连接牢固，与铁心及轭铁以及铁心与轭铁之间的绝缘良好，符合《电气设备预防性测试规程》的要求，一般10kV以下的变压器穿心螺栓最低允许绝缘电阻值应大于2MΩ；20～30kV的变压器绝缘电阻值应大于5MΩ，并应做绝缘耐压测试。

（9）油路应畅通，油箱底部清洁无油垢及杂物，油箱内部无锈蚀。心体检查完后，应用合格的变压器油进行冲洗，并打开箱底油堵将油放净，随后立即将心体复位注油至正常油位。

三、附件检查与安装

1. 气体继电器

应使气体继电器观察窗装于可检查一侧，箭头方向应指向油枕，与道管密封良好，截油阀应位于储油箱和气体继电器之间。

打开放气嘴，放出空气，直到油溢出时，将放气嘴关上，以免有气体进入使气体继电器误动作。

2. 吸湿器

安装吸湿器前应先检查吸湿剂是否受潮，当硅胶吸收水分失效后，从蓝色变成粉红色，需更换或干燥硅胶。安装时，应先将端部罩子拧下，拆下运输密封垫后再安装好罩子，同时罩子内注入清洁的油至标记的油面线，以防止空气直接进入吸湿器。安装在隔膜式储油柜上的吸湿器在罩内可不注油，以保证储油柜呼吸畅通。

3. 温度计

温度计有水银套管温度计、信号温度计和电阻温度计。

（1）小型变压器将水银温度计直接安装在变压器箱盖的预留温度计孔中，在孔内适当加些变压器油，温度计示值方向应便于观察。

（2）信号温度计在安装前应进行计量检查，安装时温包安装在变压器顶盖上的温度计套筒内。压力计安装在箱壁上的安装板上。接线要正确。

（3）电阻温度计是为了能遥控和观察变压器顶层油温。铜电阻元件装在注有变压器油的安装座中，温度指示调节仪装在远离变压器的控制室内。铜电阻的电阻值随油温变化，温度指示调节仪的电桥不平衡，指针偏转而显示油温。

4. 电压切换装置

电压切换装置各分接头与线圈的连线正确，牢固可靠，各触点接触紧密良好，切换电压时，转动触点仪位置正确，并与指示位置一致。

5. 防爆管

防爆管装在油箱顶盖上，它一端与油箱相连，另一端装有玻璃片，故障时，如果油箱压力高出0.5个大气压时，为了避免周围空气温度变化，使防爆管内可能产生剩余压力而压爆玻璃片，故应用联管将防爆管上部与油枕联通。

6. 净油器

安装前，先用变压器油冲洗净油器，然后将净油器与安装孔的法兰连接起来，滤网安装方向应正确并在出口侧。将净油器的容器装满干燥的硅胶粒后充油，油流方向应正确。

7. 油枕

油枕安装前应先安装油位表，安装油位表时应注意保证放气孔和导油孔的畅通，玻璃层要完好，油位表动作应灵活，油位表或油标管的指示必须与贮油柜的真实油位相符，不得出现假油位。油位表的信号接点位置正确，绝缘良好。

四、变压器的干燥

变压器干燥方法有油箱铁损法，零序电流短路法（又叫铜损法）等。排潮法分为抽真空和不抽真空。

1. 油箱铁损真空干燥法

油箱铁损真空干燥法如图 9-14 所示。

变压器进行干燥时，还装有测温装置，以测量心部（一般以高压线圈为代表）和油箱温度。

在干燥过程中，使心部绝缘温度逐渐升高，并限制每小时升温速度不超过 5℃，当变压器心部绝缘温度达到 80℃ 以上时，开始抽真空，把油箱里蒸发的潮气抽出。最后温度稳定在 95℃。当绝缘电阻下降后再上升并稳定在 6h 以上即认为干燥合格。

干燥时，在未抽真空以前，需要打开油箱顶盖上的孔和油箱下部的放油阀门，充分利用空气自然对流通风。

干燥完后，切断加热电源，但仍需保持箱内真空度，待心子温度降到 80% 时，在真空状态下向变压器内注入干燥而清洁的温度不低于

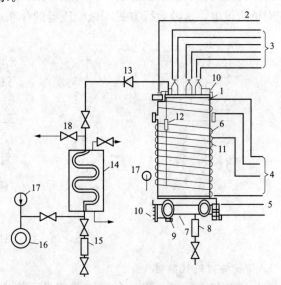

图 9-14 油箱铁损真空干燥法

1—油箱；2—测温电阻引线；3—线圈引线；4—励磁线圈电源；5—电阻加热器电源；6—励磁线圈；7—电阻加热器；8—排油装置；9—滚轮垫块；10—保温材料；11—温度计；12—测温电阻；13—逆止阀；14—冷凝器；15—排水器；16—真空泵；17—真空表；18—旁路阀门

15℃ 的变压器油。注油完毕，让心子在油内真空浸渍 5h 以后，解除真空。

2. 铜损干燥法

铜损干燥法是指将变压器的一侧绕组短路，在另一侧加入适当降低了的电压，使变压器的高低电压绕组中产生接近额定电流的短路电流。利用短路电流通过绕组有效电阻所产生的热量来加热变压器，也称为短路干燥法。

干燥电流电压 V（V）

$$V = V_e V_d \%$$

式中 V_e——被干燥变压器加电源侧绕组额定电压（V）；

$V_d \%$——被干燥变压器的阻抗百分比（也叫短路电压）。

干燥所需功率 S（kVA）

$$S = 1.25 S_e V_d \%$$

式中　S_e——被干燥变压器额定容量（kVA）；

1.25——考虑过载的系数。

接线：被干燥的变压器一般均由低压侧加电压，高压侧线圈短接。

分块三　变压器的并联运行和连接组别

一、变压器的并联运行

将两台或两台以上变压器的一次绕组并接到共同电源上，二次绕组接到共同母线上，一起对负荷供电，这种运行方式叫做变压器的并联运行，如图 9-15 所示。

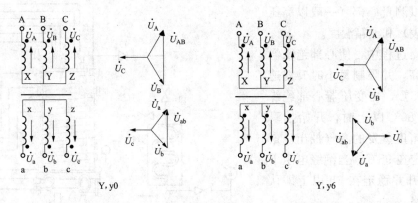

图 9-15　Y,y 连接

1. 并联运行的优越性

（1）增加供电容量。当一台变压器容量不能满足供电需求时，就需要两台或两台以上并联运行。

（2）提高供电可靠性。当其中一台变压器出现故障时，可将备用变压器投入运行，以满足用户需求。

（3）减少损耗，提高效率。当负载变化时，可根据需要增减变压器运行的台数。

2. 并联运行的条件

（1）各变压器高、低压侧的额定电压必须相等。否则，因存在电位差而产生环流，而影响变压器的输出，甚至烧坏绕组。我国现行规程规定，并联运行变压器的变比误差允许在 ±0.5% 以内。

（2）并联变压器的短路电压（阻抗电压）应基本相等。否则，就会出现负载不均匀现象，阻抗电压小的变压器分担的负载偏高，阻抗电压大的变压器分担的负载偏低。现行规程规定，容量相同的两台变压器并联运行时，阻抗电压相差不应超过 ±10%。

（3）并联变压器的连接组别必须相同。否则，两者的二次侧电压相位不同，将产生相当大的电压差，回路中会出现几倍于额定电流的环流，使变压器过热甚至烧毁。

总之，对于并联运行的变压器，应详细了解有关参数，如容量、连接组别、变比、阻抗电压、相序，然后进行一次并联运行试验，检查两台变压器的输出电流是否相等。

如果正确无误，就可投入并联运行。

二、变压器的连接组别

1. 变压器绕组的极性

变压器绕组的极性是指变压器一次侧、二次侧绕组在同一磁通作用下所产生的感应电动势之间的相位关系，通常用同名端来标记。

铁心上绕制的所有线圈都被铁心中交变的主磁通穿过，在任何某个瞬间，电动势都处于相同极性的线圈端就称为同名端；不是同极性的两端就称为异名端。应该指出，没有被同一个交变磁通所贯穿的线圈，它们之间就不存在同名端的问题。

同名端的标记，通常用"＊"或"·"来表示，在互感器绕组上常用"＋"和"－"来表示（并不表示真正的正负意义）。

对一个绕组而言，哪个端点作为正极性都无所谓，但一旦定下来，其他有关的线圈的正极也就根据同名端关系确定了。有时也称为线圈的首与尾，只要一个线圈的首尾确定了，那些与它有磁路穿通的线圈的首尾也就随之确定。

2. 三相变压器绕组的连接方式

变压器的一次侧、二次侧都可以有星形和三角形两种接法。一次侧绕组三角形连接用 D 表示，星形接法用 Y 表示、有中线时用 Y_N 表示；二次侧绕组分别用小写 d、y 和 y_n 表示。根据不同的需要，一次侧、二次侧有各种不同的接法，形成了不同的连接组别，也反映出不同的一次侧、二次侧的线电压之间的相位关系。

在三角形接法中，因为首尾连接顺序的不同，可分为正相序连接和反相序连接。X（或 x）接 B（或 b）、Y（或 y）接 C（或 c）、Z（或 z）接 A（或 a）称为正相序连接；A（或 a）接 Y（或 y）、B（或 b）接 Z（或 z）、C（或 c）接 X（或 x）称为反相序连接。

国际上规定，标志三相变压器高、低压绕组线电动势的相位关系用时钟表示法。即规定高压侧线电动势 $\dot{E}_{AB}$ 为长针，永远指向 12 点位置，低压侧线电动势 $\dot{E}_{ab}$ 为短针，它指向几点，就是连接组别号。如 Y，d11 表示一次为星形接法，二次侧为三角形接法，一次侧线电压相位滞后二次侧线电压 30°。虽然连接组别有许多，但为了便于制造和使用，国家标准规定了 5 种常用的连接组：Y，d11；Y_N，d11；Y_N，y0；Y，yn0；Y，y0。现实中常见的 3 种形式如下。

（1）Y，yn0 的二次引出中性线，为三线四线制，为配电间变压器时兼供动力和照明负载。

（2）Y，d11 用于低压侧电压超过 440V，高压侧电压不高于 35kV 的线路中，这时有一侧接线为三角形，可以避免相电动势的畸变，对变压器运行有利。

（3）Y_N，d11 用于 110kV 及以上的高压输电线路中。

3. 连接组别的相量分析

三相变压器连接组别用于表示三相变压器对称运行时，一次侧、二次侧对应线电动势（或线电压）之间的相位关系。

（1）Y，y 连接

时钟表示法相量分析作图步骤如下。

1）先画出一次侧的电压相量图，连接 AB，箭头方向指向 A，作出 $\dot{U}_{AB}$。

2) 画二次侧的电压相量图。首先，作$\dot{U}_a /\!/ \dot{U}_A$，ABC 与 abc 为同名端时，二者指向相同；ABC 与 abc 为异名端时，二者指向相反。然后，过 x 点作$\dot{U}_b /\!/ \dot{U}_B$、$\dot{U}_c /\!/ \dot{U}_C$。

3) 连接 ab，箭头指向 a，作出$\dot{U}_{ab}$。

4) 比较$\dot{U}_{AB}$与$\dot{U}_{ab}$的相位关系，分析出变压器的连接组别，如图 9-15 所示。

（2）Y，d 连接。时钟表示法相量分析作图步骤如下。

1) 先画出一次侧的电压相量图，连接 AB，箭头指向 A，作出$\dot{U}_{AB}$。

2) 画二次侧的电压相量图。首先，作$\dot{U}_a /\!/ \dot{U}_A$，ABC 与 abc 为同名端时，二者指向相同；ABC 与 abc 为异名端时，二者指向相反。然后，正相序连接时（x 接 b），过 x 点作$\dot{U}_b /\!/ \dot{U}_B$，b 点与 x 点重合；反相序连接时（a 接 y），过 a 点作$\dot{U}_b /\!/ \dot{U}_B$，a 点与 y 点重合；同样的方法作出$\dot{U}_c$。

3) 作出$\dot{U}_{ab}$。

4) 比较$\dot{U}_{AB}$与$\dot{U}_{ab}$的相位关系，分析出变压器的联接组别，如图 9-16 所示。

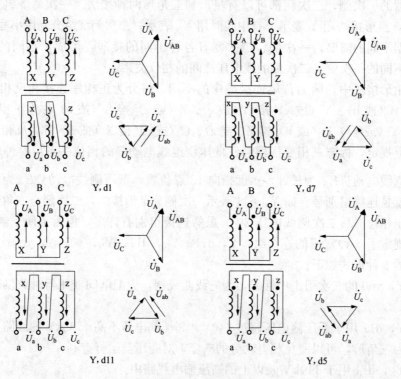

图 9-16 Y,d 连接

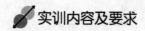 实训内容及要求

（1）参观校内变电站或校外架空线变台。

（2）练习变压器的常用连接组别。

模块十
电子组装与调试

当前，电子技术的发展日新月异，其应用已经渗透到社会的各个领域。为适应时代发展的要求，提高学生在校期间的实践能力和分析问题、解决问题的综合能力，加强学生的电子组装与调试实训是非常重要的。电子组装与调试是一个以实际操作为主要内容的实践教学环节，以小型电子产品的装配、焊接、调试为教学载体，主要培养学生的动手操作能力。

知识目标

熟悉典型电子电路的结构原理、常见故障，掌握阅读分析电子原理图和电子产品故障的一般方法。

能力目标

掌握设计、制作电子产品的方法步骤，学会一些常见电子产品的故障排除。

器材准备

焊接工具、万用表、常用电工工具、导线、松香、焊锡丝等。

分块一　收音机的基本工作原理及元件判断选择

一、收音机的基本工作原理

1. 什么是无线电波

当打开收音机、电视机，转动频道旋钮到某一位置时，就能收到地区发生事件的声音和画面。收音机、电视机和这一地区并没有用导线互相连接，那里所发生的事件的声音和场景是怎样传来的？原来这些声音和画面是通过电台电视台向外发送无线电波来实现的。那么，什么是无线电波呢？无线电波是看不见的电场和磁场互相转换的一种运动形式，是一种电磁波，它不需要导线进行传播，所以人们把它叫做无线电波。理论与实践证明，无线电波的传播速度为每秒钟 30 万 km。

2. 电磁波的产生

英国物理学家麦克斯韦总结了电、磁的运动以后，提出了统一的电磁场理论，预言了电磁波的存在。后来德国物理学家赫兹从实验中证实了该理论的正确性，他提出：任何变化的电场都会在它周围空间产生磁场。同样任何变化的磁场也会在它周围空间产生电场。

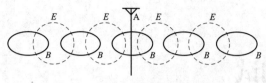

图 10-1　电磁波形成示意图

根据该论点，可以画出电磁波形成示意图，如图 10-1 所示。图中 A 表示天线，E 表示电场，B 表示磁场。

LC 回路中的电磁振荡是按正弦规律变化的，按正弦规律变化的物理量它的变化是不均匀的。例如，按正弦规律变化的电流在峰值附近它的变化很小，而在零值附近它的变化很大。因此，LC 谐振电路可以产生不均匀变化的磁场和电场，这样可以用它来作为产生电磁波的一种电磁振荡源。

3. 无线电广播发送系统

发送电磁波的目的是要完成通信任务，也就是说要把一定的信息传送给接收者。因此，首先要把语言、音乐或图像等信息转变成电信号，然后将这电信号送往发射天线，以电磁波的形式发送出去。通常采用高频率信号携带语言、音乐或图像的信号向外发送。

一个交流电的特征一般可以用它的振幅、频率和相位三个参数来表示。高频率振荡信号同样是一个交流信号，它的特征同样可以用振幅、频率和相位三个参数来表示，只是频率比较高。因此，只要用语言、音乐或图像等转换的电信号去控制这三个参数中任一个参数，使之变化遵循控制信号变化的规律，这样就可使高频信号能携带语言、音乐或图像信号的信息。在无线电技术中，这种控制过程称为调制，控制信号称为调制信号；被控制的正弦波称为载波。因为可以有三种方式控制正弦交流电的三个参数，所以通常称控制振幅的为调幅方式，控制频率的为调频方式，控制位相的为调相方式。在无线电广播中，常用的调制方式有调幅和调频两种，但以调幅用的最为普遍。

图 10-2 表示了调幅广播的示意过程。声音由话筒转变为音频电信号，经放大后送到调制器，高频振荡器产生的高频率等幅振荡信号也送到调制器。在调制器中，高频振荡电流被音频信号调幅，调幅后

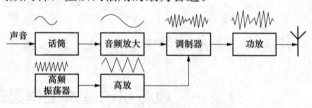

图 10-2　发射机的组成

的高频信号经高频放大后送往发射天线，然后由发射天线向四周空间发射电磁波。

4. 无线电波的接收

无线电波接收原理与发射原理正好相反，下面以收音机原理为例说明无线电波接收的基本原理。如图 10-3 所示，它是一个最简单的收音机原理方框简图。为了能从无线电波中取出音频信号然后再还原为语言或音乐的声音，从原理上说至少应包含以下几个组成部分：天线，调谐回路，检波器和喇叭。

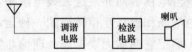

图 10-3　收音机基本原理方框简图

无线电接收机应具有三项功能：选台、调制、电声转换。

图 10-4 是超外差式收音机的原理方框图与各部分波形，超外差式收音机把接收到的电台信号与本机振荡信号同时送入变频管进行混频，并始终保持本机振荡频率比外来信号高 465kHz，通过选频电路取两个信号的"差额"进行中频放大。

（1）输入回路。常见的输入回路为磁性天线和外接天线。外接天线又分为直接耦合式天线、电容耦合式天线、电感耦合式天线和电感、电容耦合式天线，如图 10-5 所示。

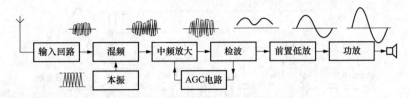

图 10-4 超外差式收音机方框图

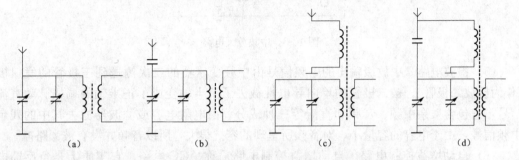

图 10-5 各种外接天线

(a) 直接耦合式天线；(b) 电容耦合式天线；(c) 电感耦合式天线；(d) 电感电容耦合式天线

(2) 本振电路。如图 10-6 所示，L_2 和 C_3 组成振荡回路，R_1、R_2 和 R_3 共同组成电流负反馈偏置电路，C_1 和 C_2 起隔直通交作用，振荡电压通过 L_1 和 L_2 耦合反馈到基极，满足振荡相位平衡条件，即可自激振荡产生高频信号。

(3) 混频电路。根据本机振荡注入方式，可将混频器分为：发射极注入式、基极注入式和集电极注入式，如图 10-7 所示。但它们基本工作原理都是利用晶体管的非线形作用，将本振电路产生的高频信号及输入回路选择出来的已调波信号同时送入晶体管 VT，将在输出端得到不同频率的多种信号，在设计电路时，使本振信号频率比外来高频信号频率始终高出 465kHz，而后在输出端采用 LC 调谐回路选择出 465kHz 的差额信号，并送到中放电路放大。因发射极注入式电路中本振与所要接收的信号牵连少，互不干扰，工作稳定，是目前最常用的混频电路。

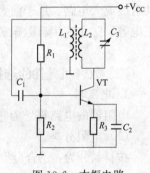

图 10-6 本振电路

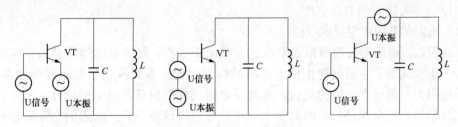

图 10-7 混频器的几种方式

(4) 中频放大电路。中频放大电路由两级中频放大器和三个中频变压器组成，图 10-8 是一个典型的中频放大电路。虽然三个中频变压器原理相同，但要求不同。要求 B1 有良好的选择性，B2 有一定的通频带和选择性，B3 有较宽的通频带和较好的选择性，一般情况下，这三个变压器位置不可调换。

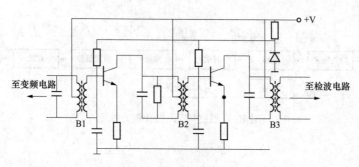

图 10-8 中频放大电路

（5）检波电路。中放级输出的中频信号由中频变压器的二次侧送到三极管的发射极（作为检波二极管）、被二极管的单向导电性截去了负半轴变成了正半轴的调幅脉动直流信号，它包含残余中频、音频和直流等三种成分。由电阻电容或滤波器滤去其中的残余中频信号，由于电容的容量小，对音频所呈现的容抗很大，所以音频并没有被旁路掉。

（6）自动增益控制电路。自动增益控制电路简称 AGC 电路，它实质上是负反馈电路，其关键部分是自控源。在晶体管收音机中，一般利用检波级输出直流成分加到被控晶体管基极，来控制晶体管的基极偏流改变中频放大器的增益大小，从而达到实现自动增益控制目的。

（7）低频前置放大电路和功率放大电路。它们的作用是对微弱的小功率的音频信号放大，提出高频输出功率，从而推动扬声器的工作。OTL 互补对称电路，由三极管组成共射级放大电路，用于前置放大，三极管 VT 组成共射级放大电路，作为激励级，阻止校正电容，防止产生自激振荡。

二、收音机元件的选择和判断

1. 电阻器

电阻器的电路符号为—▭—，文字符号为 R，基本单位为欧姆（Ω）。

（1）电阻分类。

按材料分为：①合金型（如线绕电阻等）；②薄膜型（如碳膜、金属膜等）；③合成型。

按用途分为：①普通型（误差 ±5%、±10%、±20% 等）；②精密型（误差 ±0.001%～±2%）；③高频型（常称无感电阻）；④高压型（用于 35kV 以上电路）；⑤高阻型（一般在 10MΩ 以上）。

（2）电阻的几项主要技术指标。

标称阻值：电阻器表面所标的阻值。为了便于生产，同时考虑到能够满足实际使用的需要，国家规定了一系列数值作为产品的标准，这一系列值就是电阻的标称系列值。大多数电阻上，都标有电阻的数值，这就是电阻的标称阻值。电阻的标称阻值，往往和它的实际阻值不完全相符。有的阻值大一些，有的阻值小一些。电阻的实际阻值和标称阻值的偏差，除以标称阻值所得的百分数，叫做电阻的误差。

额定功率：电阻器在电路中长时间连续工作不损坏允许消耗的最大功率称为电阻的额定功率。通常功率可分为 0.05～500W 几十种规格。实际选用时，额定值应高于电路实际值 1.5～2 倍。

精度误差：普通型 ±5%、±10%、±20% 等。

温度系数：电阻的阻值在温度发生变化时也会发生变化，衡量电阻温度稳定性时，使用温度系数来表示。

（3）电阻色标法。普通电阻器用四色环标志，精密电阻器用五色环标志，紧靠电阻体一端头的色环为第一环，露着电阻体本色较多的另一端头为末环。

电阻色环与数值的对应关系见表10-1，色环表示法如图10-9所示。

表 10-1 电阻色环与数值的对应关系

颜色	黑	棕	红	橙	黄	绿	蓝	紫	灰	白	金	银	无色
表示数值	0	1	2	3	4	5	6	7	8	9	10^{-1}	10^{-2}	
表示误差（%）	±1	±2	±3	±4							±5	±10	±20

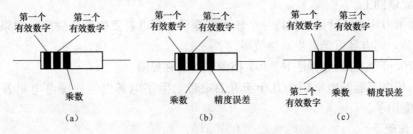

图 10-9 电阻的色环表示法

（a）三色环标注法；（b）四色环标注法；（c）五色环标注法

2. 电位器

电位器是一种可调电阻，对外有三个引出端，其两个为固定端，一个为滑动端，滑动端在两个固定端之间的电阻体上做机械运动，使其与固定端之间的电阻发生变化。在电路中，常用电位器来调节电阻值或电位。

电位器的符号为 ⎓⎓ ，文字符号 R_P。

电位器可用万用表测量：

（1）测量两固定端的电阻值是否和标称值相符合。

（2）测中心头到固定端的值是否随着中心头滑动而阻值均匀变化。

（3）如电位器上带有开关，接通时电阻值为零，断开时电阻值为无穷大，符合以上条件为好的，否则为坏的。

3. 电容器（见图10-10）

（1）有极性电容（电解电容）。

文字符号为C，单位是法拉（F）。

极性：1）有"－"号标志的一侧为负；

2）引出线长的一侧为正极。

参数：耐压值、容值。

（2）无极性电容（瓷片电容）。

（3）可变电容：①单连可变电容；②双连可变电容。

（4）电容容值标注规则：

容值：103——$10 \times 10^3 = 10\ 000pF$；

682——$68 \times 10^2 = 6800pF$。

2n2J 表示该电容器标称值为 2.2 纳法（nF），即 2200 皮法（pF），允许偏差为±5%。

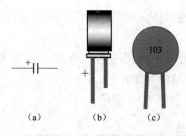

图 10-10　电容

(a) 符号；(b) 电解电容；(c) 瓷片电容

1）凡不带小数点的整数，若不标单位，则默认单位为 pF；

2）凡是带小数点的数，若不标单位，则默认单位为 μF。

（5）电容好坏测试。

1）选用万用表欧姆挡最高量程。

2）利用电容充放电特性，对于好的电容，当用两表笔接触电容两引线时，万用表指针开始应有一个较大的摆动，然后指针慢慢退回到∞处；将电容两引线短接一下，然后交换表笔再测试，现象应该同上。

3）如果万用表指针始终保持一个较大的摆动，则电容发生漏电故障；如果万用表指针始终不动，则电容可能发生开路故障。

4）4700pF 左右的电容是 R×10k 挡测试时的临界值。

5）一般电容器漏电电阻为几十至几百兆欧，除了电解电容外漏电电阻若小于几兆欧，就不能用了。

4. 晶体管

（1）三极管的判断。

1）三颠倒，找基极。三极管是含有两个 PN 结的半导体器件。根据两个 PN 结连接方式不同，可以分为 NPN 型和 PNP 型两种不同导电类型的三极管。

测试三极管要使用万用表的欧姆挡，并选择 R×100 或 R×1k 挡位。红表笔所连接的是表内电池的负极，黑表笔则连接着表内电池的正极。

第一步是判断哪个管脚是基极。这时，任取两个电极（如这两个电极为 1、2），用万用表两支表笔颠倒测量它的正、反向电阻，观察表针的偏转角度；接着，再取 1、3 两个电极和 2、3 两个电极，分别颠倒测量它们的正、反向电阻，观察表针的偏转角度。在这三次颠倒测量中，必然有两次测量结果相近：颠倒测量中表针一次偏转大，一次偏转小；剩下一次必然是颠倒测量前后指针偏转角度都很小，这一次未测的那只管脚就是要寻找的基极。

2）PN 结，定管型。找出三极管的基极后，就可以根据基极与另外两个电极之间 PN 结的方向来确定管子的导电类型。将万用表的黑表笔接触基极，红表笔接触另外两个电极中的任一电极，若表头指针偏转角度很大，则说明被测三极管为 NPN 型管；若表头指针偏转角度很小，则被测管即为 PNP 型。

3）顺箭头，偏转大。

找出了基极 b，另外两个电极哪个是集电极 c，哪个是发射极 e 呢？这时可以用测穿透电流 ICEO 的方法确定集电极 c 和发射极 e。

a. 对于 NPN 型三极管。根据穿透电流的测量这个原理，用万用表的黑、红表笔颠倒测量两极间的正、反向电阻 R_{ce} 和 R_{ec}，虽然两次测量中万用表指针偏转角度都很小，但仔细观察，总会有一次偏转角度稍大，此时电流的流向一定是：黑表笔→c 极→b 极→e 极→红表笔，电流流向正好与三极管符号中的箭头方向一致（"顺箭头"），所以此时黑表笔所接的一定是集电极 c，红表笔所接的是发射极 e。

b. 对于 PNP 型的三极管，道理也类似于 NPN 型，其电流流向一定是：黑表笔→e

极→b 极→c 极→红表笔，其电流流向也与三极管符号中的箭头方向一致，所以此时黑表笔所接的一定是发射极 e，红表笔所接的一定是集电极 c。

4）测不出，动嘴巴。若在"顺箭头，偏转大"的测量过程中，由于颠倒前后的两次测量指针偏转均太小难以区分时，就要"动嘴巴"了。具体方法是：在"顺箭头，偏转大"的两次测量中，用两只手分别捏住两表笔与管脚的结合部，用嘴巴含住（或用舌头抵住）基电极 b，仍用"顺箭头，偏转大"的判别方法，即可区分开集电极 c 与发射极 e。其中，人体起到直流偏置电阻的作用，目的是使效果更加明显。

电子制作中常用的三极管有 90×× 系列，包括低频小功率硅管 9013（NPN）、9012（PNP），低噪声管 9014（NPN），高频小功率管 9018（NPN）等，如图 10-11 所示。它们的型号一般都标在塑壳上，而样子都一样，都是 TO-92 标准封装。在老式的电子产品中还能见到 3DG6（低频小功率硅管）、3AX31（低频小功率锗管）等。

（2）二极管的测试。根据二极管的单向导电性，用万用表电阻挡（一般用 R×100 或 R×1k 挡）来判别二极管的极性，首先把万用表拨到电阻挡，黑表笔接一极，红表笔接另一极测出一个电阻值，然后两表笔对调再测出一个阻值。比较两阻值，电阻值小的那一次黑表笔接的是二极管正极，红表笔接的是负极。

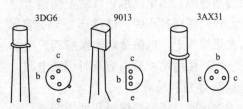

图 10-11　几种常见的三极管及管脚排列

分块二　焊接工艺及训练

一、基本工具使用

1. 电烙铁

电烙铁是电子安装最常用的焊接工具。电烙铁通电后，在烙铁头部能产生约 250℃ 的高温，使焊锡熔化，可把电子元器件焊接在电路板上。在电子制作中，通常要焊接晶体管、集成电路等小型元件，所以一般选用功率在 25W 左右的内热式电烙铁。操作姿势如图 10-12 所示。操作时要注意安全。加热后的电烙铁头部不要碰及皮肤等身体裸露部分，也不要将烙铁头碰到塑料之类的物体（特别是塑料包裹的电线）及化纤类衣服，以免烫伤。不用时，要放在烙铁架上，如果电烙铁已经接在电源上，但烙铁不热，应请有经验的老师检查，自己不要拆装，以免发生危险。

一般使用 20W 内热式电烙铁，如图 10-13 所示。

新烙铁使用前，应用细砂纸将烙铁头打光亮，通电烧热，蘸上松香后用烙铁头刃面接触焊锡丝，使烙铁头上均匀地镀上一层锡。这样做，可以便于焊接和防止烙铁头表面氧化。旧的烙铁头如严重氧化而发黑，可用钢锉锉去表层氧化物，使其露出金属光泽后，重新镀锡，才好使用。

电烙铁要用 220V 交流电源，使用时要特别注意安全。应认真做到以下几点。

（1）电烙铁插头最好使用三极插头。要使外壳妥善接地。

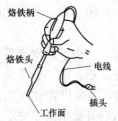

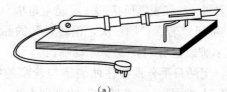

图 10-12　电烙铁操作姿势　　　　　　图 10-13　电烙铁和焊锡
　　　　　　　　　　　　　　　　　（a）20W 内热式电烙铁；（b）松香芯焊锡丝

（2）使用前，应认真检查电源插头、电源线有无损坏，并检查烙铁头是否松动。

（3）电烙铁使用中，不能用力敲击。要防止电烙铁跌落。烙铁头上焊锡过多时，可用湿布擦掉。不可乱甩，以防烫伤他人。

（4）焊接过程中，烙铁不能到处乱放。不焊时，应放在烙铁架上。注意电源线不可搭在烙铁头上，以防烫坏绝缘层而发生触电事故。

（5）使用结束后，应及时切断电源，拔下电源插头。冷却后再将电烙铁收回工具箱。

2. 焊锡和助焊剂

焊接时，还需要焊锡和助焊剂。

（1）焊锡。焊接电子元件，一般采用有松香芯的焊锡丝。这种焊锡丝，熔点较低，而且内含松香助焊剂，使用极为方便。

（2）助焊剂。常用的助焊剂是松香或松香水（将松香溶于酒精中）。使用助焊剂，可以帮助清除金属表面的氧化物，利于焊接，又可保护烙铁头。焊接较大元件或导线时，也可采用焊锡膏。但它有一定腐蚀性，焊接后应及时清除残留物。

3. 辅助工具

为了方便焊接操作常采用以下工具等作为辅助工具，应学会正确使用这些工具。

剪刀：用来剪断电线或元件引线。还可以用来刮除元件引线或其他金属表面的氧化物及污垢，便于焊接。

镊子：用来夹持细小元件或元件的引线。

小螺丝刀：有平头和十字头两种，用来拧动螺钉。

尖头钳：夹持元件或剪断较粗的导线。

二、焊接前的处理

如图 10-14 所示，焊接前，应对元件引脚或电路板的焊接部位进行焊前处理。

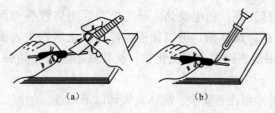

图 10-14　上锡操作
（a）刮去氧化层；（b）均匀镀上一层锡

1. 清除焊接部位的氧化层

（1）可用断锯条制成小刀。刮去金属引线表面的氧化层，使引脚露出金属光泽。

（2）印刷电路板可用细纱纸将铜箔打光后，涂上一层松香酒精溶液。

2. 元件镀锡

在刮净的引线上镀锡。可将引线蘸

一下松香酒精溶液后，将带锡的热烙铁头压在引线上，并转动引线。即可使引线均匀地镀上一层很薄的锡层。导线焊接前，应将绝缘外皮剥去，再经过上面两项处理，才能正式焊接。若是多股金属丝的导线，打光后应先拧在一起，然后再镀锡。

三、焊接工艺

做好焊前处理之后，就可正式进行焊接。

1. 焊接方法

（1）右手持电烙铁。左手用尖嘴钳或镊子夹持元件或导线。焊接前，电烙铁要充分预热。烙铁头刃面上要吃锡，即带上一定量焊锡。

（2）将烙铁头刃面紧贴在焊点处。电烙铁与水平面大约呈 60°角。以便于熔化的锡从烙铁头上流到焊点上。烙铁头在焊点处停留的时间控制在 2～3s。

（3）抬开烙铁头。左手仍持元件不动。待焊点处的锡冷却凝固后，才可松开左手。

（4）用镊子转动引线，确认不松动，然后可用偏口钳剪去多余的引线，如图 10-15 所示。

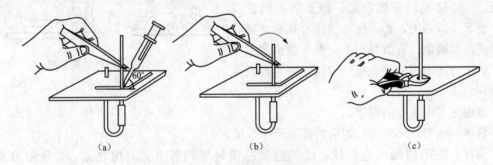

图 10-15　焊接及引脚处理
（a）焊接；（b）检查；（c）剪短

2. 焊接质量

焊点基本上能反映出焊接质量，对焊点的要求是：电接触性良好，机械性能牢固、可靠、外形美观。

（1）圆滑光亮。无气孔、无尖角、无拖尾。

（2）焊锡量要适中，既要使焊锡充满焊盘，又不得堆锡，更不能粘连。

（3）焊点大小一致。

（4）无虚焊，错焊。

四、技能训练

训练一　给电阻引脚上锡。

（1）清除烙铁头部工作面的氧化物。用剪刀的刀刃轻轻刮净或用细砂纸摩擦，直到工作面光亮为止。

（2）把电烙铁插头插入电源插座里，烙铁头开始升温，待一会儿，在烙铁头上蘸上松香，可见到有烟气，再把烙铁头工作面均匀蘸上焊锡。

（3）用剪刀或砂纸刮净元件引线的氧化层，使引线表面有明显的光亮，这一步很重要，是引线能否上锡并能牢固焊接的关键。

图 10-16　焊接上锡步骤

（4）按图 10-16 所示完成引线的上锡，要求在引线的表面都有一层薄而匀的焊锡。

训练二　元件的焊接。

电子元件焊在电路板上有立式和卧式两种，如图 10-17 所示。焊接时动作要轻、快。焊点要光洁无毛刺，若出现毛刺，只要蘸少许松香在焊点上烫一下即可消除毛刺。焊点的焊锡量多少要适宜，太多或太少都是不正确的，焊接要求牢固、整洁、美观。

（1）将元件上锡待用，方法同前。

（2）电路板上焊接的地方也要先上焊锡，方法同电阻上锡的操作过程相似。

（3）将元件修剪成图 10-17 所示的形状，引线长短要适宜。引线弯折不要贴近元件根部。

（4）将元件引线插入电路板上相应的小孔内，烙铁头上蘸少许焊锡，将元件牢固地焊在电路板上。焊接元件看似容易，但要焊得既快又好，要下一番功夫，必须反复操练。初学者还往往出现假焊现象，看似焊牢了，但一拨引线就松脱了。还可能出现短路现象。焊接中一定要避免这类现象。

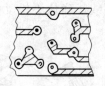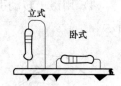

图 10-17　元器件的安装形式

训练三　电池盒的焊接。

目的：练习对元件进行焊前处理及元件焊接。

器材：20W 内热式电烙铁，红黑色软芯塑料导线各 2 根，电池盒，2 只锷鱼夹，100Ω 固定电阻器、470Ω 电位器、发光二极管各 1 只。

步骤：

1. 焊接电池盒

（1）准备。

1）将 4 根软导线两端塑料外皮各剥去 1cm 左右。用小刀刮亮后，将多股芯线拧在一起后镀锡。

2）将电池盒正负极引脚焊片用小刀刮亮后镀锡。将两只名锷鱼夹焊线处刮亮后镀锡。

（2）焊接。

取红色导线 1 根，一端焊在红把锷鱼夹上，另一端焊在电池盒正极焊片上。

取黑色导线 1 根，一端焊在黑把锷鱼夹上，另一端焊在电池盒负极焊片上。

（3）检查焊接质量。

1）各焊点是否牢固，有无虚焊、假焊。是否光滑无毛刺。

2）将不合格焊点重新焊接。

2. 焊接电路

（1）焊前处理。将电阻两引脚，电位器引脚焊片，发光二极管引脚用小刀刮亮后镀锡。

（2）焊接。

1）将电阻一端焊接在电位器引脚一侧焊片上。

2）将电位器引脚中间的焊片焊上 1 根导线。

3）将导线另一端焊接在发光二极管负极上。

4）将发光二极管正极焊接上另 1 根导线。

（3）检查焊接质量。

1）焊点是否光亮圆滑，有无假焊和虚焊。

2）将不合格的焊点重新焊接。

注意：焊接发光二极管时，时间要短，并应用尖嘴钳夹住引脚根部，以利于散热。将电池盒引线上的锷鱼夹分别夹在焊好的电路两端（注意正负），观察发光二极管发光情况。旋转电位器，使发光二极管亮度适中。

（4）焊接完毕，拔下电烙铁插头，待其冷却后，收回工具箱。

训练四 电路板焊接。

目的：练习元件的焊前处理，练习焊接电路板。

器材：20W 内热式电烙铁、废旧印制电路板 1 块、1/8W 小电阻 10 只。

步骤如下：

1. 焊前处理

（1）将印制电路板铜箔用细砂纸打光后，均匀地在铜箔面涂一层松香酒精溶液。若是已焊接过的印制电路板，应将各焊孔扎通（可用电烙铁熔化焊点焊锡后，趁热用针将焊孔扎通）。

（2）将 10 只电阻器引脚逐个用小刀刮亮后，分别镀锡。

2. 焊接

（1）将电阻插入印制电路板小孔。从正面插入（不带铜箔面）。电阻引脚留 3~5mm。

（2）在电路板反面（有铜箔一面），将电阻引脚焊在铜箔上，控制好焊接时间为 2~3s。若准备重复练习，可不剪断引脚。将 10 只电阻逐个焊接在印刷电路板上。

3. 检查焊接质量

将 20 个焊点中不合格的焊点重新焊接。

4. 将电阻逐个拆下

拔下电烙铁电源插头，收拾好器材。

分块三 S66D 六管超外差式收音机的组装与调试

一、实训装配说明

本教学用的散件为 3V 低压全硅管六管超外差式收音机，具有安装调试方便、工作稳定、声音洪亮、耗电少等优点。它由输入回路高放变频级、一级中放、二级中放、前置低放兼检波级、低放级和功放级等部分组成，接收频率范围为 535~1605kHz 的中波段。本电路的设计和元件参数的选择都经过无线电专业工程师鉴定认可，在散件的组装过程中除了进一步地学习电子技术外还可以掌握电子安装工艺，了解测量和调试技术，一举多得，在动手焊接前请仔细阅读本说明对自己的理论和实际安装会有很大的帮助。收音机电路图如图 10-18 所示，印制电路板如图 10-19 所示。

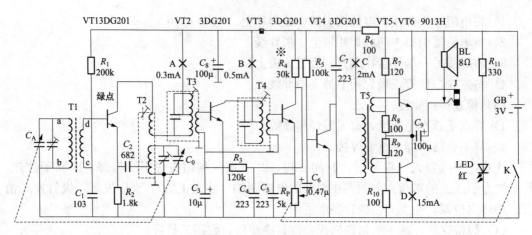

图 10-18 S66D 电路原理图

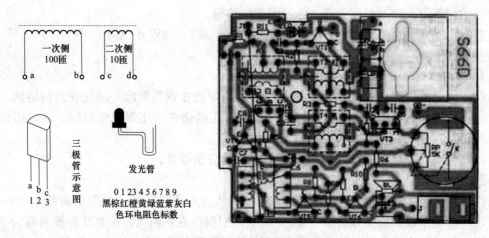

图 10-19 印制电路板

二、超外差式收音机的一般调试方法

电路原理图 10-18 所示，由 T1 担任变频管，T2、T3 组成二级单调谐中放级，T4、T5、T6 组成低放和功放级。为便于测试，实验板上装有测量孔，如分别将图中 A、B、C、D4 点断开，可直串接万用表测量集电极电流。

一般步骤如下。

1. 检查元件

认真查对收音机实验电路板上各元件，熟悉各测试点的位置。

2. 调整静态工作点

先将本振回路短路（用镊子将 C_b 两端短接或天线线圈不要焊接上）。在无信号情况下，按表 10-2 要求调整各级集电极电流。

表 10-2 　　　　　　　　　　　　　各级集电极电流

晶体管	T1	T2	T3	T4	T5、T6
集电极电流（mA）	0.3~0.6	0.4~0.6	0.8~1.2	2.0	4.5

变频级包括本机振荡和混频两方面的作用，混频要求管子工作在输入特性非线性区域，工作电流宜小，而振荡则要求工作电流大些，为了兼顾二者，一般取 A 点在 0.3~

0.6mA 范围内。中放有两级，前级加有自动增益控制，要求晶体管工作在增益变化剧烈的非线性区域，B 点一般取 0.4~0.6mA 范围，后级以提高功率增益为主，C 点取 0.8~1.2mA 范围，D 点取 1~2mA。

3. 调整中放（俗称调中周）

调整的目的是将 Tr1、Tr2、Tr3 谐振回路都准确地调谐在规定的中频 465kHz 上，尽可能提高中放增益。调试方法如下：

先将双连动片全部旋入，并将图 10-18 中本振回路中可变电容 C_b 两端短接，使它停振。再将音量控制电位器 W 旋在最大位置。然后调节高频信号发生器，输出一个 $u_o=$ 465kHz 标准的中频调幅波信号（调制频率为 400Hz，调制度为 30%）。仪器连接如图 10-20 所示。

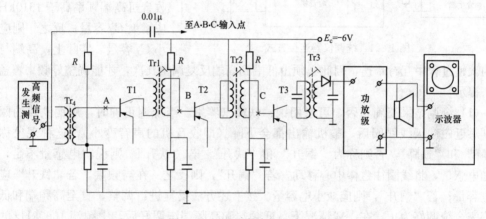

图 10-20　调整中放的电路连接

（1）将高频信号发生器输出接至 C 点，调节载波旋钮使输出电压为 2mV，调节 Tr3 中周磁芯使收音机输出最大；然后，调节高频信号发生器输出电压为 $200\mu V$，并将它从 B 点输入，调节中周 Tr2 的磁芯直至收音机输出最大；最后，调节高频信号发生器输出电压为 $30\mu V$，并换至 A 点输入，调节中周 Tr1 的磁芯直至收音机输出最大为止。调节顺序由后级向前级调节。

（2）记录上述三步相应的输出幅度和输出波形。

（3）用示波器观察并绘出图 10-18 中 A、B、C 各点的波形。

提示：

1）若中频放大器的谐振频率偏离 465kHz 较大时，示波器可能没有输出或幅度极小，这时可左右偏调输入调幅信号的频率，使波器有输出，待找到谐振点后，再把调幅高频信号发生器的频率逐步向 465kHz 靠拢，同时调整中频变压器，直到把频率调整在 465kHz。

2）在调整过程中，必须注意当整机输出信号逐步增大后，应尽可能减小输入信号电平。这是因为收音部分的自动增益控制是通过改变直流工作点来控制晶体管增益的，而直流工作点的变化又会引起晶体管极间电容的变化，从而引起回路谐振频率的偏离，因此必须把输入信号电平尽可能降低。

4. 调整频率覆盖（即校对刻度）

仪器连接如图 10-21 所示，调节过程中，扬声器用负载 RL 代替，输出电压用示波器作指示。

(1) 调低端。将双连电容器全部旋进，音量电位器 W 仍保持最大。调节高频信号发生器使输出频率为 525kHz（调制频率为 400Hz，调制度为 30%）幅度为 0.2V 的调幅波信号。调节振荡线圈磁芯使收音机输出最大。若收音机低端低于 525kHz，振荡线圈磁芯向外旋（减少电感量）；若低端高于 525kHz，磁芯位置向里旋（增加电感量）。

(2) 调高端。将高频信号发生器调到 1610kHz，幅度和调制度同上。把双连电容器全部旋出，调节振荡回路补偿电容 C_0，使收音机输出最大。若收音机高端频率高于 1610kHz，应增大 C_0 容量；反之，则应减小 C_0 容量。实际上，高端与低端的调整过程中互有牵连，因此必须由低端到高端反复调整几次，才能调整好频率覆盖。

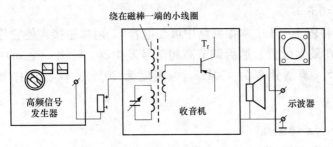

图 10-21　统调仪器连接方式

（图中标注：绕在磁棒一端的小线圈、T_r、高频信号发生器、收音机、示波器）

提示：

(1) 统调结果正确与否，可以用铜、铁棒来鉴别。当统调正确时，用铜铁棒的两头分别靠近磁性天线线圈后，整机输出都会下降（即收音机的声音变小），这种现象称为"铜降"和"铁降"，否则称为"铜升"和"铁升"。若"铁升"，则说明电感量不足，应增加电感量，将线圈往磁棒中心移动，若"铜升"，则反之。在高频端，若"铁升"应增加电容量；若"铜升"，则应减小电容量。按上述方法反复进行调整，直至高频端和低频端都完全统调好为止，在一般情况下，低频端和高频端统调好后，中频端 1000kHz 的失谐不会太大，至此，三点频率跟踪已完成。

(2) 需要注意的是，在统调时输入的调幅信号不宜太大，否则不易调到峰点。另外磁棒线圈统调正确后应用蜡加以固封，以免松动，影响统调效果。

5. 调整输入回路—补偿

(1) 调低端。仪器接线不变，调节信号发生器，使输出信号频率在 600kHz 附近，调制度为 30%，把双连电容器旋至低频端，直至收音机清楚地收听到 400Hz 调制信号，接着移动磁棒上天线线圈的位置，使收音机输出最大，至此低端算是初步调好。

(2) 调高端。调节高频信号发生器输出载频为 1500kHz 附近的信号，把双连电容旋至高频端，使收音机清楚地收听到 400Hz 调制信号，然后，调节输入回路微调电容 C_0 使收音机输出最大。与调整频率覆盖一样，调节高端与低端的补偿会互相牵连，必须由低端到高端反复调几次。

以上调整时，高频信号发生器输出的信号幅度要适当（不能太强），以利于调节过程中便于判别收音机输出音量的峰点为准。

三、S66D 六管超外差式收音机的安装注意事项与调试方法

S66D 六管超外差式收音机的装配，这种收音机具有安装调试方便、工作稳定、声音洪亮、耗电省等优点，接收频率范围为 535～1605kHz 的中波段。

1. 整机安装过程中应注意的问题

首先要多次看清图纸和印刷线路板，并理解各级的作用；其次，检测各元器件。目

测观看元器件有无明显的拆断、破损和不符合图纸要求；下一步对已观察的元器件用万用表进行检测，如电阻的阻值、电容的充放电、中周的通断、三极管的三个脚的判断及放大系数等。

在动手焊接前请用万用表将各元件测量一下，做到心中有数，安装时请先装低矮和耐热的元件（如电阻），然后再装大一点的元件（如中周、变压器），最后装怕热的元件（如三极管）。①电阻的安装：请将电阻的阻值选择好后根据两孔的距离弯曲电阻脚，可采用卧式紧贴电路板安装，也可以采用立式安装，高度要统一。②瓷片电容和三极管的脚剪的长度要适中，不要剪得太短，也不要留得太长，它们不要超过中周的高度。电解电容紧贴线路板立式安装焊接，太高会影响后盖的安装。

磁棒线圈的四根引线头可以用刀子刮或砂纸清理，也可以直接用电烙铁配合松香焊锡丝来回摩擦几次自动镀上锡，4个线头对应地焊在线路板的铜泊面。将电路图上输入回路的 T1 线圈初级、次级 a、b、c、d 位置对应在印制电路板上 T1 线圈印制电子符号 a、b、c、d，其中电路图上 d 点符号与 VT1（b 极）三极管基极共点，印制电路板上 d 点要接在 VT1（b 极）上，线圈注意保管，T1 线圈 a、b、c、d 引线（漆包线、独股），否则易折线圈，T1 线圈在收音机整机印制电路板上所有元件焊接好后，再焊上 T1 线圈，焊时应先将线圈清理漆层并挂松香、焊锡。若 T1 线圈引线太长，可在线圈上绕 1 圈后再焊到印制电路板对应的 a、b、c、d 点上。不能焊接错误，否则会造成收音机音轻或无声现象。

VT5、VT6 为 9013 属于中功率三极管，请不要与 VT1-VT4 为 3DG201 或 9014 属于高频小功率三极管相混淆，因为它们的外形和脚位的排列都是一样的，VT1 选用低 β 值（如绿点或黄点）的三极管，VT2、VT3 选用中 β 值（如蓝点或紫点）的三极管，VT4 选用高 β 值（紫点或灰点）的三极管，否则装出来的效果不好，三极管 VT1≤VT2≤VT3≤VT4。VT1，β＝70 左右；VT2、VT3、VT4，β＝110～180；VT5≈VT6，β＝250 左右。三极管采用立式焊接，引脚不宜太短，在维修时不便拆卸，三极管三个极不要焊错，否则易损坏（VT1、VT5、VT6）三极管。

中周（中频变压器）T2 振荡、T3 中频 1、T4 中频 2 安装顺序不要颠倒，中周（中频变压器）磁帽为红色、白色、黑色，磁帽不要乱调整，否则影响 465Hz 频率，中周接地脚（屏蔽罩）要刮脚清理，否则不易挂焊锡焊接。引脚先不挂锡，安装后将引脚折弯，直接焊接在电路板上。

电子元件焊接时先焊 R、C、L、T 类元件，再焊其他元件 VT、IC，按照先小后大元件顺序。要将同一类元件同时全焊上。R 元件先全部插上后再焊，这样不易发生错误或丢失元件。要保证同一类元件同一安装形式，同一安装高度。

T5 输入变压器线圈骨架有一白凸塑料点，要与印制电路板输入变压器电子符号上白点对应。当 T5 输入变压器引脚位置焊错，拆卸 T5 时，注意应将引脚的焊锡吸除干净，否则拆卸 T5 输入变压器引脚时，加热时间过长，塑料件易软、易造成断脚或断线（内部引线太细，容易断线）。

静态电流过程：测量电流，电位器开关关掉，装上电池（注意正负极）用万用表的 50mA 挡表笔跨接在电位器开关的两端（黑表笔接电池负极、红表笔接开关的另一端）。若电流指示小于 10mA，则说明可以通电，将电位器开关打开（音量旋至最小即测量静态电流）对应于印制电路板 A、B、C、D 调试点（静态无信号时），再将 T1 线圈断开，最后断开 d 点即可（静态无信号状态），用万用表分别依次测量 D、C、B、A4 个电流缺口，若被测量的数字在规定（请参考电原理图）的参考值左右即可用烙铁将这 4 个缺口依次连通，再把音量开到最大，调双联拨盘即可收到电台。

电源指示发光二极管安装要求，发光二极管先判断正负极，将发光二极管引脚预留 11mm，发光二极管引脚应折弯 180°，安装在印刷电路板上并使发光二极管对准收音机塑料机壳前面板电源指示孔。

耳机插座的安装，先将插座的靠尾部下面一个焊片往下从根部弯曲 90°插在电路板上，然后再用剪下来的一个引脚一端插在靠尾部上端的孔内，另一端插在电路板对应的 J 孔内，焊接时速度要快一点以免烫坏插座的塑料部分。另一类耳机插座直接插入对应的印刷电路板，焊接安装即可。

喇叭安装时（喇叭有正负极），喇叭正负极应与印刷电路板喇叭连接端引线近一些，将喇叭装入收音机塑料机壳前面板，再将旁边三个凸起塑料点用烙铁加热折弯固定上喇叭。

电容器引线（动、定片、三个脚折弯或减去部分引脚）要使动、定片、三个引脚矮一些，否则用手拨动圆拨盘调谐收音时圆拨盘转动不流畅。固定时，同天线支架一起紧固，天线磁棒塑料架装在印刷电路板元件引脚焊接面一侧并用螺钉固定。先用螺钉固定天线支架和可变电容器，再焊接可变电容三个引脚。

2. 调试常见问题解决方法

整机装配完毕后，一般会出现两种问题：一是可以收听到电台，但台少，或不清晰、失真，需要调试；二是收听不到电台，无声，那就需要进行检测，找出什么地方出的问题，是否需要更换元器件。现以中夏牌 S66D 型袖珍收音机为例，对这两个问题作一些简单的分析。

（1）可以收听到电台，但台少，或不清晰，失真，需要调试。一般进行的是三点统调，即中端、高端、低端三点。先调中端，一般是 729kHz 的中央台。指针刻度对应 729kHz，缓慢调节红色的中频变压器（中周），即调节磁芯在线圈中的位置，使其能最清晰地收到电台的广播。然后调高端，可先将收音机调到一个高端电台，再调节两个补偿电容。这两个高端频率补偿电容是并联在调谐电容 C_a、C_b 两端的，直到能清晰地收听到高端的电台广播为止。最后调低端，先将收音机调到一个低端电台，直接拨动天线线圈相对磁棒的位置，直到能清晰地收听到电台的广播为止。

（2）收听不到电台，无声。此时需要进行检测，找出问题所在，是否需要更换元器件。一般情况下，应按以下 4 个步骤依次进行。

测 A 点电流：如电流 $I_1 \geqslant 0.3mA$，则进行下一步骤。如测得电流为 0mA，则：一看漆包线 c、d 两端是否刮好，否则易造成仍然是绝缘的现象；二测两中周的线圈有无断路的情况，如有，则要进行更换；三看三极管的型号是否选择正确（此处应选择高频管），以及管脚是否装反。

测 B 点电流：如电流 $I_2 \geqslant 0.5mA$，则进行下一步骤。如测得电流为 0mA，则：一测两中周的线圈有无断路的情况，如有，则要进行更换；二看三极管的型号是否选择正确，以及管脚是否装反。

测 C 点电流：如电流 $I_4 \geqslant 2mA$，则进行下一步骤。如测得电流为 0mA，则：一看变压器的位置是否正确，即管脚的连接是否正确；二看变压器绕组是否是通路，即测初级

线圈电阻约 180Ω，次级线圈电阻约 90Ω。

测 D 点电流：电流 $I_5=1.5\text{mA}$ 或 $I=0\text{mA}$。用金属物体（如螺丝刀）触碰一下变压器初级或电位器输入端，看扬声器是否会发出声响。如不响则一看扬声器是否有问题；二测 $R_7\sim R_{10}$ 阻值是否正确；三查 C_9 端电位是否为 1.5V 左右；四看 C_9 是否是 $100\mu\text{F}$。

在超外差式六管收音机的装配过程中出现问题的原因会有很多，在此仅仅是对常见的一般故障原因进行了分析。大部分问题通过上面的方法，都能及时地解决。

元件清单见表 10-3。

表 10-3　　　　　　　　　　　　　元　件　清　单

元器件名称	参　数	备　注
三极管 9014 或 9018、3DG201	1 支	（绿）
三极管 9014 或 9018、3DG201	2 支	（蓝）
三极管 9014 或 9018、3DG201	1 支	（紫或灰、白）
三极管 9013H 或 8050、1008	2 支	
发光 M 极管	$\phi3$ 红 1 只	
磁棒及线圈 5mm×13mm×55mm	1 套	
中周	3 个	红、白、黑
输入变压器 E14 型 6 个引出脚	1 个	
扬声器	58mm 1 个	
电阻器	100Ω 3 只	
电阻器	120Ω 2 只	
电阻器	330Ω、$1.8\text{k}\Omega$ 各 1 只	
电阻器	$30\text{k}\Omega$、$100\text{k}\Omega$ 各 1 只	
电阻器	$120\text{k}\Omega$、$200\text{k}\Omega$ 各 1 只	
电位器 SK	1 支	（带开关插脚式）
电解电容	$047\mu\text{F}$、$10\mu\text{b}$ 各 1 只	
电解电容	$100\mu\text{F}$ 2 只	
瓷片电容	682、103 各 1 只	
瓷片电容	2233 只	
双联电容	CMB-223 1 只	
收音机前盖	1 个	
收音机后盖	1 个	
音窗	1 块	
刻度板	1 块	
双联拨盘	1 个	
电位器拨盘	1 个	
磁棒支架	1 个	
印制电路板	1 块	
电原理图及装配说明	1 份	
电池正负极簧片	（3 件）1 套	
连接导线	4 根	
耳机插座	$\phi2.5\text{mm}$ 1 个	
拨盘螺钉、自攻螺钉	$\phi1.6\times5$、$\phi2\times5$ 各 1 粒	

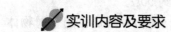 实训内容及要求

实训项目量化考核表见表 10-4。

表 10-4　　　　　　　　　　　　　**实训项目量化考核表**

项目内容	考核要求	配分	扣分标准	课时	得分
焊接技术	正确使用电烙铁，元件插放、排列正确，焊点整齐、美观、牢固	15	电烙铁使用方法不正确，扣 2 分；损伤元器件，扣 2 分；焊点质量不合格，每个扣 1 分	6	
电子元器件清点、测试	熟悉各种电子元器件，正确分类，正确使用万用表判断元器件的好坏	5	元器件分类清点不正确，扣 1 分；万用表使用不正确，扣 2 分；不会用万用表判断元件好坏，每项扣 2 分	4	
收音机原理分析	正确读图，分析原理	10	原理分析思路不清晰，每处扣 2 分	4	
收音机焊接、组装	正确使用电烙铁，元件插放、排列正确，焊点整齐、美观、牢固，机壳处理美观，组装成功	40	电烙铁使用方法不正确，扣 5 分；损伤元器件，每个扣 2 分；焊点质量不合格，每个焊点扣 1 分；机壳有损坏扣 2 分；组装不成功，扣 10 分	8	
收音机调试	正确使用各种仪表、工具，能够按步骤要求进行调试，并能调试成功	15	仪表、工具使用不正确扣 2 分；调试方法步骤不正确，每处扣 2 分；调试不成功，扣 10 分	3	
收音机维修及故障分析	对常见的故障通过现象会判断、会分析，并能提出一般的处理方案及实施	15	不能正确分析一些常见故障每项扣 2 分；不能提出常见故障的处理方案每项扣 2 分	3	
合计		100		28	
安全文明操作	根据实际情况，指导教师酌情扣 1～10 分				

维修电工中级理论知识试卷（第一套）

注意事项:

1. 本试卷依据 2009 年颁布的《维修电工》国家职业标准命制，考试时间 120 分钟。

2. 请在试卷标封处填写姓名、准考证号和所在单位的名称。

3. 请仔细阅读答题要求，在规定位置填写答案。

一、单项选择题（第 1 题～第 160 题。选择一个正确的答案，将相应的字母填入题内的括号中。每题 0.5 分，满分 80 分。）

1. 在企业经营活动中，下列选项中的（B）不是职业道德功能的表现。
   A. 激励作用　　　　　B. 决策能力　　　　　C. 规范行为　　　　　D. 遵纪守法

2. 下列选项中属于职业道德作用的是（A）。
   A. 增强企业的凝聚力　　　　　　　　B. 增强企业的离心力
   C. 决定企业的经济效益　　　　　　　D. 增强企业员工的独立性

3. 从业人员在职业交往活动中，符合仪表端庄具体要求的是（B）。
   A. 着装华贵　　　　　　　　　　　　B. 适当化妆或戴饰品
   C. 饰品俏丽　　　　　　　　　　　　D. 发型要突出个性

4. 企业创新要求员工努力做到（C）。
   A. 不能墨守成规，但也不能标新立异　　B. 大胆地破除现有的结论，自创理论体系
   C. 大胆地试大胆地闯，敢于提出新问题　　D. 激发人的灵感，遏制冲动和情感

5. 职业纪律是从事这一职业的员工应该共同遵守的行为准则，它包括的内容有（D）
   A. 交往规则　　　　　B. 操作程序　　　　　C. 群众观念　　　　　D. 外事纪律

6. 严格执行安全操作规程的目的是（C）。
   A. 限制工人的人身自由
   B. 企业领导刁难工人
   C. 保证人身和设备的安全以及企业的正常生产
   D. 增强领导的权威性

7. （B）的方向规定由该点指向参考点。
   A. 电压　　　　　　　B. 电位　　　　　　　C. 能量　　　　　　　D. 电能

8. 电功的常用实用的单位有（C）。
   A. 焦耳　　　　　　　B. 伏安　　　　　　　C. 度　　　　　　　　D. 瓦

9. 支路电流法是以支路电流为变量列写节点电流方程及（A）方程。
   A. 回路电压　　　　　B. 电路功率　　　　　C. 电路电流　　　　　D. 回路电位

10. 处于截止状态的三极管，其工作状态为（B）。
    A. 射结正偏，集电结反偏　　　　　　B. 射结反偏，集电结反偏
    C. 射结正偏，集电结正偏　　　　　　D. 射结反偏，集电结正偏

11. 铁磁材料在磁化过程中，当外加磁场 H 不断增加，而测得的磁场强度几乎不变

的性质称为 (D)。

  A. 磁滞性   B. 剩磁性   C. 高导磁性   D. 磁饱和性

12. 三相对称电路的线电压比对应相电压 (A)。

  A. 超前 30°   B. 超前 60°   C. 滞后 30°   D. 滞后 60°

13. 三相异步电动机的优点是 (D)。

  A. 调速性能好   B. 交直流两用   C. 功率因数高   D. 结构简单

14. 三相异步电动机工作时，其电磁转矩是由旋转磁场与 (B) 共同作用产生的。

  A. 定子电流   B. 转子电流   C. 转子电压   D. 电源电压

15. 行程开关的文字符号是 (B)。

  A. QS   B. SQ   C. SA   D. KM

16. 交流接触器的作用是可以 (A) 接通和断开负载。

  A. 频繁地   B. 偶尔   C. 手动   D. 不需

17. 读图的基本步骤有：看图样说明，(B)，看安装接线图。

  A. 看主电路   B. 看电路图   C. 看辅助电路   D. 看交流电路

18. 当二极管外加电压时，反向电流很小，且不随 (C) 变化。

  A. 正向电流   B. 正向电压   C. 电压   D. 反向电压

19. 射极输出器的输出电阻小，说明该电路的 (A)。

  A. 带负载能力强   B. 带负载能力差

  C. 减轻前级或信号源负载   D. 取信号能力强

20. 云母制品属于 (A)。

  A. 固体绝缘材料   B. 液体绝缘材料   C. 气体绝缘材料   D. 导体绝缘材料

21. 跨步电压触电，触电者的症状是 (D)。

  A. 脚发麻   B. 脚发麻、抽筋并伴有跌倒在地

  C. 腿发麻   D. 以上都是

22. 危险环境下使用的手持电动工具的安全电压为 (B)。

  A. 9V   B. 12V   C. 24V   D. 36V

23. 台钻钻夹头用来装夹直径 (D) 以下的钻头。

  A. 10mm   B. 11mm   C. 12mm   D. 13mm

24. 电器通电后发现冒烟、发现烧焦气味或着火时，应立即 (D)。

  A. 逃离现场   B. 泡沫灭火器灭火   C. 用水灭火   D. 切断电源

25. 盗窃电能的，由电力管理部门责令停止违法行为，追缴电费并处应交电费 (D) 以上的罚款。

  A. 三倍   B. 十倍   C. 四倍   D. 五倍

26. 调节电桥平衡时，若检流计指针向标有"—"的方向偏转时，说明 (C)。

  A. 通过检流计电流大、应增大比较臂的电阻

  B. 通过检流计电流小、应增大比较臂的电阻

  C. 通过检流计电流小、应减小比较臂的电阻

  D. 通过检流计电流大、应减小比较臂的电阻

27. 直流单臂电桥测量十几欧电阻时，比率应选为 (B)。

  A. 0.001   B. 0.01   C. 0.1   D. 1

28. 直流双臂电桥达到平衡时，被测电阻值为（A）。
   A. 倍率度数与可调电阻相乘
   B. 倍率度数与桥臂电阻相乘
   C. 桥臂电阻与固定电阻相乘
   D. 桥臂电阻与可调电阻相乘

29. 直流单臂电桥用于测量中值电阻，直流双臂电桥测量电阻在（B）欧以下。
   A. 10   B. 1   C. 20   D. 30

30. 信号发生器输出 CMOS 电平为（A）V。
   A. 3～15   B. 3   C. 5   D. 15

31. 表示数字万用表抗干扰能力的共模抑制比可达（A）。
   A. 80～120dB   B. 80dB   C. 120dB   D. 40～60dB

32. 示波器的 Y 轴通道对被测信号进行处理，然后加到示波器的（B）偏转板上。
   A. 水平   B. 垂直   C. 偏上   D. 偏下

33. 数字存储示波器的频带最好是测试信号带宽的（C）倍。
   A. 3   B. 4   C. 6   D. 5

34. 晶体管特性图示仪零电流开关是测试管子的（B）。
   A. 击穿电压、导通电流
   B. 击穿电压、穿透电流
   C. 反偏电流、穿透电流
   D. 反偏电压、导通电流

35. 晶体管毫伏表测试频率范围一般为（D）。
   A. 5Hz～20MHz
   B. 1kHz～10MHz
   C. 500Hz～20MHz
   D. 100Hz～10MHz

36. 78 及 79 系列三端集成稳压电路的封装通常采用（A）。
   A. TO-220、TO-202
   B. TO-110、TO-202
   C. TO-220、TO-101
   D. TO-110、TO-220

37. 符合有"1"得"0"，全"0"得"1"的逻辑关系的逻辑门是（D）。
   A. 或门   B. 与门   C. 非门   D. 或非门

38. 晶体管型号 KS20-8 中的 8 表示（A）。
   A. 允许的最高电压 800V
   B. 允许的最高电压 80V
   C. 允许的最高电压 8V
   D. 允许的最高电压 8kV

39. 双向晶闸管是（A）半导体结构。
   A. 四层   B. 五层   C. 三层   D. 两层

40. 单结晶体管的结构中有（B）个基极。
   A. 1   B. 2   C. 3   D. 4

41. 单结晶体管两个基极的文字符号是（D）。
   A. C1、C2   B. D1、D2   C. E1、E2   D. B1、B2

42. 理想集成运放输出电阻为（C）。
   A. 10Ω   B. 100Ω   C. 0   D. 1kΩ

43. 分压式偏置共射放大电路，稳定工作点效果受（C）影响。
   A. R_C B. R_B C. R_E D. U_{ce}

44. 固定偏置共射放大电路出现截止失真，是（B）。
   A. R_B 偏小 B. R_B 偏大 C. R_c 偏小 D. R_c 偏大

45. 为了增加带负载能力，常用共集电极放大电路的（B）特性。

A. 输入电阻大   B. 输入电阻小   C. 输出电阻大   D. 输出电阻小

46. 共射极放大电路的输出电阻比共基极放大电路的输出电阻（B）。

  A. 大   B. 小   C. 相等   D. 不定

47. 能用于传递交流信号且具有阻抗匹配的耦合方式是（B）。

  A. 阻容耦合   B. 变压器耦合   C. 直接耦合   D. 电感耦合

48. 要稳定输出电流，增大电路输入电阻应选用（C）负反馈。

  A. 电压串联   B. 电压并联   C. 电流串联   D. 电流并联

49. 差动放大电路能放大（D）。

  A. 直流信号   B. 交流信号   C. 共模信号   D. 差模信号

50. 下列不是集成运放的非线性应用的是（C）。

  A. 过零比较器   B. 滞回比较器   C. 积分应用   D. 比较器

51. 音频集成功率放大器的电源电压一般为（A）V。

  A. 5   B. 10   C. 5～8   D. 6

52. RC 选频振荡电路，能测试电路振荡的放大电路的放大倍数至少为（B）。

  A. 10   B. 3   C. 5   D. 20

53. 串联型稳压电路的取样电路与负载的关系为（B）连接。

  A. 串联   B. 并联   C. 混联   D. 星形

54. 三端集成稳压器件 CW317 的输出电压为（D）V。

  A. 1.25   B. 5   C. 20   D. 1.25～37

55. 下列逻辑门电路需要外接上拉电阻才能正常工作的是（D）。

  A. 与非门   B. 或非门   C. 与或非门   D. OC 门

56. 单相半波可控整流电路中晶闸管所承受的最高电压是（D）。

  A. $1.414U_2$ B. $0.707U_2$ C. U_2 D. $2U_2$

57. 单相半波可控整流电路电阻性负载，控制角 $\alpha=90°$ 时，输出电压 U_d 是（B）。

  A. $0.45U_2$ B. $0.225U_2$ C. $0.5U_2$ D. U_2

58. 单相桥式可控整流电路电感性负载带续流二极管时，晶闸管的导通角为（A）。

  A. $180°-\alpha$ B. $90°-\alpha$ C. $90°+\alpha$ D. $180°+\alpha$

59. 单结晶体管触发电路的同步电压信号来自（A）。

  A. 负载两端   B. 晶闸管   C. 整流电源   D. 脉冲变压器

60. 晶闸管电路串入小电感的目的是（A）。

  A. 防止尖峰电流   B. 防止尖峰电压

  C. 产生触发脉冲   D. 产生自感电动势

61. 晶闸管两端并联压敏电阻的目的是实现（D）。

  A. 防止冲击电流   B. 防止冲击电压

  C. 过电流保护   D. 过电压保护

62. 控制和保护含半导体器件的直流电路中宜选用（D）断路器。

  A. 塑壳式   B. 限流型

  C. 框架式   D. 直流快速断路器

63. 接触器的额定电流应不小于被控电路的（A）。

  A. 额定电流   B. 负载电流   C. 最大电流   D. 峰值电流

64. 对于三角形接法的异步电动机应选用（B）结构的热继电器。
    A. 四相   B. 三相   C. 两相   D. 单相

65. 中间继电器的选用依据是控制电路的（B）、电流类型、所需触点的数量和容量等。
    A. 短路电流   B. 电压等级   C. 阻抗大小   D. 绝缘等级

66. 对于环境温度变化大的场合，不宜选用（A）时间继电器。
    A. 晶体管式   B. 电动式   C. 液压式   D. 手动式

67. 压力继电器选用时首先要考虑所测对象的压力范围，还要符合电路中的额定电压，（D），所测管路接口管径的大小。
    A. 触点的功率因数   B. 触点的电阻率
    C. 触点的绝缘等级   D. 触点的电流容量

68. 直流电动机结构复杂、价格贵、制造麻烦、维护困难，但是（B）、调速范围大。
    A. 起动性能差   B. 起动性能好   C. 起动电流小   D. 起动转矩小

69. 直流电动机的转子由电枢铁心、电枢绕组、（D）、转轴等组成。
    A. 接线盒   B. 换向极   C. 主磁极   D. 换向器

70. 直流电动机常用的起动方法有：电枢串电阻起动、（B）等。
    A. 弱磁起动   B. 降压起动   C. Y—△起动   D. 变频起动

71. 直流电动机的各种制动方法中，能向电源反送电能的方法是（D）。
    A. 反接制动   B. 抱闸制动   C. 能耗制动   D. 回馈制动

72. 直流串励电动机需要反转时，一般将（A）两头反接。
    A. 励磁绕组   B. 电枢绕组   C. 补偿绕组   D. 换向绕组

73. 直流电动机由于换向器表面有油污导致点刷下火花过大时，应（C）。
    A. 更换电刷   B. 重新精车
    C. 清洁换向器表面   D. 对换向器进行研磨

74. 绕线式异步电动机转子串频敏变阻器起动时，随着转速升高，（D）自动减小。
    A. 频敏变阻器的等效电压   B. 频敏变阻器的等效电流
    C. 频敏变阻器的等效功率   D. 频敏变阻器的等效电阻

75. 绕线式异步电动机转子串三级电阻起动时，可用（B）实现自动控制。
    A. 压力继电器   B. 速度继电器   C. 电压继电器   D. 电流继电器

76. 多台电动机顺序控制的线路是（A）。
    A. 既包括顺序起动，又包括顺序停止   B. 不包括顺序停止
    C. 包括顺序起动   D. 通过自锁环节实现

77. 下列不属于位置控制线路的是（A）。
    A. 走廊照明灯的两处控制电路   B. 龙门刨床的自动往返控制电路
    C. 电梯的开关门电路   D. 工厂车间里行车的终点保护电路

78. 三相异步电动机能耗制动时，机械能转换为电能并消耗在（D）回路的电阻上。
    A. 励磁   B. 控制   C. 定子   D. 转子

79. 三相异步电动机能耗制动的过程可用（D）来控制。
    A. 电压继电器   B. 电流继电器   C. 热继电器   D. 时间继电器

80. 三相异步电动机反接制动时，速度接近零时要立即断开电源，否则电动机

会（B）。

    A. 飞车　　　　　　B. 反转　　　　　　C. 短路　　　　　　D. 烧坏

81. 三相异步电动机倒拉反接制动时需要（A）。

    A. 转子串入较大的电阻　　　　　　B. 改变电源的相序

    C. 定子通入直流电　　　　　　　　D. 改变转子的相序

82. 三相异步电动机再生制动时，将机械能转换为电能，回馈到（D）。

    A. 负载　　　　　B. 转子绕组　　　　C. 定子绕组　　　　D. 电网

83. 同步电动机采用变频起动时，转子励磁绕组应该（B）。

    A. 接到规定的直流电源　　　　　　B. 串入一定的电阻后短路

    C. 开路　　　　　　　　　　　　　D. 短路

84. M7130 平面磨床的主电路中有三台电动机，使用了（A）热继电器。

    A. 三个　　　　　B. 四个　　　　　C. 一个　　　　　D. 两个

85. M7130 平面磨床控制电路中串接着转换开关 QS2 的动合触点和（A）。

    A. 欠电流继电器 KUC 的动合触点　　B. 欠电流继电器 KUC 的动断触点

    C. 过电流继电器 KUC 的动合触点　　D. 过电流继电器 KUC 的动断触点

86. M7130 平面磨床控制电路中整流变压器安装在配电板的（D）。

    A. 左方　　　　　B. 右方　　　　　C. 上方　　　　　D. 下方

87. M7130 平面磨床中，砂轮电动机和液压泵电动机都采用了接触器（B）转控制电路。

    A. 自锁反转　　　B. 自锁正转　　　C. 互锁正转　　　D. 互锁反转

88. M7130 平面磨床中，冷却泵电动机 M2 必须在（C）运行后才能起动。

    A. 照明变压器　　　　　　　　　　B. 伺服驱动器

    C. 液压泵电动机 M3　　　　　　　D. 砂轮电动机 M1

89. M7130 平面磨床中电磁吸盘吸力不足的原因之一是（A）。

    A. 电磁吸盘的线圈内有匝间短路　　B. 电磁吸盘的线圈内有开路

    C. 整流变压器开路　　　　　　　　D. 整流变压器短路

90. M7130 平面磨床中，砂轮电动机的热继电器经常动作，轴承正常，砂轮进给量正常，则需要检查和调整（C）。

    A. 照明变压器　　B. 整流变压器　　C. 热继电器　　　D. 液压泵电动机

91. C6150 车床主轴电动机通过（B）控制正反转。

    A. 手柄　　　　　B. 接触器　　　　C. 断路器　　　　D. 热继电器

92. C6150 车床控制电路中有（B）行程开关。

    A. 3 个　　　　　B. 4 个　　　　　C. 5 个　　　　　D. 6 个

93. C6150 车床控制线路中变压器安装在配电板的（D）。

    A. 左方　　　　　B. 右方　　　　　C. 上方　　　　　D. 下方

94. C6150 车床主轴电动机反转、电磁离合器 YC1 通电时，主轴的转向为（A）。

    A. 正转　　　　　B. 反转　　　　　C. 高速　　　　　D. 低速

95. Z3040 摇臂钻床主电路中的 4 台电动机，有（A）台电动机需要正反转控制。

    A. 2　　　　　　B. 3　　　　　　C. 4　　　　　　D. 1

96. Z3040 摇臂钻床的液压泵电动机由按钮、行程开关、时间继电器和接触器等构成的（C）控制电路来实现。

    A. 单相起动停止   B. 自动往返   C. 正反转短时   D. 减压起动

97. Z3040 摇臂钻床中主轴箱与立柱的夹紧和放松控制按钮安装在（B）。

    A. 摇臂上   B. 主轴箱移动手轮上 C. 主轴箱外壳   D. 底座上

98. Z3040 摇臂钻床中的局部照明灯由控制变压器供给（D）安全电压。

    A. 交流 6V   B. 交流 10V   C. 交流 30V   D. 交流 24V

99. Z3040 摇臂钻床中液压泵电动机正反转具有（D）功能。

    A. 接触器互锁   B. 双重互锁   C. 按钮互锁   D. 电磁阀互锁

100. Z3040 摇臂钻床中摇臂不能夹紧的原因可能是（D）。

    A. 调整行程开关 SQ2 位置   B. 时间继电器定时不合适

    C. 主轴电动机故障   D. 液压系统故障

101. Z3040 摇臂钻床中摇臂不能夹紧的原因是液压电动机过早停转时，应（D）。

    A. 调整速度继电器位置   B. 重接电源相序

    C. 更换液压泵   D. 调整行程开关 SQ3 位置

102. 光电开关可以非接触、（D）地迅速检测和控制各种固体、液体、透明体、黑体、柔软体、烟雾等物质的状态。

    A. 高亮度   B. 小电流   C. 大力矩   D. 无损伤

103. 光电开关在环境照度较高时，一般都能稳定工作。但应回避（A）。

    A. 强光源   B. 微波   C. 无线电   D. 噪声

104. 高频振荡电感型接近开关主要由感应头、振荡器、开关器、（A）等组成。

    A. 输出电路   B. 继电器   C. 发光二极管   D. 光电二极管

105. 接近开关的图形符号中，其动合触点部分与（B）的符号相同。

    A. 断路器   B. 一般开关   C. 热继电器   D. 时间继电器

106. 当检测体为（D）时，应选用电容型接近开关。

    A. 透明材料   B. 不透明材料   C. 金属材料   D. 非金属材料

107. 选用接近开关时应注意对工作电压、负载电流、（B）、检测距离等各项指标的要求。

    A. 工作功率   B. 响应频率   C. 工作电流   D. 工作速度

108. 磁接近开关可以由（D）构成。

    A. 接触器和按钮   B. 二极管和电磁铁

    C. 三极管和永久磁铁   D. 永久磁铁和干簧管

109. 磁性开关中的干簧管是利用（A）来控制的一种开关元件。

    A. 磁场信号   B. 压力信号   C. 温度信号   D. 电流信号

110. 磁性开关的图形符号中有一个（C）。

    A. 长方形   B. 平行四边形   C. 菱形   D. 正方形

111. 磁性开关用于（D）场所时应选金属材质的器件。

    A. 化工企业   B. 真空低压   C. 强酸强碱   D. 高温高压

112. 磁性开关在使用时要注意磁铁与（A）之间的有效距离在 10mm 左右。

    A. 干簧管   B. 磁铁   C. 触点   D. 外壳

113. 增量式光电编码器主要由（D）、码盘、检测光栅、光电检测器件和转换电路组成。

    A. 光电三极管　　B. 运算放大器　　　C. 脉冲发生器　　　D. 光源

114. 增量式光电编码器每产生一个输出脉冲信号就对应于一个（B）。

    A. 增量转速　　　B. 增量位移　　　　C. 角度　　　　　　D. 速度

115. 增量式光电编码器由于采用相对编码，因此掉电后旋转角度数据（C），需要重新复位。

    A. 变小　　　　　B. 变大　　　　　　C. 会丢失　　　　　D. 不会丢失

116. 增量式光电编码器配线时，应避开（C）。

    A. 电话线、信号线　　　　　　　　　B. 网络线、电话线

    C. 高压线、动力线　　　　　　　　　D. 电灯线、电话线

117. 下列选项不是 PLC 特点的是（D）。

    A. 抗干扰能力强　B. 编程方便　　　　C. 安装调试方便　　D. 功能单一

118. 可编程序控制器采用大规模集成电路构成的（B）和存储器来组成逻辑部分。

    A. 运算器　　　　B. 微处理器　　　　C. 控制器　　　　　D. 累加器

119. 可编程序控制器系统由（A）、扩展单元、编程器、用户程序、程序存入器等组成。

    A. 基本单元　　　B. 键盘　　　　　　C. 鼠标　　　　　　D. 外围设备

120. FX_{2N} 系列可编程序控制器定时器用（C）表示。

    A. X　　　　　　　B. Y　　　　　　　C. T　　　　　　　　D. C

121. 在一个程序中，同一地址号的线圈（A）次输出，且继电器线圈不能串联只能并联。

    A. 能有一　　　　B. 只能有二　　　　C. 只能有三　　　　D. 无限

122. 可编程序控制器（A）中存放的随机数据掉电即丢失。

    A. RAM　　　　　B. ROM　　　　　　C. EPROM　　　　　D. 以上都是

123. 可编程序控制器在 STOP 模式下，执行（D）。

    A. 输出采样　　　B. 输入采样　　　　C. 输出刷新　　　　D. 以上都是

124. PLC（D）阶段根据读入的输入信号状态，解读用户程序逻辑，按用户逻辑得到正确的输出。

    A. 输出采样　　　B. 输入采样　　　　C. 程序执行　　　　D. 输出刷新

125. （D）不是 PLC 主机的技术性能范围。

    A. I/O 口数量　　　　　　　　　　　B. 高手计数输入个数

    C. 高速脉冲输出　　　　　　　　　　D. 按钮开关种类

126. FX_{2N} 可编程序控制器 DC24V 输出电源，可以为（C）供电。

    A. 电磁阀　　　　B. 交流接触器　　　C. 负载　　　　　　D. 光电传感器

127. FX_{2N} 可编程序控制器（B）输出反应速度比较快。

    A. 继电器型　　　　　　　　　　　　B. 晶体管和晶闸管型

    C. 晶体管和继电器型　　　　　　　　D. 继电器型和晶闸管型

128. FX_{2N}-40ER 可编程序控制器中的 E 表示（D）。

    A. 基本单元　　　B. 扩展单元　　　　C. 单元类型　　　　D. 输出类型

129. 对于 PLC 晶体管输出，带电感性负载时，需要采取（D）的抗干扰措施。

    A. 在负载两端并联续流二极管和稳压管串联电路

    B. 电源滤波

    C. 可靠接地

    D. 光电耦合

130. FX_{2N} 系列可编程序控制器中回路并联连接用（D）指令。

    A. AND   B. ANI   C. ANB   D. ORB

131. PLC 的辅助继电器、定时器、计数器、输入和输出继电器的触点可使用（D）次。

    A. 一   B. 二   C. 三   D. 无限

132. PLC 梯形图编程时，右端输出继电器的线圈能并联（B）个。

    A. 一   B. 不限   C. 0   D. 二

133. PLC 编程时，子程序可以有（A）个。

    A. 无限   B. 三   C. 二   D. 一

134. （B）是可编程序控制器使用较广的编程方式。

    A. 功能表图   B. 梯形图   C. 位置图   D. 逻辑图

135. 对于简单的 PLC 梯形图设计时，一般采用（B）。

    A. 子程序   B. 顺序控制设计法   C. 经验法   D. 中断程序

136. 计算机对 PLC 进行程序下载时，需要使用配套的（D）。

    A. 网络线   B. 接地线   C. 电源线   D. 通信电缆

137. PLC 编程软件通过计算机，可以对 PLC 实施（D）。

    A. 编程   B. 运行控制   C. 监控   D. 以上都是

138. PLC 程序检查包括（B）。

    A. 语法检查、线路检查、其他检查   B. 代码检查、语法检查

    C. 控制线路检查、语法检查   D. 主回路检查、语法检查

139. 对于晶体管输出型可编程序控制器其所带负载只能是额定（B）电源供电。

    A. 交流   B. 直流   C. 交流或直流   D. 高压直流

140. 可编程序控制器在硬件设计方面采用了一系列措施，如干扰的（A）。

    A. 屏蔽、隔离和滤波   B. 屏蔽和滤波

    C. 屏蔽和隔离   D. 隔离和滤波

141. PLC 总体检查时，首先检查电源指示灯是否亮。如果不亮，则检查（A）。

    A. 电源电路   B. 有何异常情况发生

    C. 熔丝是否良好   D. 输入输出是否正常

142. 根据电动机正反转梯形图，下列指令正确的是（D）。

    A. ORI Y002   B. LDI X001   C. ANDI X000   D. AND X002

143. 根据电动机正反转梯形图，下列指令正确的是（D）。

    A. ORI Y001   B. LD X000   C. AND X001   D. AND X002

144. 根据电动机自动往返梯形图，下列指令正确的是（C）。

    A. LDI X002   B. ORI Y002   C. AND Y001   D. ANDI X003

145. 对于晶闸管输出型 PLC 要注意负载电源为（D）。

    A. AC 600V   B. AC 220V   C. DC 220V   D. DC 24V

146. 用于（A）变频调速的控制装置统称为"变频器"。

    A. 感应电动机   B. 同步发电机   C. 交流伺服电动机   D. 直流电动机

147. 交—交变频装置通常只适用于（A）拖动系统。

    A. 低速大功率   B. 高速大功率   C. 低速小功率   D. 高速小功率

148. 交—直—交变频器主电路中的滤波电抗器的功能是（D）。

    A. 将充电电流限制在允许范围内   B. 当负载变化时使直流电压保持平稳

    C. 滤波全波整流后的电压波纹   D. 当负载变化时使直流电流保持平稳

149. 具有矢量控制功能的西门子变频器型号是（B）。

    A. MM410   B. MM420   C. MM430   D. MM440

150. 基本频率是变频器对电动机进行恒功率控制和恒转矩控制的分界线，应按（A）设定。

    A. 电动机额定电压时允许的最小频率   B. 上限工作频率

    C. 电动机的允许最高频率   D. 电动机的额定电压时允许的最高频率

151. 在变频器的几种控制方式中，其动态性能比较的结论是（D）。

    A. 转差型矢量控制系统优于无速度检测器的矢量控制系统

    B. U/f 控制优于转差频率控制

    C. 转差频率控制优于矢量控制

    D. 无速度检测器的矢量控制系统优于转差型矢量控制系统

152. 西门子 MM440 变频器可通过 USS 串行接口来控制其起动、停止（命令信号源）及（A）。

    A. 频率输出大小   B. 电动机参数

    C. 直流制动电流   D. 制动起始频率

153. 西门子 MM420 变频器的主电路电源端子（C）需经交流接触器和保护用断路器与三相电源连接。但不宜采用主电路的通、断进行变频器的运行与停止操作。

    A. X、Y、Z   B. U、V、W   C. L1、L2、L3   D. A、B、C

154. 低压软起动器的主电路通常采用（D）形式。

    A. 电阻调压   B. 自耦调压   C. 开关变压器调压   D. 晶闸管调压

155. 西普 STR 系列（A）软起动，是内置旁路、集成型。

    A. A 型   B. B 型   C. C 型   D. L 型

156. 变频起动方式比软起动器的起动转矩（A）。

    A. 大   B. 小   C. 一样   D. 小很多

157. 水泵停车时，软起动器应采用（B）。

    A. 自由停车   B. 软停车   C. 能耗制动停车   D. 反接制动停车

158. 内三角接法软起动器只需承担（A）的电动机线电流。

    A. 1/$\sqrt{3}$ B. 1/3   C. $\sqrt{3}$ D. 3

159. 软起动器（C）常用于短时重复工作的电动机。

    A. 跨越运行模式   B. 接触器旁路运行模式

    C. 节能运行模式   D. 调压调速运行模式

160. 软起动器旁路接触器必须与软起动器的输入和输出端一一对应接正确，（C）。

    A. 要就近安装接线   B. 允许变换相序

    C. 不允许变换相序   D. 要做好标记

二、判断题（第 161 题～第 200 题。将判断结果填入括号中。正确的填"√"，错误的填"×"。每题 0.5 分，满分 20 分。）

161. 职业道德是一种强制性的约束机制。（×）

162. 要做到办事公道，在处理公私关系时，要公私不分。（×）

163. 领导亲自安排的工作一定要认真负责，其他工作可以马虎一点。（×）

164. 电工在维修有故障的设备时，重要部件必须加倍爱护，而像螺丝帽等通用件可以随意放置。（×）

165. 变压器是根据电磁感应原理而工作的，它能改变交流电压和直流电压。（×）

166. 二极管由一个 PN 结，两个引脚、封装组成。（√）

167. 稳压管的符号和普通二极管的符号是相同的。（×）

168. 晶体管可以把小电流放大成大电流。（×）

169. 负反馈能改善放大电路的性能指标，但放大倍数并没有受到影响。（×）

170. 测量电流时，要根据电流大小选择适当的电流表，不能使电流大于电流表的最大量程。（√）

171. 测量电压时，要根据电压大小选择适当的电压表，不能使被测量电压大于电压表的最大量程。（√）

172. 使用螺丝刀时要一边压紧，一边旋转。（√）

173. 喷打是利用燃烧对工件进行加工的工具，常用于锡焊。（×）

174. 导线可分为铜导线和铝导线两大类。（√）

175. 劳动者具有在劳动中活动安全和劳动卫生保护的权利。（√）

176. TTL 逻辑门电路的高电平、低电平与 CMOS 逻辑门电路的高、低电平值是一样的。（×）

177. 双向晶闸管一般用于交流调压电路。（√）

178. 集成运放只能应用于普通的运算电路。（×）

179. 振荡电路当电路达到谐振时，回路的等效阻抗最大。（×）

180. 熔断器用于三相异步电动机的过载保护。（×）

181. 按钮和行程开关都是主令电器，因此两者可以互换。（×）

182. 电气控制线路中指示灯的颜色与对应功能的按钮颜色一般是相同的。（√）

183. 控制变压器与普通变压器的不同之处是效率高。（×）

184. 直流电动机按照励磁方式可分为自励、并励、串励和复励四类。（×）

185. 直流电动机弱磁调速时，励磁电流越大，转速越高。（×）

186. 三相异步电动机的位置控制电路中一定有转速继电器。（×）

187. C6150 车床快速移动电动机的正反转控制线路具有接触器互锁功能。（√）

188. C6150 车床主轴电动机只能正转不能反转时，应首先检修电源进线开关。（×）

189. 光电开关在结构上可分为发射器和接收器两部分。（√）

190. 光电开关接收器中的光线都来自内部的专业反光镜。（×）

191. 当被检测物体的表面光亮或其反光率极高时，对射式光电开关是首选的检测模式。（×）

192. 高频振动电感型接近开关是利用铁磁材料靠近感应头时，改变高频振荡线圈回路的振动频率，从而发出触发信号，驱动执行元件动作。（√）

193. 增量式光电编码器用于高精度测量时要选用旋转一周对应脉冲数少的器件。（×）

194. 开门程序控制器能实现的功能，用继电器控制同样能实现。（×）

195. 变频器额定容量确切表明了其负载能力，是用户考虑能否满足电动机运行要求而选择变频器容量的主要依据。（×）

196. 在变频器实际接线时，控制电缆靠近变频器，以防止电磁干扰。（×）

197. 软起动器可用于降低电动机的起动电流，防止起动时产生力矩的冲击。（√）

198. 软起动器可用于频繁或不频繁起动，建议每小时不超过 120 次。（×）

199. 软起动器由微处理器控制，可以显示故障信息并可自动修复。（×）

维修电工中级理论知识试卷（第二套）

注意事项：

1. 本试卷依据 2009 年颁布的《维修电工》国家职业标准命制，考试时间 120 分钟。

2. 请在试卷标封处填写姓名、准考证号和所在单位的名称。

3. 请仔细阅读答题要求，在规定位置填写答案。

一、单项选择题（第 1 题～第 160 题。选择一个正确的答案，将相应的字母填入题内的括号中。每题 0.5 分，满分 80 分。）

1. 市场经济条件下，职业道德最终将对企业起到（B）的作用。

    A. 决策科学化　　　　B. 提高竞争力　　　　C. 决定经济效益　　　　D. 决定前途与命运

2. 下列选项中属于企业文化功能的是（A）。

    A. 整合功能　　　　　　　　　　　　B. 技术培训功能

    C. 科学研究功能　　　　　　　　　　D. 社交功能

3. 正确阐述职业道德与人生事业的关系的选项是（D）。

    A. 没有职业道德的人，任何时刻都不会获得成功

    B. 具有较高的职业道德的人，任何时刻都会获得成功

    C. 事业成功的人往往并不需要较高的职业道德

    D. 职业道德是获得人生事业成功的重要条件

4. 有关文明生产的说法，（C）是正确的。

    A. 为了及时下班，可以直接拉断电源总开关

    B. 下班时没有必要搞好工作现场的卫生

    C. 工具使用后应按规定放置到工具箱中

    D. 电工工具不全时，可以冒险带电作业

5. （D）反映导体对电流起阻碍作用的大小。

    A. 电动势　　　　B. 功率　　　　C. 电阻率　　　　D. 电阻

6. 支路电流法是以支路电流为变量列写节点电流方程及（A）方程。

    A. 回路电压　　　B. 电路功率　　　C. 电路电流　　　D. 回路电位

7. 正弦量有效值与最大值之间的关系，正确的是（A）。

    A. $E = E_m / 1.414$　　B. $U = U_m / 2$　　C. $I_{av} = 2/\pi \times E_m$　　D. $E_{av} = E_m / 2$

8. 串联正弦交流电路的视在功率表征了该电路的（A）。

    A. 电路中总电压有效值与电流有效值的乘积　　　　B. 平均功率

    C. 瞬时功率最大值　　　　　　　　　　　　　　D. 无功功率

9. 按照功率表的工作原理，所测得的数据是被测电路中的（A）。

    A. 有功功率　　　B. 无功功率　　　C. 视在功率　　　D. 瞬时功率

10. 三相发电机绕组接成三相四线制，测得三个相电压 $U_U = U_V = U_W = 220V$，三个线电压 $U_{UV} = 380V$，$U_{VW} = U_{WU} = 220V$，这说明（C）。

    A. U 相绕组接反了　　　　　　　　B. V 相绕组接反了

C. W 相绕组接反了　　　　　　　　D. 中性线断开了

11. 将变压器的一次侧绕组接交流电源，二次侧绕组（B），这种运行方式称为变压器空载运行。

　　　A. 短路　　　　　　B. 开路　　　　　　C. 接负载　　　　　　D. 通路

12. 变压器的基本作用是在交流电路中变电压、变电流、变阻抗、（B）和电气隔离。

　　　A. 变磁通　　　　B. 变相位　　　　　C. 变功率　　　　　　D. 变频率

13. 变压器的铁心可以分为（B）和芯式两大类。

　　　A. 同心式　　　　B. 交叠式　　　　　C. 壳式　　　　　　　D. 笼式

14. 行程开关的文字符号是（B）。

　　　A. QS　　　　　　B. SQ　　　　　　　C. SA　　　　　　　　D. KM

15. 三相异步电动机的起停控制线路中需要有（A）、过载保护和失电压保护功能。

　　　A. 短路保护　　　B. 超速保护　　　　C. 失磁保护　　　　　D. 零速保护

16. 用万用表检测某二极管时，发现其正、反电阻均约等于 $1k\Omega$，说明该二极管（C）。

　　　A. 已经击穿　　　B. 完好状态　　　　C. 内部老化不通　　　D. 无法判断

17. 多级放大电路总放大倍数是各级放大倍数的（C）。

　　　A. 和　　　　　　B. 差　　　　　　　C. 积　　　　　　　　D. 商

18. 基极电流 i_B 的数值较大时，易引起静态工作点 Q 接近（B）。

　　　A. 截止区　　　　B. 饱和区　　　　　C. 死区　　　　　　　D. 交越失真

19. 串励直流电动机启动时，不能（C）启动。

　　　A. 串电阻　　　　　　　　　　　　　B. 降低电枢电压

　　　C. 空载　　　　　　　　　　　　　　D. 有载

20. 单相桥式整流电路的变压器二次侧电压为 20V，每个整流二极管所承受的最大反向电压为（B）。

　　　A. 20V　　　　　　B. 28.28V　　　　　C. 40V　　　　　　　D. 56.56V

21. 测量电压时应将电压表（B）电路。

　　　A. 串联接入　　　　　　　　　　　　B. 并联接入

　　　C. 并联接入或串联接入　　　　　　　D. 混联接入

22. 拧螺钉时应该选用（A）。

　　　A. 规格一致的螺丝刀　　　　　　　　B. 规格大一号的螺丝刀，省力气

　　　C. 规格小一号的螺丝刀，效率高　　　D. 全金属的螺丝刀，防触电

23. 钢丝钳（电工钳子）一般用在（D）操作的场合。

　　　A. 低温　　　　　　B. 高温　　　　　C. 带电　　　　　　　D. 不带电

24. 导线截面的选择通常是由（C）、机械强度、电流密度、电压损失和安全载流量等因素决定的。

　　　A. 磁通密度　　　B. 绝缘强度　　　　C. 发热条件　　　　　D. 电压高低

25. 如果人体直接接触带电设备及线路的一相时，电流通过人体而发生的触电现象称为（A）。

　　　A. 单相触电　　　B. 两相触电　　　　C. 接触电压触电　　　D. 跨步电压触电

26. 电缆或电线的驳口或破损处要用（C）包好，不能用透明胶布代替。

  A. 牛皮纸　　　　B. 尼龙纸　　　　　C. 电工胶布　　　　D. 医用胶布

27. 噪声可分为气体动力噪声，机械噪声和（D）。

  A. 电力噪声　　　B. 水噪声　　　　　C. 电气噪声　　　　D. 电磁噪声

28. 2.0 级准确度的直流单臂电桥表示测量电阻的误差不超过（B）。

  A. $\pm 0.2\%$　　　B. $\pm 2\%$　　　　C. $\pm 20\%$　　　　D. $\pm 0.02\%$

29. 信号发生器输出 CMOS 电平为（A）V。

  A. $3\sim15$　　　　B. 3　　　　　　　C. 5　　　　　　　D. 15

30. 低频信号发生器的输出有（B）输出。

  A. 电压、电流　　B. 电压、功率　　　C. 电流、功率　　　D. 电压、电阻

31. 晶体管毫伏表最小量程一般为（B）。

  A. 10mV　　　　B. 1mV　　　　　　C. 1V　　　　　　　D. 0.1V

32. 一般三端集成稳压电路工作时，要求输入电压比输出电压至少高（A）V。

  A. 2　　　　　　B. 3　　　　　　　C. 4　　　　　　　D. 1.5

33. 普通晶闸管边上 P 层的引出极是（D）。

  A. 漏极　　　　　B. 阴极　　　　　　C. 门极　　　　　　D. 阳极

34. 普通晶闸管的额定电流是以工频（C）电流的平均值来表示的。

  A. 三角波　　　　B. 方波　　　　　　C. 正弦半波　　　　D. 正弦全波

35. 单结晶体管的结构中有（B）个基极。

  A. 1　　　　　　B. 2　　　　　　　C. 3　　　　　　　D. 4

36. 集成运放输入电路通常由（D）构成。

  A. 共射放大电路　　　　　　　　　　B. 共集电极放大电路

  C. 共基极放大电路　　　　　　　　　D. 差动放大电路

37. 固定偏置共射极放大电路，已知 $R_B=300k\Omega$，$R_C=4k\Omega$，$V_{cc}=12V$，$\beta=50$，则 U_{CEQ} 为（B）V。

  A. 6　　　　　　B. 4　　　　　　　C. 3　　　　　　　D. 8

38. 分压式偏置共射放大电路，当温度升高时，其静态值 IBQ 会（B）。

  A. 增大　　　　　B. 变小　　　　　　C. 不变　　　　　　D. 无法确定

39. 固定偏置共射放大电路出现截止失真，是（B）。

  A. R_B 偏小　　　B. R_B 偏大　　　　C. R_c 偏小　　　　D. R_c 偏大

40. 多级放大电路之间，常用共集电极放大电路，是利用其（C）特性。

  A. 输入电阻大、输出电阻大　　　　　B. 输入电阻小、输出电阻大

  C. 输入电阻大、输出电阻小　　　　　D. 输入电阻小、输出电阻小

41. 输入电阻最小的放大电路是（C）。

  A. 共射极放大电路　　　　　　　　　B. 共集电极放大电路

  C. 共基极放大电路　　　　　　　　　D. 差动放大电路

42. 要稳定输出电流，增大电路输入电阻应选用（C）负反馈。

  A. 电压串联　　　B. 电压并联　　　　C. 电流串联　　　　D. 电流并联

43. 差动放大电路能放大（D）。

  A. 直流信号　　　B. 交流信号　　　　C. 共模信号　　　　D. 差模信号

44. 下列不是集成运放非线性应用的是（C）。

A. 过零比较器　　　B. 滞回比较器　　　C. 积分应用　　　　　D. 比较器

45. 单片集成功率放大器件的功率通常在（B）W 左右。

　　A. 10　　　　　　　B. 1　　　　　　　　C. 5　　　　　　　　D. 8

46. RC 选频振荡电路，当电路发生谐振时，选频电路的幅值为（D）。

　　A. 2　　　　　　　B. 1　　　　　　　　C. 1/2　　　　　　　D. 1/3

47. LC 选频振荡电路，当电路频率高于谐振频率时，电路性质为（C）。

　　A. 电阻性　　　　　B. 感性　　　　　　C. 容性　　　　　　D. 纯电容性

48. 串联型稳压电路的调整管接成（B）电路形式。

　　A. 共基极　　　　　B. 共集电极　　　　C. 共射极　　　　　D. 分压式共射极

49. CW7806 的输出电压、最大输出电流为（A）V。

　　A. 6V、1.5A　　　B. 6V、1A　　　　　C. 6V、0.5A　　　　D. 6V、0.1A

50. 下列逻辑门电路需要外接上拉电阻才能正常工作的是（D）。

　　A. 与非门　　　　　B. 或非门　　　　　C. 与或非门　　　　D. OC 门

51. 单相半波可控整流电路中晶闸管所承受的最高电压是（A）。

　　A. $1.414U_2$　　　B. $0.707U_2$　　　C. U_2　　　　　　D. $2U_2$

52. 单相桥式可控整流电路电感性负载带续流二极管时，晶闸管的导通角为（A）。

　　A. $180°-\alpha$　　　B. $90°-\alpha$　　　C. $90°+\alpha$　　　D. $180°+\alpha$

53. 单相桥式可控整流电路电阻性负载，晶闸管中的电流平均值是负载的（A）倍。

　　A. 0.5　　　　　　B. 1　　　　　　　　C. 2　　　　　　　　D. 0.25

54. （D）触发电路输出尖脉冲。

　　A. 交流变频　　　　B. 脉冲变压器　　　C. 集成　　　　　　D. 单结晶体管

55. 晶闸管电路中串入快速熔断器的目的是（B）。

　　A. 过电压保护　　　B. 过电流保护　　　C. 过热保护　　　　D. 过冷保护

56. 晶闸管两端（B）的目的是防止电压尖峰。

　　A. 串联小电容　　　B. 并联小电容　　　C. 并联小电感　　　D. 串联小电感

57. 对于电动机负载，熔断器熔体的额定电流应选电动机额定电流的（B）倍。

　　A. 1~1.5　　　　　B. 1.5~2.5　　　　　C. 2.0~3.0　　　　　D. 2.5~3.5

58. 交流接触器一般用于控制（D）的负载。

　　A. 弱电　　　　　　B. 无线电　　　　　C. 直流电　　　　　D. 交流电

59. 对于（C）工作制的异步电动机，热继电器不能实现可靠的过载保护。

　　A. 轻载　　　　　　B. 半载　　　　　　C. 重复短时　　　　D. 连续

60. 中间继电器的选用依据是控制电路的（A）、电流类型、所需触点的数量和容量等。

　　A. 电压等级　　　　B. 阻抗大小　　　　C. 短路电流　　　　D. 绝缘等级

61. 根据机械与行程开关传力和位移关系选择合适的（D）。

　　A. 电流类型　　　　B. 电压等级　　　　C. 接线型式　　　　D. 头部型式

62. 用于指示电动机正处在旋转状态的指示灯颜色应选用（D）。

　　A. 紫色　　　　　　B. 蓝色　　　　　　C. 红色　　　　　　D. 绿色

63. 对于环境温度变化大的场合，不宜选用（A）时间继电器。

　　A. 晶体管式　　　　B. 电动式　　　　　C. 液压式　　　　　D. 手动式

64. 压力继电器选用时首先要考虑所测对象的压力范围，还要符合电路中的额定电压，（D），所测管路接口管径的大小。

    A. 触点的功率因数　　　　　　　　B. 触点的电阻率

    C. 触点的绝缘等级　　　　　　　　D. 触点的电流容量

65. 直流电动机结构复杂、价格贵、制造麻烦、维护困难，但是起动性能好、（A）。

    A. 调速范围大　　B. 调速范围小　　C. 调速力矩大　　　D. 调速力矩小

66. 直流电动机的转子由电枢铁心、电枢绕组、（D）、转轴等组成。

    A. 接线盒　　　B. 换向极　　　C. 主磁极　　　D. 换向器

67. 并励直流电动机的励磁绕组与（A）并联。

    A. 电枢绕组　　　B. 换向绕组　　　C. 补偿绕组　　　　D. 稳定绕组

68. 直流电动机常用的起动方法有：（C）、降压起动等。

    A. 弱磁起动　　　B. Y-△起动　　　C. 电枢串电阻起动　　D. 变频起动

69. 直流电动机降低电枢电压调速时，属于（A）调速方式。

    A. 恒转矩　　　　B. 恒功率　　　　C. 通风机　　　　D. 泵类

70. 直流电动机的各种制动方法中，能向电源反送电能的方法是（D）。

    A. 反接制动　　　B. 抱闸制动　　　C. 能耗制动　　　　D. 回馈制动

71. 直流他励电动机需要反转时，一般将（B）两头反接。

    A. 励磁绕组　　B. 电枢绕组　　　C. 补偿绕组　　　　D. 换向绕组

72. 下列故障原因中（B）会造成直流电动机不能起动。

    A. 电源电压过高　　B. 电源电压过低　　C. 电刷架位置不对　　D. 励磁回路电阻过大

73. 绕线式异步电动机转子串电阻起动时，起动电流减小，起动转矩增大的原因是（A）。

    A. 转子电路的有功电流变大　　　　B. 转子电路的无功电流变大

    C. 转子电路的转差率变大　　　　　D. 转子电路的转差率变小

74. 绕线式异步电动机转子串频敏变阻器起动与串电阻分级起动相比，控制线路（A）。

    A. 比较简单　　　B. 比较复杂　　　C. 只能手动控制　　D. 只能自动控制

75. 以下属于多台电动机顺序控制的线路是（D）。

    A. 一台电动机正转时不能立即反转的控制线路

    B. Y-△起动控制线路

    C. 电梯先上升后下降的控制线路

    D. 电动机2可以单独停止，电动机1停止时电动机2也停止的控制线路

76. 多台电动机的顺序控制线路（A）。

    A. 既包括顺序起动，又包括顺序停止　　B. 不包括顺序停止

    C. 不包括顺序起动　　　　　　　　　　D. 通过自锁环节来实现

77. 位置控制就是利用生产机械运动部件上的挡铁与（B）碰撞来控制电动机的工作状态。

    A. 断路器　　　　B. 位置开关　　　C. 按钮　　　　　D. 接触器

78. 下列不属于位置控制线路的是（A）。

    A. 走廊照明灯的两处控制电路　　　B. 龙门刨床的自动往返控制电路

C. 电梯的开关门电路　　　　　　　D. 工厂车间里行车的终点保护电路

79. 三相异步电动机能耗制动时，机械能转换为电能并消耗在（D）回路的电阻上。

A. 励磁　　　　　B. 控制　　　　　C. 定子　　　　　D. 转子

80. 三相异步电动机能耗制动的控制线路至少需要（A）个按钮。

A. 2　　　　　　B. 1　　　　　　C. 4　　　　　　D. 3

81. 三相异步电动机的各种电气制动方法中，能量损耗最多的是（A）。

A. 反接制动　　　B. 能耗制动　　　C. 回馈制动　　　D. 再生制动

82. 三相异步电动机倒拉反接制动时需要（A）。

A. 转子串入较大的电阻　　　　　　B. 改变电源的相序

C. 定子通入直流电　　　　　　　　D. 改变转子的相序

83. 三相异步电动机再生制动时，将机械能转换为电能，回馈到（D）。

A. 负载　　　　　B. 转子绕组　　　C. 定子绕组　　　D. 电网

84. 同步电动机采用异步起动法起动时，转子励磁绕组应该（B）。

A. 接到规定的直流电源　　　　　　B. 串入一定的电阻后短接

C. 开路　　　　　　　　　　　　　D. 短路

85. M7130 平面磨床的主电路中有（A）电动机。

A. 三台　　　　　B. 两台　　　　　C. 一台　　　　　D. 四台

86. M7130 平面磨床控制电路中串接着转换开关 QS2 的动合触点和（A）。

A. 欠电流继电器 KUC 的动合触点　　B. 欠电流继电器 KUC 的动断触点

C. 过电流继电器 KUC 的动合触点　　D. 过电流继电器 KUC 的动断触点

87. M7130 平面磨床控制线路中导线截面最粗的是（B）。

A. 连接砂轮电动机 M1 的导线　　　B. 连接电源开关 QS1 的导线

C. 连接电磁吸盘 YH 的导线　　　　D. 连接转换开关 QS2 的导线

88. M7130 平面磨床中，砂轮电动机和液压泵电动机都采用了（A）正转控制电路。

A. 接触器自锁　　B. 按钮互锁　　　C. 接触器互锁　　D. 时间继电器

89. C6150 车床控制电路中有（C）普通按钮。

A. 2 个　　　　　B. 3 个　　　　　C. 4 个　　　　　D. 5 个

90. C6150 车床控制线路中变压器安装在配电板的（D）。

A. 左方　　　　　B. 右方　　　　　C. 上方　　　　　D. 下方

91. C6150 车床主轴电动机反转、电磁离合器 YC1 通电时，主轴的转向为（A）。

A. 正转　　　　　B. 反转　　　　　C. 高速　　　　　D. 低速

92. C6150 车床（D）的正反转控制线路具有中间继电器互锁功能。

A. 冷却液电动机　B. 主轴电动机　　C. 快速移动电动机　D. 主轴

93. C6150 车床其他正常，而主轴无制动时，应重点检修（D）。

A. 电源进线开关　　　　　　　　　B. 接触器 KM1 和 KM2 的动断触点

C. 控制变压器 TC　　　　　　　　D. 中间继电器 KA1 和 KA2 的动断触点

94. Z3040 摇臂钻床主电路中有 4 台电动机，用了（B）个接触器。

A. 6　　　　　　B. 5　　　　　　C. 4　　　　　　D. 3

95. Z3040 摇臂钻床的冷却泵电动机由（D）控制。

A. 接插器　　　　B. 接触器　　　　C. 按钮点动　　　D. 手动开关

96. Z3040 摇臂钻床中的控制变压器比较重，所以应该安装在配电板的（A）。

    A. 下方　　　　　B. 上方　　　　　C. 右方　　　　　D. 左方

97. Z3040 摇臂钻床中的局部照明灯由控制变压器供给（D）安全电压。

    A. 交流 6V　　　　B. 交流 10V　　　C. 交流 30V　　　D. 交流 24V

98. Z3040 摇臂钻床中利用（B）实现升降电动机断开电源完全停止后才开始夹紧的连锁。

    A. 压力继电器　　B. 时间继电器　　C. 行程开关　　　D. 控制按钮

99. Z3040 摇臂钻床中摇臂不能升降的原因是摇臂松开后 KM2 回路不通，应（A）。

    A. 调整行程开关 SQ2 位置　　　　　　B. 重接电源相序

    C. 更换液压泵　　　　　　　　　　　　D. 调整速度继电器位置

100. 光电开关的接收器部分包含（D）。

    A. 定时器　　　　B. 调制器　　　　C. 发光二极管　　D. 光电三极管

101. 光电开关的接收器根据所接收到的（B）对目标物体实现探测，产生开关信号。

    A. 压力大小　　　B. 光线强弱　　　C. 电流大小　　　D. 频率高低

102. 光电开关可以（C）、无损伤地迅速检测和控制各种固体、液体、透明体、黑体、柔软体、烟雾等物质的状态。

    A. 高亮度　　　　B. 小电流　　　　C. 非接触　　　　D. 电磁感应

103. 当检测高速运动的物体时，应优先选用（B）光电开关。

    A. 光纤式　　　　B. 槽式　　　　　C. 对射式　　　　D. 漫反射式

104. 高频振荡电感型接近开关的感应头附近有金属物体接近时，接近开关（C）。

    A. 涡流损耗减少　B. 振荡电路工作　C. 有信号输出　　D. 无信号输出

105. 接近开关的图形符号中，其动合触点部分与（B）的符号相同。

    A. 断路器　　　　B. 一般开关　　　C. 热继电器　　　D. 时间继电器

106. 当检测体为非金属材料时，应选用（D）接近开关。

    A. 高频振荡型　　B. 电容型　　　　C. 电阻型　　　　D. 阻抗型

107. 选用接近开关时应注意对工作电压、负载电流、响应频率、（A）等各项指标的要求。

    A. 检测距离　　　B. 检测功率　　　C. 检测电流　　　D. 工作速度

108. 磁性开关中的干簧管是利用（A）来控制的一种开关元件。

    A. 磁场信号　　　B. 压力信号　　　C. 温度信号　　　D. 电流信号

109. 磁性开关的图形符号中，其动合触点部分与（B）的符号相同。

    A. 断路器　　　　B. 一般开关　　　C. 热继电器　　　D. 时间继电器

110. 磁性开关用于（D）场所时应选金属材质的器件。

    A. 化工企业　　　B. 真空低压　　　C. 强酸强碱　　　D. 高温高压

111. 磁性开关在使用时要注意磁铁与（A）之间的有效距离在 10mm 左右。

    A. 干簧管　　　　B. 磁铁　　　　　C. 触点　　　　　D. 外壳

112. 增量式光电编码器主要由（D）、码盘、检测光栅、光电检测器件和转换电路组成。

    A. 光电三极管　　B. 运算放大器　　C. 脉冲发生器　　D. 光源

113. 增量式光电编码器每产生一个（A）就对应于一个增量位移。

  A. 输出脉冲信号 B. 输出电流信号 C. 输出电压信号 D. 输出光脉冲

114. 可以根据增量式光电编码器单位时间内的脉冲数量测出 (D)。

  A. 相对位置   B. 绝对位置   C. 轴加速度   D. 旋转速度

115. 增量式光电编码器根据信号传输距离选型时要考虑 (A)。

  A. 输出信号类型 B. 电源频率   C. 环境温度   D. 空间高度

116. 增量式光电编码器配线延长时,应在 (D) 以下。

  A. 1km   B. 100m   C. 1m   D. 10m

117. 可编程序控制器采用了一系列可靠性设计,如 (C)、掉电保护、故障诊断和信息保护及恢复等。

  A. 简单设计   B. 简化设计   C. 冗余设计   D. 功能设计

118. 可编程序控制器采用大规模集成电路构成的 (B) 和存储器来组成逻辑部分。

  A. 运算器   B. 微处理器   C. 控制器   D. 累加器

119. 可编程序控制器系统由 (A)、扩展单元、编程器、用户程序、程序存入器等组成。

  A. 基本单元   B. 键盘   C. 鼠标   D. 外围设备

120. FX$_{2N}$系列可编程序控制器定时器用 (C) 表示。

  A. X   B. Y   C. T   D. C

121. 可编程序控制器由 (A) 组成。

  A. 输入部分、逻辑部分和输出部分 B. 输入部分和逻辑部分

  C. 输入部分和输出部分   D. 逻辑部分和输出部分

122. FX$_{2N}$系列可编程序控制器梯形图规定串联和并联的触点数是 (B)。

  A. 有限的   B. 无限的   C. 最多4个   D. 最多7个

123. FX$_{2N}$系列可编程序控制器输入隔离采用的形式是 (C)。

  A. 变压器   B. 电容器   C. 光电耦合器 D. 发光二极管

124. 可编程序控制器 (A) 中存放的随机数据掉电即丢失。

  A. RAM   B. DVD   C. EPROM   D. CD

125. PLC (C) 阶段根据读入的输入信号状态,解读用户程序逻辑,按用户逻辑得到正确的输出。

  A. 输出采样   B. 输入采样   C. 程序执行   D. 输出刷新

126. 继电器接触器控制电路中的时间继电器,在 PLC 控制中可以用 (A) 替代。

  A. T   B. C   C. S   D. M

127. FX$_{2N}$可编程序控制器 DC 输入型,可以直接接入 (C) 信号。

  A. AC 24V   B. 4~20mA 电流 C. DC 24V   D. DC 0~5V 电压

128. FX$_{2N}$-20MT 可编程序控制器表示 (C) 类型。

  A. 继电器输出 B. 晶闸管输出 C. 晶体管输出 D. 单结晶体管输出

129. 可编程序控制器在输入端使用了 (D),来提高系统的抗干扰能力。

  A. 继电器   B. 晶闸管   C. 晶体管   D. 光电耦合器

130. FX$_{2N}$系列可编程序控制器并联动断触点用 (D) 指令。

  A. LD   B. LDI   C. OR   D. ORI

131. PLC 的辅助继电器、定时器、计数器、输入和输出继电器的触点可使用 (D) 次。

A. 一   B. 二   C. 三   D. 无限

132. PLC 控制程序，由（C）部分构成。

A. 一   B. 二   C. 三   D. 无限

133. （B）是可编程序控制器使用较广的编程方式。

A. 功能表图   B. 梯形图   C. 位置图   D. 逻辑图

134. 在 FX$_{2N}$ PLC 中，T200 的定时精度为（B）。

A. 1ms   B. 10ms   C. 100ms   D. 1s

135. 对于复杂的 PLC 梯形图设计时，一般采用（B）。

A. 经验法   B. 顺序控制设计法

C. 子程序   D. 中断程序

136. 三菱 GX Developer PLC 编程软件可以对（D）PLC 进行编程。

A. A 系列   B. Q 系列   C. FX 系列   D. 以上都可以

137. 对于晶体管输出型可编程序控制器其所带负载只能是额定（B）电源供电。

A. 交流   B. 直流   C. 交流或直流   D. 高压直流

138. 可编程序控制器的接地线截面一般大于（C）。

A. 1mm^2 B. 1.5mm^2 C. 2mm^2 D. 2.5mm^2

139. PLC 外部环境检查时，当湿度过大时应考虑装（   ）。

A. 风扇   B. 加热器   C. 空调   D. 除尘器

140. 根据电动机正反转梯形图，下列指令正确的是（B）。

A. ORI Y001   B. LD X000   C. AND X001   D. AND X002

141. 根据电动机自动往返梯形图，下列指令正确的是（D）。

A. LDI X002   B. ORI Y002   C. AND Y001   D. ANDI X003

142. 对于晶体管输出型 PLC，要注意负载电源为（D），并且不能超过额定值。

A. AC 380V   B. AC 220V   C. DC 220V   D. DC 24V

143. 用于（A）变频调速的控制装置统称为"变频器"。

A. 感应电动机   B. 同步发电机   C. 交流伺服电动机   D. 直流电动机

144. 交—交变频装置输出频率受限制，最高频率不超过电网频率的（A），所以通常只适用于低速大功率拖动系统。

A. 1/2   B. 3/4   C. 1/5   D. 2/3

145. FR-A700 系列是三菱（A）变频器。

A. 多功能高性能   B. 经济型高性能   C. 水泵和风机专用型   D. 节能型轻负载

146. 基本频率是变频器对电动机进行恒功率控制和恒转矩控制的分界线，应按（A）设定。

A. 电动机额定电压时允许的最小频率   B. 上限工作频率

C. 电动机的允许最高频率   D. 电动机的额定电压时允许的最高频率

147. 西门子 MM440 变频器可外接开关量，输入端⑤～⑧端作多段速给定端，可预置（A）个不同的给定频率值。

A. 15   B. 16   C. 4   D. 8

148. 变频器在基频以下调速时，调频时须同时调节（A），以保持电磁转矩基本不变。

A. 定子电源电压   B. 定子电源电流   C. 转子阻抗   D. 转子电流

149. 在变频器的输出侧切勿安装（A）。

    A. 移相电容   B. 交流电抗器   C. 噪声滤波器   D. 测试仪表

150. 变频器中的直流制动是克服低速爬行现象而设置的，拖动负载惯性越大，（A）设定值就越高。

    A. 直流制动电压   B. 直流制动时间   C. 直流制动电流   D. 制动起始频率

151. 西门子 MM420 变频器的主电路电源端子（C）需经交流接触器和保护用断路器与三相电源连接。但不宜采用主电路的通、断进行变频器的运行与停止操作。

    A. X、Y、Z   B. U、V、W   C. L1、L2、L3   D. A、B、C

152. 变频器有时出现轻载时过电流保护，原因可能是（D）。

    A. 变频器选配不当   B. U/f 比值过小

    C. 变频器电路故障   D. U/f 比值过大

153. 交流笼型异步电动机的起动方式有：星三角起动、自耦减压起动、定子串电阻起动和软起动等。从起动性能上讲，最好的是（D）。

    A. 星三角起动   B. 自耦减压起动   C. 串电阻起动   D. 软起动

154. 可用于标准电路和内三角电路的西门子软起动器型号是（D）。

    A. 3RW30   B. 3RW31   C. 3RW22   D. 3RW34

155. 变频起动方式比软起动器的起动转矩（A）。

    A. 大   B. 小   C. 一样   D. 小很多

156. 软起动器可用于频繁或不频繁起动，建议每小时不超过（A）。

    A. 20 次   B. 5 次   C. 100 次   D. 10 次

157. 水泵停车时，软起动器应采用（B）。

    A. 自由停车   B. 软停车   C. 能耗制动停车   D. 反接制动停车

158. 内三角接法软起动器只需承担（A）的电动机线电流。

    A. 1/3   B. 1/3   C. 3   D. 3

159. 软起动器的（A）功能用于防止离心泵停车时的"水锤效应"。

    A. 软停机   B. 非线性软制动   C. 自由停机   D. 直流制动

160. 接通主电源后，软起动器虽处于待机状态，但电动机有嗡嗡响。此故障不可能的原因是（C）。

    A. 晶闸管短路故障   B. 旁路接触器有触点粘连

    C. 触发电路不工作   D. 起动线路接线错误

二、判断题（第 161 题～第 200 题。将判断结果填入括号中。正确的填"√"，错误的填"×"。每题 0.5 分，满分 20 分。）

161. 在职业活动中一贯地诚实守信会损害企业的利益。（×）

162. 办事公道是指从业人员在进行职业活动时要做到助人为乐，有求必应。（×）

163. 市场经济时代，勤劳是需要的，而节俭则不宜提倡。（×）

164. 爱岗敬业作为职业道德的内在要求，指的是员工只需要热爱自己特别喜欢的工作岗位。（×）

165. 职业活动中，每位员工都必须严格执行安全操作规程。（√）

166. 在日常工作中，要关心和帮助新职工、老职工。（√）

167. 线性电阻与所加电压成正比、与流过电流成反比。（×）

168. 二极管由一个 PN 结、两个引脚、封装组成。（√）

169. 一般万用表可以测量直流电压、交流电压、直流电流、电阻、功率等物理量。（×）

170. 磁性材料主要分为硬磁材料与软磁材料两大类。（√）

171. 雷击的主要对象是建筑物。（√）

172. 劳动者的基本权利中遵守劳动纪律是最主要的权利。（×）

173. 中华人民共和国电力法规定电力事业投资，实行谁投资、谁收益的原则。（√）

174. 直流双臂电桥用于测量准确度高的小阻值电阻。（√）

175. 直流双臂电桥的测量范围为 $0.01\sim11\Omega$。（×）

176. 直流单臂电桥有一个比率，而直流双臂电桥有两个比率。（√）

177. 示波管的偏转系统由一个水平及垂直偏转板组成。（×）

178. 示波器的带宽是测量交流信号时，示波器所能测试的最大频率。（√）

179. 晶体管特性图示仪可以从示波管的荧光屏上自动显示同一半导体管子的 4 种 h 参数。（√）

180. 三端集成稳压电路有三个接线端，分别是输入端、接地端和输出端。（√）

181. 晶闸管型号 KS20-8 表示三相晶闸管。（×）

182. 双向晶闸管一般用于交流调压电路。（√）

183. 单结晶体管有三个电极，符号与三极管一样。（×）

184. 集成运放不仅能应用于普通的运算电路，还能用于其他场合。（√）

185. 短路电流很大的场合宜选用直流快速断路器。（×）

186. 控制变压器与普通变压器的工作原理相同。（√）

187. M7130 平面磨床中，冷却泵电动机 M2 必须在砂轮电动机 M1 运行后才能起动。（√）

188. M7130 平面磨床的三台电动机都不能起动的大多原因是欠电流继电器 KUC 和转换开关 QS2 的触点接触不良、接线松脱，使电动机的控制电路处于断电状态。（√）

189. C6150 车床的主电路中有 4 台电动机。（√）

190. C6150 车床主电路中接触器 KM1 触点接触不良将造成主轴电动机不能反转。（×）

191. Z3040 摇臂钻床中行程开关 SQ2 安装位置不当或发生移动时会造成摇臂夹不紧。（×）

192. 光电开关的抗光、电、磁干扰能力强，使用时可以不考虑环境条件。（×）

193. 电磁感应式接近开关由感应头、振荡器、继电器等组成。（×）

194. 磁性开关由电磁铁和继电器构成。（×）

195. 可编程序控制器运行时，一个扫描周期主要包括三个阶段。（√）

196. 高速脉冲输出不属于可编程序控制器的技术参数。（×）

197. 用计算机对 PLC 进行程序下载时，需要使用配套的通信电缆。（√）

198. FX 编程器在使用双功能键时键盘中都有多个选择键。（×）

199. 通用变频器主电路的中间直流环节所使用的大电容或大电感是电源与异步电动机之间交换有功功率所必需的储能缓冲元件。（×）

200. 软起动器主要由带电压闭环控制的晶闸管交流调压电路组成。（×）

维修电工中级理论知识试卷（第三套）

注意事项：

1. 本试卷依据 2009 年颁布的《维修电工》国家职业标准命制，考试时间 120 分钟。
2. 请在试卷标封处填写姓名、准考证号和所在单位的名称。
3. 请仔细阅读答题要求，在规定位置填写答案。

一、单项选择题（第 1 题～第 160 题。选择一个正确的答案，将相应的字母填入题内的括号中。每题 0.5 分，满分 80 分。）

1. 软起动器中晶闸管调压电路采用（A）时，主电路中电流谐波最小。
   - A. 三相全控丫连接
   - B. 三相全控丫 0 连接
   - C. 三相半控丫连接
   - D. 星三角连接

2. 变压器的铁心应该选用（D）。
   - A. 永久磁铁　　B. 永磁材料　　C. 硬磁材料　　D. 软磁材料

3. 变频器的干扰有：电源干扰、地线干扰、串扰、公共阻抗干扰等。尽量缩短电源线和地线是竭力避免（D）。
   - A. 电源干扰　　B. 地线干扰　　C. 串扰　　　　D. 公共阻抗干扰

4. 如果人体直接接触带电设备及线路的一相时，电流通过人体而发生的触电现象称为（A）。
   - A. 单相触电　　B. 两相触电　　C. 接触电压触电　D. 跨步电压触电

5. 劳动者的基本义务包括（A）等。
   - A. 遵守劳动纪律　B. 获得劳动报酬　C. 休息　　　　D. 休假

6. 有关文明生产的说法，（A）是不正确的。
   - A. 为了及时下班，可以直接拉断电源总开关
   - B. 下班前搞好工作现场的环境卫生
   - C. 工具使用后应按规定放置到工具箱中
   - D. 电工一般不允许冒险带电作业

7. 扳手的手柄长度越短，使用起来越（D）。
   - A. 麻烦　　　　B. 轻松　　　　C. 省力　　　　D. 费力

8. 光电开关的配线不能与（C）放在同一配线管或线槽内。
   - A. 光纤线　　　B. 网络线　　　C. 动力线　　　D. 电话线

9. 集成运放通常有（B）部分组成。
   - A. 3　　　　　B. 4　　　　　C. 5　　　　　D. 6

10. 绕线式异步电动机转子串频敏变阻器起动时，随着转速的升高，（D）自动减小。
    - A. 频敏变阻器的等效电压
    - B. 频敏变阻器的等效电流
    - C. 频敏变阻器的等效功率
    - D. 频敏变阻器的等效阻抗

11. M7130 平面磨床中，砂轮电动机的热继电器经常动作，轴承正常，砂轮进给量正常，则需要检查和调整（C）。

A. 照明变压器　　　B. 整流变压器　　　C. 热继电器　　　D. 液压泵电动机

12. FX$_{2N}$系列可编程序控制器动合触点的串联用（A）指令。

    A. AND　　　　　　B. ANI　　　　　　C. ANB　　　　　　D. ORB

13. Z3040 摇臂钻床中摇臂不能升降的原因是摇臂松开后 KM2 回路不通，应（A）。

    A. 调整行程开关 SQ2 位置　　　　　　B. 重接电源相序

    C. 更换液压泵　　　　　　　　　　　D. 调整速度继电器位置

14. 直流电动机结构复杂、价格贵、制造麻烦、维护困难，但是起动性能好、（A）。

    A. 调速范围大　　B. 调速范围小　　C. 调速力矩大　　D. 调速力矩小

15. 根据仪表取得读数的方法可分为（D）。

    A. 指针式　　　　　B. 数字式　　　　　C. 记录式　　　　　D. 以上都是

16. 根据仪表测量对象的名称分为（A）等。

    A. 电压表、电流表、功率表、电能表

    B. 电压表、欧姆表、示波器

    C. 电流表、电压表、信号发生器

    D. 功率表、电流表、示波器

17. 下列不是晶体管毫伏表特性的是（B）。

    A. 测量量限大　　B. 灵敏度低　　C. 输入阻抗高　　D. 输出电容小

18. 电工仪表按工作原理分为（D）等。

    A. 磁电系　　　　　B. 电磁系　　　　　C. 电动系　　　　　D. 以上都是

19. 示波器中的（B）经过偏转板时产生偏移。

    A. 电荷　　　　　　B. 高速电子束　　C. 电压　　　　　　D. 电流

20. 导线截面的选择通常是由发热条件、机械强度、（A）、电压损失和安全载流量等因素决定的。

    A. 电流密度　　　B. 绝缘强度　　　C. 磁通密度　　　D. 电压高低

21. 当锉刀拉回时，应（B），以免磨钝锉齿或划伤工件表面。

    A. 轻轻划过　　　B. 稍微抬起　　　C. 抬起　　　　　　D. 拖回

22. 控制两台电动机错时停止的场合，可采用（B）时间继电器。

    A. 通电延时型　　B. 断电延时型　　C. 气动型　　　　　D. 液压型

23. 点接触型二极管可工作于（A）电路。

    A. 高频　　　　　　B. 低频　　　　　　C. 中频　　　　　　D. 全频

24. 爱岗敬业的具体要求是（C）。

    A. 看效益决定是否爱岗　　　　　　B. 转变择业观念

    C. 提高职业技能　　　　　　　　　D. 增强把握择业的机遇意识

25. 台钻钻夹头用来装夹直径（D）以下的钻头。

    A. 10mm　　　　　B. 11mm　　　　　C. 12mm　　　　　D. 13mm

26. 直流单臂电桥测量几欧姆电阻时，比率应选为（A）。

    A. 0.001　　　　　B. 0.01　　　　　C. 0.1　　　　　　D. 1

27. 以下属于多台电动机顺序控制的线路是（D）。

    A. 一台电动机正转时不能立即反转的控制线路

    B. Υ—△起动控制线路

C. 电梯先上升后下降的控制线路

D. 电动机 2 可以单独停止，电动机 1 停止时电动机 2 也停止的控制线路

28. 可编程控制器在 STOP 模式下，执行 （D）。

  A. 输出采样   B. 输入采样   C. 输出刷新   D. 以上都执行

29. 接触器的额定电压应不小于主电路的 （B）。

  A. 短路电压   B. 工作电压   C. 最大电压   D. 峰值电压

30. 磁场内各点的磁感应强度大小相等、方向相同，则称为 （A）。

  A. 均匀磁场   B. 匀速磁场   C. 恒定磁场   D. 交变磁场

31. 可编程序控制器采用大规模集成电路构成的微处理器和 （C） 来组成逻辑部分。

  A. 运算器   B. 控制器   C. 存储器   D. 累加器

32. 电容器上标注的符号 $2\mu2$，表示该电容数值为 （B）。

  A. $0.2\mu F$ B. $2.2\mu F$ C. $22\mu F$ D. $0.22\mu F$

33. 对于电动机负载，熔断器熔体的额定电流应选电动机额定电流的 （B） 倍。

  A. $1\sim1.5$ B. $1.5\sim2.5$ C. $2.0\sim3.0$ D. $2.5\sim3.5$

34. M7130 平面磨床控制电路中的两个热继电器动断触点的连接方法是 （B）。

  A. 并联   B. 串联   C. 混联   D. 独立

35. 符合有 "0" 得 "0"，全 "1" 得 "1" 的逻辑关系的逻辑门是 （B）。

  A. 或门   B. 与门   C. 非门   D. 或非门

36. 点接触型二极管应用于 （C）。

  A. 整流   B. 稳压   C. 开关   D. 光敏

37. 直流电动机结构复杂、价格贵、制造麻烦、维护困难，但是 （B）、调速范围大。

  A. 起动性能差   B. 起动性能好   C. 起动电流小   D. 起动转矩小

38. 直流电动机结构复杂、价格贵、制造麻烦、（C），但是起动性能好、调速范围大。

  A. 换向器大   B. 换向器小   C. 维护困难   D. 维护容易

39. 调节电桥平衡时，若检流计指针向标有 "一" 的方向偏转时，说明 （C）。

  A. 通过检流计电流大、应增大比较臂的电阻

  B. 通过检流计电流小、应增大比较臂的电阻

  C. 通过检流计电流小、应减小比较臂的电阻

  D. 通过检流计电流大、应减小比较臂的电阻

40. （D） 触发电路输出尖脉冲。

  A. 交流变频   B. 脉冲变压器   C. 集成   D. 单结晶体管

41. 控制和保护含半导体器件的直流电路中宜选用 （D） 断路器。

  A. 塑壳式   B. 限流型   C. 框架式   D. 直流快速

42. FX_{2N} 系列可编程序控制器计数器用 （D） 表示。

  A. X   B. Y   C. T   D. C

43. 接触器的额定电流应不小于被控电路的 （A）。

  A. 额定电流   B. 负载电流   C. 最大电流   D. 峰值电流

44. 直流接触器一般用于控制 （C） 的负载。

  A. 弱电   B. 无线电   C. 直流电   D. 交流电

45. 直流电动机的定子由机座、（A）、换向极、电刷装置、端盖等组成。

    A. 主磁极　　　　　　B. 转子　　　　　　C. 电枢　　　　　　D. 换向器

46. 普通晶闸管是（A）半导体结构。

    A. 四层　　　　　　B. 五层　　　　　　C. 三层　　　　　　D. 二层

47. 铁磁性质在反复磁化过程中的 $B—H$ 关系是（B）。

    A. 起始磁化曲线　　B. 磁滞回线　　　　C. 基本磁化曲线　　D. 局部磁滞回线

48. 并励直流电动机的励磁绕组与（A）并联。

    A. 电枢绕组　　　　B. 换向绕组　　　　C. 补偿绕组　　　　D. 稳定绕组

49. 对于（C）工作制的异步电动机，热继电器不能实现可靠的过载保护。

    A. 轻载　　　　　　B. 半载　　　　　　C. 重复短时　　　　D. 连续

50. 直流电动机按照励磁方式可分为他励、并励、串励和（D）4 类。

    A. 接励　　　　　　B. 混励　　　　　　C. 自励　　　　　　D. 复励

51. 三相异步电动机的转子由（A）、转子绕组、风扇、转轴等组成。

    A. 转子铁心　　　　B. 机座　　　　　　C. 端盖　　　　　　D. 电刷

52. 直流电动机常用的起动方法有：电枢串电阻起动、（B）等。

    A. 弱磁起动　　　　B. 降压起动　　　　C. Y—△起动　　　D. 变频起动

53. 直流双臂电桥工作时，具有（A）的特点。

    A. 电流大　　　　　B. 电流小　　　　　C. 电压大　　　　　D. 电压小

54. 直流电动机降低电枢电压调速时，转速只能从额定转速（B）。

    A. 升高一倍　　　　B. 往下降　　　　　C. 往上升　　　　　D. 开始反转

55. 下列选项中属于企业文化功能的是（B）。

    A. 体育锻炼　　　　B. 整合功能　　　　C. 歌舞娱乐　　　　D. 社会交际

56. 电路的作用是实现（A）的传输和转换、信号的传递和处理。

    A. 能量　　　　　　B. 电流　　　　　　C. 电压　　　　　　D. 电能

57. 直流电动机的各种制动方法中，能向电源反送电能的方法是（D）。

    A. 反接制动　　　　B. 抱闸制动　　　　C. 能耗制动　　　　D. 回馈制动

58. 下列选项不是 PLC 特点的是（D）。

    A. 抗干扰能力强　　B. 编程方便　　　　C. 安装调试方便　　D. 功能单一

59. M7130 平面磨床的三台电动机都不能起动的原因之一是（C）。

    A. 接触器 KM1 损坏

    B. 接触器 KM2 损坏

    C. 欠电流继电器 KUC 的触点接触不良

    D. 接插器 X1 损坏

60. 单结晶体管的结构中有（C）个 PN 结。

    A. 4　　　　　　　　B. 3　　　　　　　　C. 1　　　　　　　　D. 2

61. 单结晶体管是一种特殊类型的（D）。

    A. 场效应晶体管　　B. 晶闸管　　　　　C. 三极管　　　　　D. 二极管

62. 可编程序控制器通过编程，灵活地改变其控制程序，相当于改变了继电器控制的（D）。

    A. 主电路　　　　　B. 自锁电路　　　　C. 互锁电路　　　　D. 控制电路

63. 可编程序控制器采用可以编制程序的存储器，用来在其内部存储执行逻辑运算、

（D）和算术运算等操作指令。

    A. 控制运算、计数 B. 统计运算、计时、计数

    C. 数字运算、计时 D. 顺序控制、计时、计数

64. M7130 平面磨床中，电磁吸盘退磁不好使工件取下困难，但退磁电路正常，退磁电压也正常，则需要检查和调整（D）。

    A. 退磁功率   B. 退磁频率   C. 退磁电流   D. 退磁时间

65. 下列选项中属于职业道德作用的是（A）。

    A. 增强企业的凝聚力   B. 增强企业的离心力

    C. 决定企业的经济效益   D. 增强企业员工的独立性

66. 全电路欧姆定律指出：电路中的电流由电源（D）、内阻和负载电阻决定。

    A. 功率   B. 电压   C. 电阻   D. 电动势

67. 处于截止状态的三极管，其工作状态为（B）。

    A. 射结正偏，集电结反偏   B. 射结反偏，集电结反偏

    C. 射结正偏，集电结正偏   D. 射结反偏，集电结正偏

68. 多级放大电路之间，常用共集电极放大电路，是利用其（C）特性。

    A. 输入电阻大、输出电阻大   B. 输入电阻小、输出电阻大

    C. 输入电阻大、输出电阻小   D. 输入电阻小、输出电阻小

69. 电位是相对量，随参考点的改变而改变，而电压是（C），不随参考点的改变而改变。

    A. 衡量   B. 变量   C. 绝对量   D. 相对量

70. 职业道德对企业起到（C）的作用。

    A. 决定经济效益   B. 促进决策科学化

    C. 增强竞争力   D. 树立员工守业意识

71. FX_{2N} 系列可编程序控制器输出继电器用（B）表示。

    A. X   B. Y   C. T   D. C

72. 适合高频电路应用的电路是（C）。

    A. 共射极放大电路   B. 共集电极放大电路

    C. 共基极放大电路   D. 差动放大电路

73. 通常信号发生器能输出的信号波形有（D）。

    A. 正弦波   B. 三角波   C. 矩形波   D. 以上都是

74. 基本放大电路中，经过晶体管的信号有（B）。

    A. 直流成分   B. 交流成分   C. 交直流成分   D. 高频成分

75. C6150 车床主轴电动机通过（B）控制正反转。

    A. 手柄   B. 接触器   C. 断路器   D. 热继电器

76. 可编程序控制器通过编程可以灵活地改变（D），实现改变常规电气控制电路的目的。

    A. 主电路   B. 硬接线   C. 控制电路   D. 控制程序

77. 从业人员在职业交往活动中，符合仪表端庄具体要求的是（B）。

    A. 着装华贵   B. 适当化妆或戴饰品

    C. 饰品俏丽   D. 发型要突出个性

78. 能用于传递交流信号，电路结构简单的耦合方式是（A）。
    A. 阻容耦合　　　B. 变压器耦合　　C. 直接耦合　　D. 电感耦合

79. 要稳定输出电压，减少电路输入电阻应选用（B）负反馈。
    A. 电压串联　　　B. 电压并联　　　C. 电流串联　　D. 电流并联

80. 要稳定输出电流，减小电路输入电阻应选用（D）负反馈。
    A. 电压串联　　　　B. 电压并联　　　　C. 电流串联　　D. 电流并联

81. 从业人员在职业活动中做到（C）是符合语言规范的具体要求的。
    A. 言语细致，反复介绍　　　　　B. 语速要快，不浪费客人时间
    C. 用尊称，不用忌语　　　　　　D. 语气严肃，维护自尊

82. 可编程序控制器（A）中存放的随机数据掉电即丢失。
    A. RAM　　　　　B. ROM　　　　　C. EEPROM　　　D. 以上都是

83. 职工对企业诚实守信应该做到的是（B）。
    A. 忠诚所属企业，无论何种情况都始终把企业利益放在第一位
    B. 维护企业信誉，树立质量意识和服务意识
    C. 扩大企业影响，多对外谈论企业之事
    D. 完成本职工作即可，谋划企业发展由有见识的人来做

84. （A）差动放大电路不适合单端输出。
    A. 基本　　　　　B. 长尾　　　　　C. 具有恒流源　　D. 双端输入

85. 高频振荡电感型接近开关的感应头附近无金属物体接近时，接近开关（B）。
    A. 有信号输出　　　　　　　　　B. 振荡电路工作
    C. 振荡减弱或停止　　　　　　　D. 产生涡流损耗

86. 压力继电器选用时首先要考虑所测对象的压力范围，还要符合电路中的（B），接口管径的大小。
    A. 功率因数　　　B. 额定电压　　　C. 电阻率　　　D. 相位差

87. （A）是变频器对电动机进行恒功率控制和恒转矩控制的分界线，应按电动机的额定频率设定。
    A. 基本频率　　　B. 最高频率　　　C. 最低频率　　D. 上限频率

88. 绕线式异步电动机转子串三级电阻起动时，可用（C）实现自动控制。
    A. 速度继电器　　B. 压力继电器　　C. 时间继电器　　D. 电压继电器

89. 变频器常见的频率给定方式主要有操作器键盘给定、控制输入端给定、模拟信号给定及通信方式给定等，来自PLC控制系统的给定不采用（A）方式。
    A. 键盘给定　　　　　　　　　　B. 控制输入端给定
    C. 模拟信号给定　　　　　　　　D. 通信方式给定

90. 晶体管毫伏表专用输入电缆线，其屏蔽层、线芯分别是（B）。
    A. 信号线、接地线　　　　　　　B. 接地线、信号线
    C. 保护线、信号线　　　　　　　D. 保护线、接地线

91. RC选频振荡电路适合（B）kHz以下的低频电路。
    A. 1000　　　　　B. 200　　　　　C. 100　　　　　D. 50

92. 选用接近开关时应注意对工作电压、（C）、响应频率、检测距离等各项指标的要求。

A. 工作速度　　　　B. 工作频率　　　　C. 负载电流　　　D. 工作功率

93. C6150 车床 4 台电动机都缺相无法起动时，应首先检修（A）。
    A. 电源进线开关　　　　　　　　B. 接触器 KM1
    C. 三位置自动复位开关 SA1　　　D. 控制变压器 TC

94. 将接触器 KM1 的动合触点串联到接触器 KM2 线圈电路中的控制电路能够实现（D）。
    A. KM1 控制的电动机先停止，KM2 控制的电动机后停止的控制功能
    B. KM2 控制的电动机停止时 KM1 控制的电动机也停止的控制功能
    C. KM2 控制的电动机先起动，KM1 控制的电动机后起动的控制功能
    D. KM1 控制的电动机先起动，KM2 控制的电动机后起动的控制功能

95. （B）是 PLC 主机的技术性能范围。
    A. 光电传感器　　　B. 数据存储区　　　C. 温度传感器　　　D. 行程开关

96. 磁性开关干簧管内两个铁质弹性簧片的接通与断开是由（D）控制的。
    A. 接触器　　　　B. 按钮　　　　C. 电磁铁　　　D. 永久磁铁

97. 位置控制就是利用生产机械运动部件上的挡铁与（　　）碰撞来控制电动机的工作状态。
    A. 断路器　　　　B. 位置开关　　　C. 按钮　　　D. 接触器

98. 磁性开关的图形符号中，其菱形部分与动合触点部分用（A）相连。
    A. 虚线　　　　B. 实线　　　　C. 双虚线　　　D. 双实线

99. 下列不属于位置控制线路的是（A）。
    A. 走廊照明灯的两处控制电路　　　B. 龙门刨床的自动往返控制电路
    C. 电梯的开关门电路　　　　　　　D. 工厂车间里行车的终点保护电路

100. 三相异步电动机能耗制动时（B）中通入直流电。
    A. 转子绕组　　　B. 定子绕组　　　C. 励磁绕组　　　D. 补偿绕组

101. 三相异步电动机能耗制动的过程可用（C）来控制。
    A. 电流继电器　　　B. 电压继电器　　　C. 速度继电器　　　D. 热继电器

102. 磁性开关在使用时要注意磁铁与干簧管之间的有效距离在（C）左右。
    A. 10cm　　　B. 10dm　　　C. 10mm　　　D. 1mm

103. 软起动器具有节能运行功能，在正常运行时，能依据负载比例自动调节输出电压，使电动机运行在最佳效率的工作区，最适合应用于（A）。
    A. 间歇性变化的负载　　　　B. 恒转矩负载
    C. 恒功率负载　　　　　　　D. 泵类负载

104. 单相半波可控整流电路的输出电压范围是（D）。
    A. $1.35U_2 \sim 0$　　B. $U_2 \sim 0$　　C. $0.9U_2 \sim 0$　　D. $0.45U_2 \sim 0$

105. 增量式光电编码器主要由光源、（C）、检测光栅、光电检测器件和转换电路组成。
    A. 光电三极管　　　B. 运算放大器　　　C. 码盘　　　D. 脉冲发生器

106. FX$_{2N}$ 系列可编程序控制器输入动合触点用（A）指令。
    A. LD　　　B. LDI　　　C. OR　　　D. ORI

107. 增量式光电编码器主要由光源、码盘、检测光栅、（A）和转换电路组成。

A. 光电检测器件　　B. 发光二极管　　C. 运算放大器　　D. 镇流器

108. PLC 的辅助继电器、定时器、计数器、输入和输出继电器的触点可使用（D）次。

    A. 一　　　　　　B. 二　　　　　　C. 三　　　　　　D. 无限

109. 增量式光电编码器由于采用固定脉冲信号，因此旋转角度的起始位置（B）。

    A. 是出厂时设定的　　　　　　B. 可以任意设定

    C. 使用前设定后不能变　　　　D. 固定在码盘上

110. 单相桥式可控整流电路电感性负载，控制角 $\alpha = 60°$ 时，输出电压 U_d 是（C）。

    A. $1.17U_2$　　　B. $0.9U_2$　　　C. $0.45U_2$　　　D. $1.35U_2$

111. 单结晶体管触发电路输出（B）。

    A. 双脉冲　　　　B. 尖脉冲　　　　C. 单脉冲　　　　D. 宽脉冲

112. 三相笼型异步电动机电源反接制动时需要在（C）中串入限流电阻。

    A. 直流回路　　　B. 控制回路　　　C. 定子回路　　　D. 转子回路

113. 晶闸管电路中串入快速熔断器的目的是（B）。

    A. 过电压保护　　B. 过电流保护　　C. 过热保护　　　D. 过冷保护

114. PLC 编程时，主程序可以有（A）个。

    A. 一　　　　　　B. 二　　　　　　C. 三　　　　　　D. 无限

115. 可编程序控制器的梯形图规定串联和并联的触点数是（B）。

    A. 有限的　　　　B. 无限的　　　　C. 最多 8 个　　　D. 最多 16 个

116. 晶闸管两端并联压敏电阻的目的是实现（D）。

    A. 防止冲击电流　　B. 防止冲击电压　　C. 过电流保护　　D. 过电压保护

117. 增量式光电编码器根据输出信号的可靠性选型时要考虑（B）。

    A. 电源频率　　　B. 最大分辨速度　　C. 环境温度　　　D. 空间高度

118. 计算机对 PLC 进行程序下载时，需要使用配套的（D）。

    A. 网络线　　　　B. 接地线　　　　C. 电源线　　　　D. 通信电缆

119. PLC 编程软件通过计算机，可以对 PLC 实施（D）。

    A. 编程　　　　　B. 运行控制　　　C. 监控　　　　　D. 以上都是

120. 软起动器的（A）功能用于防止离心泵停车时的"水锤效应"。

    A. 软停机　　　　B. 非线性软制动　　C. 自由停机　　　D. 直流制动

121. 将程序写入可编程序控制器时，首先将存储器清零，然后按操作说明写入（B），结束时用结束指令。

    A. 地址　　　　　B. 程序　　　　　C. 指令　　　　　D. 序号

122. 对于可编程序控制器电源干扰的抑制，一般采用隔离变压器和交流滤波器来解决，在某些场合还可以采用（A）电源供电。

    A. UPS　　　　　B. 直流发电机　　C. 锂电池　　　　D. CPU

123. 软起动器的日常维护一定要由（A）进行操作。

    A. 专业技术人员　　B. 使用人员　　　C. 设备管理部门　　D. 销售服务人员

124. 为避免程序和（D）丢失，可编程序控制器装有锂电池，当锂电池电压降至相应的信号灯亮时，要及时更换电池。

    A. 地址　　　　　B. 序号　　　　　C. 指令　　　　　D. 数据

125. 对于晶体管输出型 PLC，要注意负载电源为（D），并且不能超过额定值。
    A. AC 380V   B. AC 220V   C. DC 220V   D. DC 24V

126. 电容器上标注的符号 224 表示其容量为 22×10^4（D）。
    A. F   B. Mf   C. mF   D. pF

127. 下列事项中属于办事公道的是（D）。
    A. 顾全大局，一切听从上级   B. 大公无私，拒绝亲戚求助
    C. 知人善任，努力培养知己   D. 坚持原则，不计个人得失

128. 对自己所使用的工具（A）。
    A. 每天都要清点数量，检查完好性   B. 可以带回家借给邻居使用
    C. 丢失后，可以让单位再买   D. 找不到时，可以拿其他员工的

129. 常用的绝缘材料包括：气体绝缘材料、（D）和固体绝缘材料。
    A. 木头   B. 玻璃   C. 胶木   D. 液体绝缘材料

130. 当人体触及（D）可能导致电击的伤害。
    A. 带电导线   B. 漏电设备的外壳和其他带电体
    C. 雷击或电容放电   D. 以上都是

131. 使用电解电容时（B）。
    A. 负极接高电位，正极接低电位   B. 正极接高电位，负极接低电位
    C. 负极接高电位，负极也可以接高电位   D. 不分正负极

132. 职工上班时不符合着装整洁要求的是（A）。
    A. 夏天天气炎热时可以只穿背心   B. 不穿奇装异服上班
    C. 保持工作服的干净和整洁   D. 按规定穿工作服上班

133. 职工上班时符合着装整洁要求的是（D）。
    A. 夏天天气炎热时可以只穿背心   B. 服装的价格越贵越好
    C. 服装的价格越低越好   D. 按规定穿工作服

134. 使用扳手拧螺母时应该将螺母放在扳手口的（B）。
    A. 前部   B. 后部   C. 左边   D. 右边

135. 根据劳动法的有关规定，（D），劳动者可以随时通知用人单位解除劳动合同。
    A. 在试用期间被证明不符合录用条件的
    B. 严重违反劳动纪律或用人单位规章制度的
    C. 严重失职、营私舞弊，对用人单位利益造成重大损害的
    D. 用人单位未按照劳动合同约定支付劳动报酬或者是提供劳动条件的

136. 活动扳手可以拧（C）规格的螺母。
    A. 一种   B. 二种   C. 几种   D. 各种

137. 文明生产的内部条件主要指生产有节奏、（B）、物流安排科学合理。
    A. 增加产量   B. 均衡生产   C. 加班加点   D. 加强竞争

138. 绝缘电阻表的接线端标有（A）。
    A. 接地 E、线路 L、屏蔽 G   B. 接地 N、导通端 L、绝缘端 G
    C. 接地 E、导通端 L、绝缘端 G   D. 接地 N、通电端 G、绝缘端 L

139. 生产环境的整洁卫生是（B）的重要方面。
    A. 降低效率   B. 文明生产   C. 提高效率   D. 增加产量

140. 机床照明、移动行灯等设备，使用的安全电压为（D）。

    A. 9V   B. 12V   C. 24V   D. 36V

141. 特别潮湿场所的电气设备使用时的安全电压为（B）。

    A. 9V   B. 12V   C. 24V   D. 36V

142. 对电气开关及正常运行产生火花的电气设备，应（A）存放可燃物质的地点。

    A. 远离   B. 采用铁丝网隔断

    C. 靠近   D. 采用高压电网隔断

143. 火焰与带电体之间的最小距离，10kV 及以下为（A）m。

    A. 1.5   B. 2   C. 3   D. 2.5

144. 本安防爆型电路及其外部配线用的电缆或绝缘导线的耐压强度应选用电路额定电压的 2 倍，最低为（A）。

    A. 500V   B. 400V   C. 300V   D. 800V

145. 正弦交流电常用的表达方法有（D）。

    A. 解析式表示法   B. 波形图表示法 C. 相量表示法   D. 以上都是

146. 串联正弦交流电路的视在功率表征了该电路的（A）。

    A. 电路中总电压有效值与电流有效值的乘积

    B. 平均功率

    C. 瞬时功率最大值

    D. 无功功率

147. 当电阻为 8.66Ω 与感抗为 5Ω 串联时，电路的功率因数为（B）。

    A. 0.5   B. 0.866   C. 1   D. 0.6

148. 三相对称电路的线电压比对应相电压（A）。

    A. 超前 30°   B. 超前 60   C. 滞后 30°   D. 滞后 60°

149. 高压设备室内不得接近故障点（D）以内。

    A. 1m   B. 2m   C. 3m   D. 4m

150. 电气设备的巡视一般均由（B）进行。

    A. 1 人   B. 2 人   C. 3 人   D. 4 人

151. 三相异步电动机的优点是（D）。

    A. 调速性能好   B. 交直流两用   C. 功率因数高   D. 结构简单

152. 三相异步电动机的转子由转子铁心、（B）、风扇、转轴等组成。

    A. 电刷   B. 转子绕组   C. 端盖   D. 机座

153. 三相刀开关的图形符号与交流接触器的主触点符号是（C）。

    A. 一样的   B. 可以互换   C. 有区别的   D. 没有区别

154. 行程开关的文字符号是（B）。

    A. QS   B. SQ   C. SA   D. KM

155. 热继电器的作用是（B）。

    A. 短路保护   B. 过载保护   C. 失电压保护   D. 零电压保护

156. 三相异步电动机的起停控制线路由电源开关、（C）、交流接触器、热继电器、按钮等组成。

    A. 时间继电器   B. 速度继电器   C. 熔断器   D. 电磁阀

157. 三相异步电动机的起停控制线路由电源开关、熔断器、(C)、热继电器、按钮等组成。

    A. 时间继电器   B. 速度继电器   C. 交流接触器   D. 漏电保护器

158. (D) 以电气原理图，安装接线图和平面布置图最为重要。

    A. 电工   B. 操作者   C. 技术人员   D. 维修电工

159. 读图的基本步骤有：(A)，看电路图，看安装接线图。

    A. 图样说明   B. 看技术说明   C. 看图样说明   D. 组件明细表

160. 根据电动机正反转梯形图，下列指令正确的是 (C)。

    A. ORI Y002   B. LDI X001   C. ANDI X000   D. AND X002

二、判断题（第 161 题～第 200 题。将判断结果填入括号中。正确的填"√"，错误的填"×"。每题 0.5 分，满分 20 分。）

161. 对于每个职工来说，质量管理的主要内容有岗位的质量要求，质量目标，质量保证措施和质量责任等。（√）

162. 常用的绝缘材料可分为橡胶和塑料两大类。（×）

163. 兆欧表俗称摇表，是用于测量各种电气设备绝缘电阻的仪表。（√）

164. PLC 之所以具有较强的抗干扰能力，是因为 PLC 输入端采用了继电器输入方式。（×）

165. 变压器既能改变交流电压，又能改变直流电压。（×）

166. PLC 编程时，子程序至少要有一个。（×）

167. 触电的形式是多种多样的，但除了因电弧灼伤及熔融的金属飞溅灼伤外，可大致归纳为三种形式。（√）

168. 功率放大电路要求功率大，非线性失真小，效率高低没有关系。（×）

169. 质量管理是企业经营管理的一个重要内容，是企业的生命线。（√）

170. 三相异步电动机能耗制动时定子绕组中通入单相交流电。（×）

171. 三相异步电动机的转向与旋转磁场的方向相反时，工作在再生制动状态。（×）

172. 直流电动机起动时，励磁回路的调节电阻应该短接。（√）

173. 线性有源二端口网络可以等效成理想电压源和电阻的串联组合，也可以等效成理想电流源和电阻的并联组合。（√）

174. 增量式光电编码器能够直接检测出轴的绝对位置。（×）

175. 单相桥式可控整流电路电感性负载，控制角 α 的移相范围是 0～90°。（√）

176. 增量式光电编码器主要由光源、码盘、检测光栅、光电检测器件和转换电路组成。（√）

177. 晶闸管过电流保护电路中用快速熔断器来防止瞬间的电流尖峰损坏器件。（×）

178. 当被检测物体的表面光亮或其反光率极高时，对射式光电开关是首选的检测模式。（×）

179. 一般万用表可以测量直流电压、交流电压、直流电流、电阻、功率等物理量。（×）

180. 逻辑门电路表示输入与输出逻辑变量之间对应的因果关系，最基本的逻辑门是与门、或门、非门。（√）

181. 光电开关将输入电流在发射器上转换为光信号射出，接收器再根据所接收到的

光线强弱或有无对目标物体实现探测。（√）

182. 交—直—交变频器主电路的组成包括：整流电路、滤波环节、制动电路、逆变电路。（√）

183. 差动放大电路的单端输出与双端输出效果是一样的。（×）

184. 分压式偏置共发射极放大电路是一种能够稳定静态工作点的放大器。（√）

185. 可编程序控制器的程序由编程器送入处理器中的控制器，可以方便地读出、检查与修改。（×）

186. 接近开关又称无触点行程开关，因此与行程开关的符号完全一样。（×）

187. 单相桥式可控整流电路电感性负载，输出电流的有效值等于平均值。（√）

188. 频率、振幅和相位均相同的三个交流电压，称为对称三相电压。（×）

189. 二极管两端加上正向电压就一定会导通。（×）

190. 二极管只要工作在反向击穿区，一定会被击穿。（×）

191. 正弦量的三要素是指其最大值、角频率和相位。（×）

192. 企业活动中，员工之间要团结合作。（√）

193. 职业道德是一种强制性的约束机制。（×）

194. 创新是企业进步的灵魂。（√）

195. Z3040 摇臂钻床的主电路中有 4 台电动机。（√）

196. 扳手的主要功能是拧螺栓和螺母。（√）

197. 职业道德是人的事业成功的重要条件。（√）

198. 电路的作用是实现能量的传输和转换、信号的传递和处理。（√）

199. 集成运放工作在线性应用场合必须加适当的负反馈。（√）

200. 导线可分为铜导线和铝导线两大类。（×）

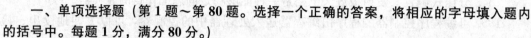

维修电工中级理论样题

一、**单项选择题**（第 1 题～第 80 题。选择一个正确的答案，将相应的字母填入题内的括号中。每题 1 分，满分 80 分。）

1. 半导体整流电路中使用的整流二极管应选用（　　）。
   A. 变容二极管　　B. 稳压二极管　　C. 点接触型二极管　　D. 面接触型二极管

2. 电工常用的电焊条是（　　）焊条。
   A. 低合金钢焊条　B. 不锈钢焊条　　C. 堆焊焊条　　　　D. 结构钢焊条

3. 氩弧焊是利用惰性气体（　　）的一种电弧焊接方法。
   A. 氧　　　　　　B. 氢　　　　　　C. 氩　　　　　　D. 氖

4. 采用合理的测量方法可以消除（　　）误差。
   A. 系统　　　　　B. 读数　　　　　C. 引用　　　　　D. 疏失

5. 低频信号发生器的低频振荡信号由（　　）振荡器产生。
   A. LC　　　　　　B. 电感三点式　　C. 电容三点式　　D. RC

6. 在三相交流异步电动机定子绕组中通入三相对称交流电，则在定子与转子的空气隙间产生的磁场是（　　）。
   A. 恒定磁场　　　B. 脉动磁场　　　C. 合成磁场　　　D. 旋转磁场

7. 如图所示单结晶体管振荡电路，决定控制角 α 的元件是（　　）。

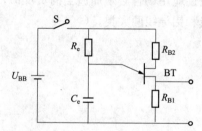

   A. R_e　　　　　B. R_e 和 C_e　　　C. R_{B2}　　　　D. R_{B1}

8. 部件测绘时，首先要对部件（　　）。
   A. 画零件图　　　B. 拆卸成零件　　C. 画装配图　　　D. 分析研究

9. 在 MOS 门电路中，欲使 PMOS 管导通可靠，栅极所加电压应（　　）开启电压 ($U_{TP}<0$)。
   A. 大于　　　　　B. 小于　　　　　C. 等于　　　　　D. 任意

10. 检修后的机床电器装置其操纵、复位机构必须（　　）。
    A. 无卡阻现象　　B. 灵活可靠　　　C. 接触良好　　　D. 外观整洁

11. 电流 $i=10\sqrt{2}\sin(314t-30°)$ A 的相量为（　　）。
    A. $i=10e^{j30°}$ A　B. $I=10e^{-j30°}$ A　C. $I=14.1e^{-j30°}$ A　D. $i=10e^{-j30°}$ A

12. 根据国标规定，低氢型焊条一般在常温下超过 4h，应重新烘干，烘干次数不超过（　　）次。
    A. 2　　　　　　B. 3　　　　　　C. 4　　　　　　D. 5

13. 欲使放大器净输入信号削弱，应采取的反馈类型是（   ）。
    A. 串联反馈   B. 并联反馈   C. 正反馈   D. 负反馈

14. 交流电动机在耐压试验中绝缘被击穿的原因可能是（   ）。
    A. 试验电压偏低   B. 试验电压偏高
    C. 试验电压为交流   D. 电动机没经过烘干处理

15. 生产作业的管理属于车间生产管理的（   ）。
    A. 生产作业控制   B. 生产计划管理 C. 生产现场管理 D. 物流管理

16. 电桥使用完毕后应将检流计锁扣锁住，防止（   ）。
    A. 电桥丢失   B. 悬丝被振坏   C. 烧坏线圈   D. 烧坏检流计

17. 低氢型焊条一般在常温下超过（   ）h，应重新烘干。
    A. 2   B. 3   C. 4   D. 5

18. 阻容耦合多级放大电路的输入电阻等于（   ）。
    A. 第一级输入电阻   B. 各级输入电阻之和
    C. 各级输入电阻之积   D. 末级输入电阻

19. 双臂直流电桥主要用来测量（   ）。
    A. 大电阻   B. 中电阻   C. 小电阻   D. 小电流

20. 按功率转换关系，同步电动机可分为（   ）类。
    A. 1   B. 2   C. 3   D. 4

21. 他励加串励式直流弧焊发电机焊接电流的粗调是靠（   ）来实现的。
    A. 改变他励绕组的匝数
    B. 调节他励绕组回路中串联电阻的大小
    C. 改变串励绕组的匝数
    D. 调节串励绕组回路中串联电阻的大小

22. 气焊低碳钢应采用（   ）火焰。
    A. 氧化焰   B. 轻微氧化焰
    C. 中性焰或轻微碳化焰   D. 中性焰或轻微氧化焰

23. 遥测系统中，需要通过（   ）把非电量的变化转变为电信号。
    A. 电阻器   B. 电容器   C. 传感器   D. 晶体管

24. 对从事产品生产制造和提供生产服务场所的管理，是（   ）。
    A. 生产现场管理   B. 生产现场质量管理
    C. 生产现场设备管理   D. 生产计划管理

25. 三相变压器并联运行时，要求并联运行的三相变压器变比（   ），否则不能并联运行。
    A. 必须绝对相等   B. 的误差不超过±0.5%
    C. 的误差不超过±5%   D. 的误差不超过±10%

26. 低频信号发生器输出信号的频率范围一般在（   ）。
    A. $0 \sim 20\text{Hz}$ B. $20\text{Hz} \sim 200\text{kHz}$
    C. $50 \sim 100\text{Hz}$ D. $100 \sim 200\text{Hz}$

27. 共发射极放大电路如图所示，现在处于饱和状态，欲恢复放大状态，通常采用的方法是（   ）。

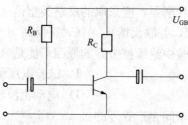

    A. 增大 R_B B. 减小 R_B C. 减小 R_c D. 改变 U_{GB}

28. 对额定电压为 380V，功率 3kW 及以上的电动机做耐压试验时，试验电压应取 （   ）V。

    A. 500   B. 1000   C. 1500   D. 1760

29. 10kV 电流互感器在大修后进行交流耐压试验，应选耐压试验标准为 （   ）kV。

    A. 38   B. 4   C. 6   D. 3

30. 低频信号发生器开机后 （   ）即可使用。

    A. 很快   B. 需加热 60min 后

    C. 需加热 40min 后   D. 需加热 30min 后

31. 生产第一线的质量管理叫 （   ）。

    A. 生产现场管理   B. 生产现场质量管理

    C. 生产现场设备管理   D. 生产计划管理

32. 从工作原理上看，交磁电动机扩大机相当于 （   ）。

    A. 直流电动机   B. 两级直流电动机

    C. 直流发电机   D. 两级直流发电机

33. 改变励磁磁通调速法是通过改变 （   ）的大小来实现的。

    A. 少励磁电流   B. 电源电压   C. 电枢电压   D. 电源频率

34. 任何一个含源二端网络都可以用一个适当的理想电压源与一个电阻 （   ）来代替。

    A. 串联   B. 并联   C. 串联或并联   D. 随意连接

35. 为了提高设备的功率因数，可采用措施降低供用电设备消耗的 （   ）。

    A. 有功功率   B. 无功功率   C. 电压   D. 电流

36. 直流发电机—直流电动机自动调速系统采用改变励磁磁通调速时，其实际转速应 （   ）额定转速。

    A. 等于   B. 大于   C. 小于   D. 不大于

37. 做耐压试验时，直流电动机应处于 （   ）状态。

    A. 静止   B. 起动   C. 正转运行   D. 反转运行

38. C5225 车床的工作台电动机制动原理为 （   ）。

    A. 反接制动   B. 能耗制动   C. 电磁离合器   D. 电磁抱闸

39. 一电流源的内阻为 2Ω，当把它等效变换成 10V 的电压源时，电流源的电流为 （   ）。

    A. 5A   B. 2A   C. 10A   D. 2.5A

40. 物流管理属于生产车间管理的 （   ）。

    A. 生产计划管理   B. 生产现场管理   C. 作业管理   D. 现场设备管理

41. 用普通示波器观测频率为1000Hz的被测信号，若需在荧光屏上显示出5个完整的周期波形，则扫描频率应为（　　）Hz。

    A. 200　　　　　　B. 2000　　　　　　C. 1000　　　　　　D. 5000

42. 一含源二端网络，测得其开路电压为100V，短路电流10A，当外接10Ω负载电阻时，负载电流为（　　）。

    A. 10A　　　　　　B. 5A　　　　　　C. 15A　　　　　　D. 20A

43. 使用低频信号发生器时（　　）。

    A. 先将"电压调节"放在最小位置，再接通电源

    B. 先将"电压调节"放在最大位置，再接通电源

    C. 先接通电源，再将"电压调节"放在最小位置

    D. 先接通电源，再将"电压调节"放在最大位置

44. 应用戴维南定理求含源二端网络的输入等效电阻是将网络内各电动势（　　）。

    A. 串联　　　　　　B. 并联　　　　　　C. 开路　　　　　　D. 短接

45. 单向全波可控整流电路，若输入电压为U_2，则输出平均电压为（　　）。

    A. U_2　　　　B. $9U_2 \dfrac{1+\cos\alpha}{2}$　　C. $0.9U_2$　　　　D. $0.45U_2$

46. 疏失误差可以通过（　　）的方法来消除。

    A. 校正测量仪表　　　　　　　　　　B. 正负消去法

    C. 加强责任心，抛弃测量结果　　　　D. 采用合理的测试方法

47. 如图所示二端网络，等效为一个电源时的电动势为（　　）。

    A. 8V　　　　　　B. 4V　　　　　　C. 2V　　　　　　D. 6V

48. 纯电容电路的功率因数（　　）零。

    A. 大于　　　　　　B. 小于　　　　　　C. 等于　　　　　　D. 等于或大于

49. 按励磁方式分类，直流电动机可分为（　　）。

    A. 2　　　　　　B. 3　　　　　　C. 4　　　　　　D. 5

50. 三相对称负载接成三角形时，若某相的线电流为1A，则三相线电流的矢量和为（　　）A。

    A. 3　　　　　　B. $\sqrt{3}$　　　　　　C. $\sqrt{2}$　　　　　　D. 0

51. 在使用电磁调速异步电动机调速时，三相交流测速发电机的作用是（　　）。

    A. 将转速转变成直流电压　　　　　　B. 将转速转变成单相交流电压

    C. 将转速转变成三相交流电压　　　　D. 将三相交流电压转换成转速

52. 高压10kV以下油断路器作交流耐压前后，其绝缘电阻不下降（　　）%为合格。

    A. 15　　　　　　B. 10　　　　　　C. 30　　　　　　D. 20

53. 对电流互感器进行交流耐压试验后，若被试品合格，试验结束应在 5s 内均匀地降到电压试验值的（　　）%，电压至零后，拉开隔离开关。

    A. 10   B. 40   C. 50   D. 25

54. 把如图所示的二端网络等效为一个电源，其电动势和内阻为（　　）。

    A. 3V，3Ω   B. 3V，1.5Ω   C. 2V，3/2Ω   D. 2V，2/3Ω

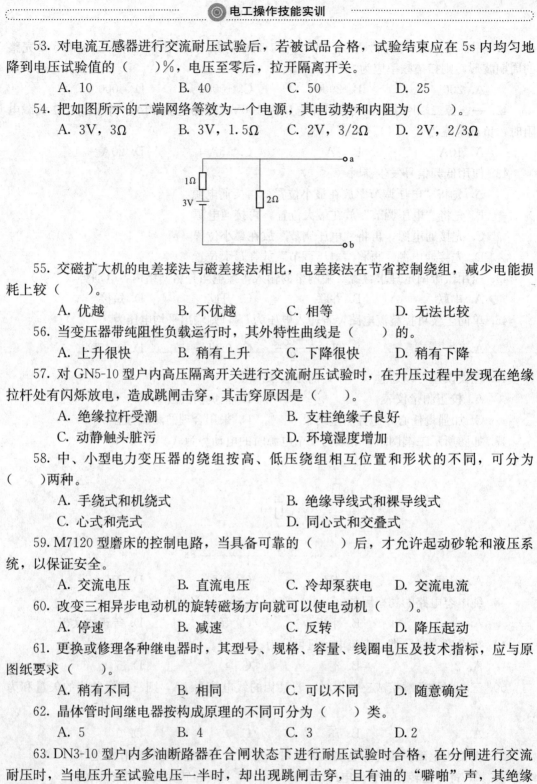

55. 交磁扩大机的电差接法与磁差接法相比，电差接法在节省控制绕组，减少电能损耗上较（　　）。

    A. 优越   B. 不优越   C. 相等   D. 无法比较

56. 当变压器带纯阻性负载运行时，其外特性曲线是（　　）的。

    A. 上升很快   B. 稍有上升   C. 下降很快   D. 稍有下降

57. 对 GN5-10 型户内高压隔离开关进行交流耐压试验时，在升压过程中发现在绝缘拉杆处有闪烁放电，造成跳闸击穿，其击穿原因是（　　）。

    A. 绝缘拉杆受潮   B. 支柱绝缘子良好

    C. 动静触头脏污   D. 环境湿度增加

58. 中、小型电力变压器的绕组按高、低压绕组相互位置和形状的不同，可分为（　　）两种。

    A. 手绕式和机绕式   B. 绝缘导线式和裸导线式

    C. 心式和壳式   D. 同心式和交叠式

59. M7120 型磨床的控制电路，当具备可靠的（　　）后，才允许起动砂轮和液压系统，以保证安全。

    A. 交流电压   B. 直流电压   C. 冷却泵获电   D. 交流电流

60. 改变三相异步电动机的旋转磁场方向就可以使电动机（　　）。

    A. 停速   B. 减速   C. 反转   D. 降压起动

61. 更换或修理各种继电器时，其型号、规格、容量、线圈电压及技术指标，应与原图纸要求（　　）。

    A. 稍有不同   B. 相同   C. 可以不同   D. 随意确定

62. 晶体管时间继电器按构成原理的不同可分为（　　）类。

    A. 5   B. 4   C. 3   D. 2

63. DN3-10 型户内多油断路器在合闸状态下进行耐压试验时合格，在分闸进行交流耐压时，当电压升至试验电压一半时，却出现跳闸击穿，且有油的"嘭啪"声，其绝缘击穿原因是（　　）。

    A. 油箱中的变压器油含有水分   B. 绝缘拉杆受潮

    C. 支柱绝缘子有破损   D. 断路器动静触头距离过大

64. 电磁调速异步电动机主要由一台单速或多速的三相笼型异步电动机和（　　）

组成。

    A. 机械离合器   B. 电磁离合器   C. 电磁转差离合器 D. 测速发电机

65. 交磁电动机扩大机的换向绕组与（　　）。

    A. 电枢绕组串联   B. 电枢绕组并联 C. 控制绕组串联 D. 控制绕组并联

66. 线绕式电动机的定子做耐压试验时，转子绕组应（　　）。

    A. 开路   B. 短路   C. 接地   D. 严禁接地

67. 交流伺服电动机的定子圆周上装有（　　）绕组。

    A. 一个   B. 两个互差 90°电角度的

    C. 两个互差 180°电角度的   D. 两个串联的

68. 三相鼠笼式异步电动机直接起动电流过大，一般可达额定电流的（　　）倍。

    A. 2～3   B. 3～4   C. 4～7   D. 10

69. Z37 摇臂钻床的摇臂升、降开始前，一定先使（　　）松开。

    A. 立柱   B. 连锁装置   C. 主轴箱   D. 液压装置

70. 直流电动机出现振动现象，其原因可能是（　　）。

    A. 电枢平衡未校好   B. 负载短路

    C. 电动机绝缘老化   D. 长期过载

71. 在三相交流异步电动机定子上布置结构完全相同，在空间位置上互差（　　）电角度的三相绕组，分别通入三相对称交流电，则在定子与转子的空气隙间将会产生旋转磁场。

    A. 60°   B. 90°   C. 120°   D. 180°

72. 三相异步电动机按转速高低划分，有（　　）种。

    A. 2   B. 3   C. 4   D. 5

73. 在三相交流异步电动机定子上布置结构完全相同，在空间位置上互差 120°电角度的三相绕组，分别通入（　　），则在定子与转子的空气隙间将会产生旋转磁场。

    A. 直流电   B. 交流电   C. 脉动直流电 D. 三相对称交流电

74. 在 M7120 型磨床控制电路中，为防止砂轮升降电动机的正、反转线路同时接通，故需进行（　　）控制。

    A. 点动   B. 自锁   C. 连锁   D. 顺序

75. 改变直流电动机励磁绕组的极性是为了改变（　　）。

    A. 电压的大小   B. 电流的大小   C. 磁场方向   D. 电动机转向

76. 三相异步电动机采用丫—△降压起动时，起动转矩是△接法全压起动时的（　　）倍。

    A. $\sqrt{3}$ B. $1/\sqrt{3}$ C. $\sqrt{3}/2$ D. $1/3$

77. 星—三角形降压起动时，每相定子绕组承受的电压是三角形接法全压起动时的（　　）倍。

    A. 2   B. 3   C. $1/\sqrt{3}$ D. $1/3$

78. 要使三相异步电动机的旋转磁场方向改变，只需要改变（　　）。

    A. 电源电压   B. 电源相序   C. 电源电流   D. 负载大小

79. 改变直流电动机的电源电压进行调速，当电源电压降低时其转速（　　）。

  A. 升高   B. 降低   C. 不变   D. 不一定

  80. 三相异步电动机反接制动时，采用对称制电阻接法，可以在限制制动转矩的同时，也限制了（　　）。

  A. 制动电流   B. 起动电流   C. 制动电压   D. 起动电压

二、判断题（第 81 题～第 100 题。将判断结果填入括号中。正确的填"√"，错误的填"X"。每题 1 分，满分 20 分。）

  81. 利用隔离开关断口的可靠绝缘能力，使需要检修的高压设备或高压线路与带电的设备或带电线路隔开，造成一个明显的断开点，以保证工作人员安全地检修。（　　）

  82. 测量检流计内阻时，必须采用准确度较高的电桥去测量。（　　）

  83. 低频信号发生器开机后需加热 30min 后方可使用。（　　）

  84. 直流弧焊发电机属于欠复励发电机的一种。（　　）

  85. 同步电压为锯齿波的触发电路，其产生的锯齿波线性度最好。（　　）

  86. 在直流发电机—直流电动机自动调速系统中，直流发电机能够把励磁绕组输入的较小电信号转换成强功率信号。（　　）

  87. 在直流放大器中，前级产生的零点飘移比后级严重得多。（　　）

  88. 生产过程的组织是车间生产管理的基本内容。（　　）

  89. 常见的七段式显示器有荧光数码管、液晶显示器和半导体发光数码管。（　　）

  90. 交流伺服电动机的励磁绕组与信号电压相连。（　　）

  91. 正常工作条件下，为保证晶闸管可靠触发，实际所加的触发电压应大于门极触发电压。（　　）

  92. 交磁电动机扩大机具有放大倍数高、时间常数小、励磁余量大等优点，且有多个控制绕组，便于实现自动控制系统中的各种反馈。（　　）

  93. LC 回路的自由振荡频率 $f_0 = \dfrac{1}{2\pi\sqrt{LC}}$。（　　）

  94. 直流电动机电枢绕组接地故障一般出现在槽口击穿或换向器内部绝缘击穿，以及绕组端线对支架的击穿等。（　　）

  95. 三相同步电动机在能耗制动时不需另外的直流电源设备。（　　）

  96. 三相鼠笼式异步电动机正反转控制线路，采用按钮和接触器双重连锁较为可靠。（　　）

  97. 在感性电路中，提高用电器的效率应采用电容并联补偿法。（　　）

  98. 三相电动机的机械制动一般采用电磁抱闸制动。（　　）

  99. 晶闸管加正向电压，触发电流越大，越容易导通。（　　）

  100. 共发射极阻容耦合放大电路，带负载后的电压放大倍数较空载时的电压放大倍数减小。（　　）

维修电工中级理论样题答案

一、单项选择题

DDCAD DBDAB BBDDC BCACC ADCBB BADAA ACAAB BABAD ABADB CBCCD
CADDA DADCC BCACA CBCAA CBDCD DCBBA

二、判断题

√××√√ ×√√√√ √√√√× √√√√×

维修电工中级操作技能样题

试题1 安装和调试断电延时带直流能耗制动的丫—△启动的控制电路

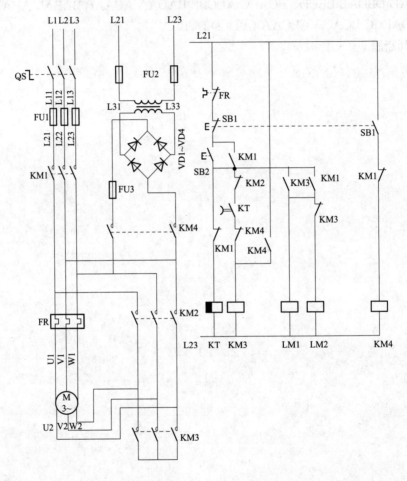

考核要求：

（1）按图纸的要求进行正确熟练的安装；元件在配线板上布置要合理，安装要正确、紧固，布线要求横平竖直，应尽量避免交叉跨越，接线紧固、美观。正确使用工具和仪表。

（2）按钮盒不固定在板上，电源和电动机配线、按钮接线要接到端子排上，要注明引出端子标号。

（3）安全文明操作。

（4）注意事项：满分40分，考试时间240分钟。

试题2 按工艺规程检修晶闸管整流弧焊机

在弧焊机上设隐蔽故障1处。考生向考评员询问故障现象时，考评员可以将故障现象告诉考生，考生必须单独排除故障。

考核要求：

(1) 调查研究。

1) 对故障进行调查，弄清出现故障时的现象。

2) 查阅有关记录。

3) 检查电动机的外部有无异常，必要时进行解体检查。

(2) 故障分析。

1) 根据故障现象，分析故障原因。

2) 判明故障部位。

3) 采取有针对性的处理方法进行故障部位的修复。

(3) 故障排除。

1) 正确使用工具和仪表。

2) 排除故障中思路清楚。

3) 排除故障中按工艺要求进行。

(4) 试验及判断。

1) 根据故障情况进行电气试验合格。

2) 试车时，会测量电动机的电流、振动、转速及温度等。

3) 对电动机进行观察和测试后，判断是否合格。

(5) 考核注意事项。

1) 满分 40 分，考试时间 240 分钟。

2) 在考核过程中，要注意安全。

3) 正确使用工具和仪表。

4) 遵守电动机故障检修的有关规程。

否定项：故障检修未达 20 分，本次鉴定操作考核视为不通过。

试题 3　用两表法测量三相负载的有功功率

考核要求：

(1) 要求按"两表法"接线规则进行接线，并测量三相负载消耗的功率。

(2) 考核注意事项：

1) 满分 10 分，考核时间 30 分钟。

2) 考核过程中，应注意安全。

否定项：不能损坏仪器、仪表，损坏仪器、仪表扣 10 分。

试题 4　在各项技能考核中，要遵守安全文明生产的有关规定

考核要求：

(1) 劳动保护用品穿戴整齐。

(2) 电工工具佩带齐全。

(3) 遵守操作规程。

(4) 尊重考评员，讲文明礼貌。

(5) 考试结束要清理现场。

(6) 遵守考场纪律，不能出现重大事故。

(7) 考核注意事项：

1) 本项目满分 10 分。

2）安全文明生产贯穿于整个技能鉴定的全过程。

3）考生在不同的技能试题中，违犯安全文明生产考核要求同一项内容的，要累计扣分。

否定项：出现严重违犯考场纪律或发生重大事故，本次技能考核视为不合格。

维修电工中级操作技能考核评分记录表

试题 1 安装和调试断电延时带直流能耗制动的Y—△起动的控制电路

序号	主要内容	考核要求	评分标准	配分	扣分	得分
1	元件安装	1. 按图纸的要求，正确使用工具和仪表，熟练安装电气元器件 2. 元件在配电板上布置要合理，安装要准确、紧固 3. 按钮盒不固定在板上	1. 元件布置不整齐、不匀称、不合理，每个扣1分 2. 元件安装不牢固、安装元件时漏装螺钉，每个扣1分 3. 损坏元件，每个扣2分	5		
2	布线	1. 布线要求横平竖直，接线紧固美观 2. 电源和电动机配线、按钮接线要接到端子排上，要注明引出端子标号 3. 导线不能乱线敷设	1. 电动机运行正常，但未按电路图接线，扣1分 2. 布线不横平竖直，主、控制电路，每根扣0.5分 3. 触点松动、接头露铜过长、反圈、压绝缘层，标记线号不清楚、遗漏或误标，每处扣0.5分 4. 损伤导线绝缘或线芯，每根扣0.5分 5. 导线乱线敷设扣10分	15		
3	通电试验	在保证人身和设备安全的前提下，通电试验一次成功	1. 时间继电器及热继电器整定值错误各扣2分 2. 主、控电路配错熔体，每个扣1分 3. 一次试车不成功扣5分；二次试车不成功扣10分；三次试车不成功扣15分	20		
			合　计	40		
备注		考评员签字		年　　月　　日		

评分人：　　　　年　　月　　日　　　　　核分人：　　　　年　　月　　日

试题 2 按工艺规程检修晶闸管整流弧焊机

序号	主要内容	考核要求	评分标准	配分	扣分	得分
1	调查研究	1. 对故障进行调查，弄清出现故障时的现象 2. 查阅有关记录 3. 检查电焊机的外部有无异常，必要时进行解体检查	排除故障前不进行调查研究扣2分	2		
2	故障分析	1. 根据故障现象，分析故障原因，思路正确 2. 判明故障部位 3. 采取有针对性的处理方法进行故障部位的修复	1. 故障分析思路不够清晰，扣8分 2. 不能确定最小的故障范围，每个故障点扣5分	13		

序号	主要内容	考核要求	评分标准	配分	扣分	得分
3	故障排除	1. 正确使用工具和仪表 2. 找出故障点并排除故障 3. 排除故障时要遵守电焊机修理的有关工艺要求	1. 不能找出故障点，扣5分 2. 不能排除故障，扣5分 3. 排除故障方法不正确，扣5分	15		
4	电气测量及判断	1. 根据故障情况，电气测试合格 2. 对电焊机进行观察和测试后，判断其是否合格	1. 不会进行电气测试，扣5分 2. 对电焊机进行观察和测试后，不能判断其是否合格，扣5分	10		
5	其他	操作如有失误，要从此项总分中扣分	1. 排除故障时，产生新的故障后不能自行修复，每个故障从本项总分中扣10分；已经修复，每个故障从本项总分中扣5分 2. 损坏电焊机，从本项总分中扣10~40分			
备注	本项目故障数量为1个 否定项：故障检修得分少于20分，本次技能考核视为不合格		合　计			
			考评员签字		年　月　日	

评分人：　　　年　　月　　日　　　　　　　　核分人：　　　年　　月　　日

试题3　用两表法测量三相负载的有功功率

序号	主要内容	考核要求	评分标准	配分	扣分	得分
1	测量准备	选择仪表正确，接线无误	选择仪表不正确，扣2分；接线错误，扣3分	5		
2	测量过程	测量过程准确无误	测量过程中，操作步骤每错一次，扣1分	2		
3	测量结果	测量结果在允许误差范围之内	测量结果有较大误差或错误扣2分	2		
4	维护保养	对使用的仪器、仪表进行简单的维护保养	维护保养有误扣1分	1		
备注	否定项：要求不能损坏仪器、仪表。损坏仪器、仪表，扣10分		合　计	10		
			考评员签字		年　月　日	

评分人：　　　年　　月　　日　　　　　　　　核分人：　　　年　　月　　日

试题4　在各项技能考核中，要遵守安全文明生产的有关规定

序号	主要内容	考核要求	评分标准	配分	扣分	得分
1	安全文明生产	1. 劳动保护用品穿戴整齐 2. 电工工具佩带齐全 3. 遵守操作规程	1. 各项考试中，违犯安全文明生产考核要求的任何一项扣2分，扣完为止 2. 考生在不同的技能试题考核中，违犯安全文明生产考核要求同一项内容的，要累计扣分	10		

序号	主要内容	考核要求	评分标准	配分	扣分	得分
1	安全文明生产	4. 尊重考评员，讲文明礼貌 5. 考试结束要清理现场	3. 当考评员发现考生有重大事故隐患时，要立即予以制止，并每次扣考生安全文明生产总分5分	10		
备注	否定项：要求遵守考场纪律，不能出现重大事故。出现严重违犯考场纪律或发生重大事故，本次技能考核视为不合格		合　计	10		
			考评员签字		年　　月　　日	

评分人：　　　　年　　月　　日　　　　　　核分人：　　　　年　　月　　日

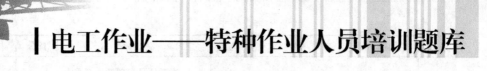

电工作业——特种作业人员培训题库

一、判断题

1. 在接地网中，带有保护接地的电气设备，当发生相线碰壳故障时，若人体接触设备外壳，仍会发生触电事故。（√）

2. 单投刀闸安装时静触头放在上面，接电源，动触头放在下面接负载。（√）

3. 检修刀开关时只要将刀开关拉开，就能确保安全。（×）

4. 小容量的交流接触器多采用拉长电弧的灭弧方法。（√）

5. 运行中的电容器电流超过额定值的 1.3 倍，应退出运行。（√）

6. 一般对低压设备和线路，绝缘电阻不应低于 0.5MΩ，照明线路应不应低于 0.25MΩ。（√）

7. 对于具有多台电动机负载的线路，熔断器熔丝的额定熔断电流应大于或等于 1.5～2.5 倍的各台电动机额定电流之和。（×）

8. 漏电保护器对两相触电不能进行保护，对相间短路也起不到保护作用。（√）

9. 熔体熔断后，可以用熔断熔体的方法查找故障原因，但不能轻易改变熔体的规格。（×）

10. 电动机外壳一定要有可靠的保护接地或接零。（√）

11. 运行中电源确相时电动机继续运转，但电流增大。（√）

12. 高桩接拉线用于跨越公路和渠道等弯处。（√）

13. 导线在同一平面内，如有弯曲时瓷珠或绝缘子，必须装设在导线的曲折角外侧。（×）

14. 非铠装电缆不准直接埋设。（√）

15. 普通灯泡的表面亮度比荧光灯小。（×）

16. 每个照明支路的灯具数量不宜超过 10 个。（×）

17. 外桥接线适用于需要经常切除或投入变压器的场合。（√）

18. 为了避免短路电流的影响，电流互感器必须装熔断器。（×）

19. 停、送电操作可进行口头约时。（×）

20. 变压器停电时先停负载侧，再停电源侧，送电时相反。（√）

21. 爆炸危险场所，按爆炸性物质状态，分为气体爆炸危险场所和粉尘爆炸危险场所两类。（√）

22. 爆炸危险场所对于接地（接零）方面是没有特殊要求的。（×）

23. 防雷装置的引下线应满足机械强度、耐腐蚀和热稳定性的要求。（√）

24. 引下线应进行防腐处理，应使用铝导线和铜导线作引下线。引下线截面锈蚀 30% 以上应更换。（×）

25. 为了防止静电感应产生的高压电，应将建筑物内的金属管道，金属设备结构的钢筋等接地，接地装置可以与其他接地装置共用。（√）

26. 最好的屏蔽是密封金属屏蔽包壳，其包壳要良好接地。（√）

27. 电磁波随着波长的缩短，对人体的伤害加重。（√）

28. 测量直流大电流时一般采用表头串联分流器的方法来扩大量程。（×）

29. 用万用表测量电阻时必须停电进行，而用摇表测电阻则不必停电。（×）

30. 不得用万用表电阻挡直接测量微安表头的内阻，但可直接测量检流计、标准电池的内阻。（×）

31. 电气安全检查一般每季度一次。（√）

32. 电气安全检查是杜绝事故防隐患于未然的必要措施。（×）

33. 接触器不仅具有接通和断开的作用，还具有欠电压保护的作用。（√）

34. 用导线把用电设备的壳体与零线相接的形式称为接地保护。（×）

35. 设备接地线的对地电阻不得小于 4Ω。（×）

36. 回路的对地绝缘电阻不应小于 $0.5M\Omega$。（√）

37. 电葫芦操作者不仅应熟悉安全操作规程，还应掌握相应的吊装作业知识。（√）

38. 电动葫芦操作者应熟悉葫芦式起重机的基本结构和性能。（√）

39. 焊工在操作时可穿有铁钉的鞋或布鞋。（×）

40. 脱离高压电源方法首先通知有关供电部门拉闸停电。（√）

41. 对触电者急救时可采用金属或其他潮湿的物品作为救护工具。（×）

42. 直流电流表可以用于交流电路。（×）

43. 钳形电流表可做成既能测交流电流，也能测量直流电流。（×）

44. 使用万用表测量电阻，每换一次欧姆挡都要把指针调零一次。（√）

45. 测量电流的电流表内阻越大越好。（×）

46. 无论是测直流电或交流电，验电器的氖管发光情况是一样的。（×）

47. 电烙铁的保护接线端可以接线，也可不接线。（×）

48. 装临时接地线时，应先装三相线路端，然后装接地端；拆时相反，先拆接地端，后拆三相线路端。（×）

49. 电焊机的一、二次接线长度均不宜超过 20m。（×）

50. 交流电压表和电流表所指示的都是有效值。（√）

51. 绝缘靴也可做耐酸、碱、耐油靴使用。（×）

52. 导线的安全载流量，在不同环境温度下，应有不同数值，环境温度越高，安全载流量越大。（×）

53. 钢芯铝绞线在通过交流电时，由于交流电的集肤效应，电流实际只从铝线中流过，故其有效截面积只是铝线部分面积。（√）

54. 裸导线在室内敷设高度必须在 3.5m 以上，低于 3.5m 不许架设。（×）

55. 导线敷设在吊顶或天棚内，可不穿管保护。（×）

56. 所有穿管线路，管内接头不得多于 1 个。（×）

57. 电缆线芯有时压制圆形、半圆形、扇形等形状。这是为了缩小电缆外形尺寸，节约原材料。（√）

58. 变电站停电时，先拉隔离开关，后切断断路器。（×）

59. 高压隔离开关在运行中，若发现绝缘子表面严重放电或绝缘子破裂，应立即将高压隔离开关分断，退出运行。（×）

60. 高压负荷开关有灭弧装置，可以断开短路电流。（×）

61. 触电的危险程度完全取决于通过人体的电流大小。（×）

62. 很有经验的电工，停电后不一定非要用验电笔测试便可进行检修。（×）

63. 采用 36V 安全电压后，就一定能保证绝对不会再发生触电事故了。（×）

64. 低压临时照明若装设得十分可靠，也可采用"一线一地制"供电方式。（×）

65. 雨天穿用的胶鞋，在进行电工作业时也可暂作绝缘鞋使用。（×）

66. 对电气安全规程中的具体规定，实践中应根据具体情况灵活调整。（×）

67. 在有易燃易爆危险的厂房内，禁止采用铝芯绝缘线布线。（√）

68. 使用 1：1 安全隔离变压器时，其二次端一定要可靠接地。（×）

69. 通常并联电容器组在切断电路后，通过电压互感器或放电灯泡自行放电，故变电站停电后不必再进行人工放电而可以进行检修工作。（×）

70. 漏电保护器对两相触电不能进行保护，对相间短路也起不到保护作用。（√）

71. 电流互感器的一次电流取决于二次电流，二次电流大，一次电流也变大。（×）

72. 经常正、反转及频繁起动的电动机，宜于热继电器来保护。（×）

73. 在易燃易爆场所的照明工具，应使用密闭形或防爆形灯具。在多尘、潮湿和有腐蚀气体的场所的灯具，应使用防水防尘型。（√）

74. 多尘、潮湿的场所或户外场所的照明开关，应选用瓷质防水拉线开关。（√）

75. 一般对低压设备和线路，绝缘电阻应不低于 0.5MΩ，照明线路应不低于 0.22MΩ。（√）

76. 使用 RL 螺旋式熔断器时，其底座的中心触点接负载，螺旋部分接电源。（×）

77. 变压器的额定容量是指变压器输出的视在功率。（√）

78. 电源相（火）线可直接接入灯具，而开关可控制地线。（×）

79. 额定电压为 380V/220V 的单相变压器，若当做升压变压器使用时，可以在二次侧接入 380V 的电源，在一次侧获得输出约 656V 的电压。（×）

80. 电动机外壳一定要有可靠的保护接地或接零。（√）

81. 为保证安全，手持电动工具应尽量选择Ⅰ类。（×）

82. 电气安全检查一般每季度一次。（√）

83. 手持电动工具，应有专人管理，经常检查安全可靠性。应尽量选用Ⅱ类Ⅲ类。（√）

84. 可将单相三孔电源的保护接地端（面对插座的最上端）与接零端（面对插座最左下孔）连接起来共用一根线。（×）

85. 电源线接在插座上或接在插头上是一样的。（×）

86. 螺口灯头的相（火）线应接在灯口中心的舌片上，零线接在螺纹口上。（√）

87. 电动机的额定电压是指输入定子绕组的每相电压而不是线间电压。（×）

88. 电动机的绝缘等级，表示电动机绕组的绝缘材料和导线所能耐受温度极限的等级，如 E 级绝缘其允许最高温度为 120℃。（√）

89. 绕线转子异步电动机的起动方法，通常采用丫-△降压起动。（×）

90. 绕线转子异步电动机采用了转子串电阻起动时，所串电阻越大，起动转矩越大。（×）

91. 检查低压电动机定子、转子绕组各相之间和绕组对地的绝缘电阻，用 500V 绝缘电阻测量时，其数值不应低于 0.5MΩ，否则应进行干燥处理。（√）

92. 对于仅是单一操作、事故处理操作、拉开接地刀闸和拆除仅有的一组接地线的操作，可不必填写操作票，但应记入操作记录本。（√）

93. 变配电所操作中，接挂或拆除地线、验电及装拆电压互感器回路的熔断器等项目可不填写操作票。（×）

94. 变电站停电操作，在电路切断后的"验电"工作，可不填入工作票。（×）

95. 抢救触电伤员中，用兴奋呼吸中枢的可拉明、洛贝林或使心脏复跳的肾上腺素等强心针剂可代替手工呼吸和胸外心脏按压两种急救措施。（×）

96. 电源从厂内总降压变配电所引入厂内二次变配电所，变压器容量在 500kVA 以下的，可以不设专人值班，只安排巡视检查。（√）

97. 电气设备停电后，在没有断开电源开关和采取安全措施以前，不得触及设备或进入设备的遮栏内，以免发生人身触电事故。（√）

98. 改变异步电动机电源频率就可改变电动机的转速。（√）

99. 当人触电时应立即迅速进行心肺复苏抢救。（×）

100. 当用户管辖的输电线路停、送电，由用户申请人决定。（√）

101. 在 RLC 串联电路中，总电压的有效值总会大于各元件的电压有效值。（×）

102. 电流互感器又称仪用变流器，是一种将大电流变成小电流的仪器。（√）

103. 变压器是一种静止的电气设备，是用来将某一数值的交流电压变成频率相同的另一种或几种数值不同的交流电压的设备。（√）

104. 高压验电器是用来检查高压网络变配电设备、架空线、电缆是否带电的工具。（√）

105. 接地线是为了在已停电的设备和线路上意外地出现电压时保证工作人员安全的重要工具。按部颁规定，接地线必须是由 25mm² 以上裸铜软线制成。（√）

106. 遮栏是为防止工作人员无意碰到设备带电部分而装设的屏护，分为临时遮栏和常设遮栏两种。（√）

107. 跨步电压是指如果地面上水平距离为 0.8m 的两点之间的电位差，当人体两脚接触该两点时在人体上将承受电压。（√）

108. 电力系统是动力系统的一部分，它由发电厂的发电机及配电装置，升压及降压变电站、输配电线路及用户的用电设备组成。（√）

109. 电力网是电力系统的一部分，它是由各类变电站（所）和各种不同电压等级的输、配电线路联结起来组成的统一网络。（√）

110. 每张操作票只能填写一个操作任务，每操作一项，做一个记号"√"。（√）

111. 已执行的操作票注明"已执行"。作废的操作票注明"作废"字样。这两种操作票至少要保存三个月。（√）

112. 变电站（所）倒闸操作，必须由两人执行，其中对设备熟悉者做监护人。（√）

113. 在倒闸操作中若发生疑问，可以更改操作票再进行操作。（×）

114. 填写操作票，要包括操作任务、操作顺序、发令人、操作人、监护人及操作时间等。（√）

115. 高压设备发生接地故障时，人体与接地点的安全距离为：室内应大于 4m，室外大于 8m。（√）

116. 变压器的冷却方式有油浸自冷式、油浸风冷式、强油风冷式和强油水冷式。

（√）

117. 电气上的"地"的含义不是指大地，而是指电位为零的地方。（√）

118. 隔离开关可以拉合无故障的电压互感器和避雷器。（√）

119. 各级调度在电力系统的运行指挥中是上、下级关系。下级调度机构的值班调度员、发电厂值班长、变电站值班长，在调度关系上，受上级调度机构值班调度员的指挥。（√）

120. 严禁工作人员在工作中移动或拆除围栏、接地线和标示牌。（√）

121. 雷雨天气巡视室外高压设备时，应穿绝缘鞋，并不得靠近避雷器和避雷针。（√）

122. 电器设备的金属外壳接地属于工作接地。（×）

123. 用兆欧表测绝缘时，E端接导线，L端接地。（×）

124. 使用钳形表时，钳口两个面应接触良好，不得有杂质。（√）

125. 线路停电时，必须按照断路器、母线侧隔离开关、负载侧隔离开关的顺序操作，送电时相反。（×）

126. 熟练的值班员，简单的操作可以不用操作票，而凭经验和记忆操作。（×）

127. 心肺复苏应在现场就地坚持进行，但为了方便也可以随意移动伤员。（×）

128. 发现杆上或高处有人触电，有条件时应争取在杆上或高处及时进行抢救。（√）

129. 在带电设备着火时，应使用干式灭火器、CO_2 灭火器等灭火，不得使用泡沫灭火器。（√）

130. 在装有漏电保护器的低压供电线路上带电作业时，可以不用戴绝缘手套、绝缘鞋等安全措施。（×）

131. 由于安装了漏电保护器，在金属容器内工作就不必采用安全电压。（×）

132. 漏电保护器安装时，应检查产品合格证、认证标志、试验装置，发现异常情况必须停止安装。（√）

133. 漏电保护器的保护范围应是独立回路，不能与其他线路有电气上的连接。一台漏电保护器容量不够时，不能两台并联使用，应选用容量符合要求的漏电保护器。（√）

134. 漏电保护器发生故障，必须更换合格的漏电保护器。（√）

135. 对运行中的漏电器应进行定期检查，每月至少检查一次，并做好检查记录。检查内容包括外观检查、试验装置检查，接线检查，信号指示及按钮位置检查。（√）

136. 选用漏电保护器，应满足使用电源电压、频率、工作电流和短路分断能力的要求。（√）

137. 应采用安全电压的场所，不得用漏电保护器代替，如使用安全电压确有困难，必须经企业安全管理部门批准，方可用漏电保护器作为补充保护。（√）

138. 手持式电动工具（除Ⅲ类外）、移动式生活日用电器（除Ⅲ类外）、其他移动式机电设备，以及触电危险性大的用电设备，必须安装漏电保护器。（√）

139. 建筑施工场所、临时线路的用电设备，必须安装漏电保护器。（√）

140. 额定漏电动作电流不超过 30mA 的漏电保护器，在其他保护措施失效时，可作为直接接触的补充保护，但不能作为唯一的直接接触保护。（√）

141. 应采用安全电压的场所，不得用漏电保护器代替。（√）

142. 运行中的漏电保护器发生动作后，应根据动作的原因排除了故障，方能进行合

闸操作。严禁带故障强行送电。（√）

143. 值班人员必须熟悉电气设备，单独值班人员或值班负责人还应有实际工作经验。（√）

144. 巡视配电装置，进出高压室，必须随手将门锁好。（√）

145. 倒闸操作必须由两人执行，其中一人对设备较为熟悉者做监护。（√）

146. 在发生人身触电事故时，为了解救触电人，可以不经许可，即行断开有关设备的电源，但事后必须立即报告上级。（√）

147. 部分停电的工作，是指高压设备部分停电，或室内虽停电，而通至邻接高压室的门并未全部闭锁。（√）

148. 水除霜不仅能清除蒸发器外表面的霜层，而且能够解决蒸发器内部积油对传热的不良影响。（×）

149. 电力电缆停电工作应填用第一种工作票，不需停电的工作应填第二种工作票。（√）

150. 进入高空作业现场，应戴安全帽。高处作业人员必须使用安全带。（√）

151. 遇有电气设备着火时，应立即将有关设备的电源切断，然后使用泡沫灭火器灭火进行救火。（×）

152. 用万用表测量电阻时必须停电进行，而用绝缘电阻表测电阻则不必停电。（×）

153. 高压熔断器具有定时限特性。（×）

154. 在中性点接地系统中，带有保护接地的电气设备，当发生相线碰壳故障时，若人体触及设备外壳，仍会发生触电事故。（√）

155. 所谓触电，是指当电流通过人体时，对人体产生的生理和病理的伤害。（√）

156. 电伤是电流通过人体时所造成的外伤。（√）

157. 电击是由于电流通过人体时造成的内部器官在生理上的反应和病变。（√）

158. 摆脱电流是人能忍受并能自主摆脱的通过人体的最大电流。（√）

159. 间接接触触电是指人体直接接触到带电体或者是人体过分地接近带电体而发生的触电现象。（×）

160. 跨步电压触电既属于间接接触触电，也属于直接接触触电。（×）

161. 《电业安全工作规程》将紧急救护方法列为电气工作人员必须具备的从业条件之一。（√）

162. 体外心脏积压法每分钟需要进行 60 次左右。（×）

163. 触电者若出现心脏停止跳动呼吸停止，在场的电工抢救 5h 后不能复活就可认定触电者死亡。（×）

164. 安全用电的基本方针是"安全第一，预防为主"。（√）

165. 保持配电线路和电气设备的绝缘良好，是保证人身安全和电气设备正常运行的最基本要素。（√）

166. 值班巡视人体与 10kV 以下不停电设备之间的最小安全距离为 0.3m。（×）

167. 起重机械和起重重物与 10kV 线路之间的最小安全距离应大于 2m。（√）

168. 运行中的低压电气设备和低压线路要求对地的绝缘电阻不低于 1kΩ/V。（√）

169. 栅栏用于室外配电装置时，其高度不应低于 1.5m，栅条间距和地面的距离不应小于 0.2m。（√）

170. 绝缘杆和绝缘夹钳都是绝缘基本安全用具。（√）

171. 人体可以持续接触而不会使人直接致死或致残的电压为安全电压。（√）

172. 电气设备采用 24V 以上的安全电压时，必须采取防止直接接触带电体的保护措施。（√）

173. Ⅲ类手持式电动工具，Ⅲ类移动式生活日用电器必须安装漏电保护器。（×）

174. 间接接触触电是人体接触到正常情况下不带电的设备的金属外壳或金属构架而发生的触电现象。跨步电压触电属于间接接触触电。（√）

175. 在同一个低压供电系统中，允许保护接地和保护接零同时使用。（×）

176. TN-S 系统中所有用电设备金属外壳采用保护接零。（√）

177. 电气设备发生接地故障时，越靠近接地点跨步电压越高。（√）

178. 安装在木结构或木杆塔上的电气设备的金属外壳一般不必接地。（√）

179. 二次接线回路上的工作，无须将高压设备停电者，需要填写第一种工作票。（×）

180. 雨天室外验电，可以使用普通（不防水）的验电器或绝缘杆。（×）

181. 挂接地线前必须验电，防止带电挂地线。验明设备无电后，立即将停电设备接地并三相短路。（√）

182. 拆、挂接地线，操作人员可以不戴绝缘手套。（×）

183. 可以用三组单相接地线代替一组三相短路接地线。（×）

184. 事故处理或倒闸操作中到了下班时间可以按时交接班。（×）

185. 胶盖闸刀开关不能直接控制电动机。（×）

186. 动力负载小于 60A 时，一般选用螺旋式熔断器而不选用管式熔断器。（√）

187. 运行中的电容器电压不应超过额定值的 1.2 倍。（×）

188. 长期运行中的电动机，对其轴承应两年进行一次检查换油。（×）

189. 大修后摇测高压电动机的绝缘，每千伏电压其绝缘电阻应大于 $0.5M\Omega$。（×）

190. 铜导线电阻最小，导电性能较差。（×）

191. 瓷柱和绝缘子配线不适应于室内、外的明配线。（√）

192. 钢管布线一般适用于室内、外场所，但对钢管有严重腐蚀的场所不宜采用。（√）

193. 事故照明装置应单独线路供电。（√）

194. 一般照明电源对地电压不应大于 250V。（√）

195. 拉线开关距地面一般在 2～3m。（√）

196. 阀型避雷器的阀型电阻盘是非线性电阻。（√）

197. 母线停电操作时，电压互感器应先断电，送电时应先合电压互感器。（×）

198. 在电气试验工作中，必须两人进行。（√）

199. 正常情况是指设备的正常起动、停止、正常运行和维修。不正常情况是指有可能发生设备故障的情况。（×）

200. 保持防暴电气设备正常运行，主要包括保持电压、电流参数不超出允许值，电气设备和线路有足够的绝缘能力。（×）

201. 地面上 1.7m 至地面下 0.3m 的一段引下线应加保护管，采用金属保护管时，应与引下线连接起来，以减小通过雷电电流时的电抗。（√）

202. 防止直击雷的主要措施是装设避雷针、避雷线、避雷器、避雷带。（×）

203. 变配电所内部过电压包括操作过电压、工频过电压和雷击过电压。（×）

204. 夜间发生触电事故时，应考虑切断电源后的临时照明，以利照明。（√）

205. 电磁场强度越大，对人体的伤害反而减轻。（×）

206. 电动式功率表电流线圈的"＊"端必须与电源相接，另一端与负载相接。（√）

207. 用万用表欧姆挡测试晶体管元件时不允许使用最高挡和最低挡。（√）

208. 为保证安全，手持电动工具应尽量选用Ⅰ类。（×）

209. 雷雨天气需要巡视室外高压设备时，应穿绝缘鞋，与带电体要保持足够的距离。（√）

210. 热备用状态是指刀闸在合闸位置，但断路器（开关）却在断开位置，电源中断，设备停运。（√）

211. 冷备用状态是指开关、刀闸均在断开位置，设备停运的状态。要使设备运行需将刀闸合闸、而后再合开关的工作状态。（√）

212. 检修状态：指设备的开关、刀闸都在断开位置，并接有临时地线（或合上接地刀闸），设好遮栏、悬挂好标示牌，设备处于检修状态。（√）

213. 雷电时进行刀闸操作和更换熔丝（保险丝）工作要特别小心。（×）

214. 发生严重危及人身安全情况时，要先填写好刀闸操作票后再进行停电。（×）

215. 当断路器故障后可以带负荷拉、合隔离开关（刀闸）。（×）

216. 导线的选择要满足机械强度、导线的安全载流量和允许电压损失三方面的要求。（√）

217. 为了保证导线的机械强度 3～10kV 线路，居民区铝导线的截面不应小于 $16mm^2$。（×）

218. 在同一横担架设时，导线相序排列是：面向负荷从左侧起为 L1、N、L2、L3。（√）

219. Ⅰ类工具在防止触电的保护方面不仅依靠基本绝缘，而且它还包含一个附加的安全预防措施。（√）

220. Ⅲ类工具在防止触电的保护方面依靠由安全特低电压供电和在工具内部不会产生比安全特低电压高的电压。（√）

221. 电动机是一种将电能转变为机械能的电气设备。（√）

222. 熔断器的熔丝选得小一点可以作为电动机的过载保护。（×）

223. "灰领"工人一般是指具有技师或高级技师职称的，能够连接工程师和操作工之间的桥梁型人才。（√）

224. 我国加入 WTO，有利于促进安全生产尽快与国际标准接轨。（√）

225. 非关税贸易壁垒主要强调环保，不针对安全生产。（×）

226. 安全生产法规定了从业人员五项权利，却只有四项义务，因此说权利与义务是不对等的。（×）

227. 《工伤保险条例》对个体工商户没有约束效力。（×）

228. 合格的产品是检查出来的。（×）

229. 本质安全型设备就是质量可靠的设备。（×）

230. 没有高素质的工人就生产不出高质量的产品。（√）

231. 没有取得安全培训合格证的人员不得从事特种作业。（√）

232. 特种作业人员只需要保证自己和设备的安全，就完成了安全任务。（×）

233. 气焊与气割的氧气瓶属于压缩气瓶。（√）

234. 规定离地面高度为 2m 以上的作业为登高焊割作业。（√）

235. 液化石油气瓶不得充满液体，必须按规定留出气体空间。（√）

236. 对于比较干燥而触电危险性比较大的环境，我国规定安全电压为 12V。（×）

237. 对于比较潮湿而触电危险性比较大的环境，我国规定安全电压为 36V。（×）

238. 触电急救最好和有效的办法是人工呼吸和心脏按压法。（√）

239、电弧光中的红外线、紫外线、强可见光对人体无害。（×）

240. 电流通过人体的途径中以手到手的途径最危险。（×）

241. 在低压系统中，电焊机的接地电阻不得大于 5Ω。（×）

242. 焊接变压器的二次线圈与焊接件相连的一端必须接零（或接地）。（√）

243. 电流通过人体的途径中从右手到脚的途径最危险。（×）

244. 危险性最小的电流路径是脚至脚，但触者可能因痉挛而摔倒导致二次事故。（√）

245. 距接地点越近，跨步电压值越大。（√）

246. 救护人员可根据有无呼吸或脉搏判定伤员的死亡。（×）

247. 工作票上所列的工作地点，以一个电气连接部分为限。（√）

248. 工作许可人可以签发工作票。（×）

249. 运行中的星形接线设备的中性点应视为带电设备。（√）

250. 断开断路器设备停电就可检修。（×）

251. 停电检修要断开断路器和隔离开关的操作电源。（√）

252. 在检修设备进行验明无电就可进行工作。（×）

253. 当验明设备确无电压后，将检修设备三相短路以便工作。（×）

254. 装设地线可以一人进行。（×）

255. 装拆地线不必戴绝缘手套。（×）

256. 开关电器的屏保护装置不仅可防触电，还是防止电弧伤人电弧短路的措施。（√）

257. IT 系统是电源系统的带电部分接地，电气设备的外露导电部分接地的系统。（×）

258. TT 系统是电源系统有一点直接接地，设备外露导电部分的接地用保护接地线（PE线）接到独立的接地体上。（√）

259. TN 系统是电源系统有一点直接接地，负载设备的外露导电部分通过保护导体连接到此接地点的系统。（√）

260. TN-S 系统是工作零线与保护线（PE 线）分开的系统。（√）

261. 用 RCD 作直接接触保护，则要求动作电流≤30mA，动作时间 t≤0.1s。（√）

262. 不带电的高压设备值班人员可单独移开遮栏进行工作。（×）

263. 高压隔离开关可用来通断一定限度的小电流。（√）

264. 带负荷误合刀闸，发现后立即将刀闸拉开。（×）

265. 装有刀开关和熔断器的电路进行停电，采取取下熔断器的办法将电路停电是不

对的。（√）

266. 填写操作票时，已经拉开的断路器和隔离开关要填入操作票内。（√）

267. 特别重要和复杂的倒闸操作应由熟练的值班员操作，值班负责人监护。（√）

268. 倒闸操作票由值班负责人填写。（×）

269. 操作票必须按操作项目的顺序逐项填写。（√）

270. 填好操作票后按内容即可到现场进行操作。（×）

271. 热继电器只宜做过载保护，不宜用做短路保护。（√）

272. Ⅰ类手持式电动工具应有良好的接零或接地措施。（√）

273. 使用Ⅱ类手持式电动工具必须采取接地和接零措施。（√）

274. 电焊机外壳应当接零（或接地）。（√）

275. 电焊机二次侧焊钳连接线接地（或接零）。（×）

276. 变配电所到倒闸操作必须由两人执行，其中一人做监护。（√）

277. 装设接地线时，人体可触及接地线。（×）

278. 同杆架线的多层线路进行验电时先验上层，后验下层。（×）

279. 工作负责人可以填写和签发工作票。（×）

280. 用钳形电流表测量配电变压器低压侧负荷电流时可由单人进行。（×）

281. 穿电工绝缘鞋可防止两相触电。（×）

282. 表示设备断开和允许进入间隔的信号可作为无电压的根据。（×）

283. 经常接入的电压表可作为设备无电压的根据。（×）

284. 接地线必须用专用线夹固定在导体上。（√）

285. 测量设备的绝缘电阻可带电进行。（×）

286. 测量绝缘电阻时，在测量前后应将被测设备对地放电。（√）

287. 在高压回路上用钳形电流表进行测量工作，应有两人进行。（√）

288. 测量不对称三相四线制电路的功率，可用三只单相功率表测量。（√）

289. 携带式或移动式电器用的插座单相用两孔，三相用三孔。（×）

290. 雷电时不能测量线路绝缘。（√）

291. 低压带电工作可以不设专人监护。（×）

292. 倒闸操作前，首先核对将要操作设备的名称、编号和位置。（√）

293. 合上刀闸时要迅速果断，拉开刀闸时要缓慢谨慎。（√）

294. 倒闸操作送电时，先合负载侧隔离开关，再合断路器，最后合母线侧隔离开关。（×）

295. 变压器停电，先停负载侧，再停电源侧。（√）

296. 操作票必须由操作人在接受指令后操作前填写。（√）

297. 填写的操作票必须与系统图或模拟盘核对无误后才能进行操作。（√）

298. 当验明设备确无电压后，应立即将检修设备三相短路。（×）

299. 装拆地线必须先接接地端后再接导体端。（√）

300. 装拆地线可不使用绝缘棒或戴绝缘手套。（×）

301. 接线应用单芯铜线，截面符合要求。（×）

302. 将检修设备停电，必须先拉开隔离开关，使各方面至少有一个明显的断开点。（√）

303. 停电时，要断开断路器和隔离开关的操作能源。（√）

304. 任何运用中的星形接线设备的中性点，必须视为带电设备。（√）

305. 工作零线应涂绿黄双色。（×）

306. IT 系统表示电源中性点接地，电气设备金属外壳不接地。（×）

307. TT 系统表示配电网中性点和电气设备金属外壳接地。（√）

308. 漏电保护器动作后，未发现事故点允许试送电一次。（√）

309. 避雷器应尽量靠近变压器的安装，接地线应与变压器低压中性点及金属外壳连在一起。（√）

310. 导体上的静电可采用接地来消除。（√）

311. 跌落式熔断器送电操作时，应先合上中相，再合上风侧边相，最后合下风侧边相。（×）

312. 当电源三相电压平衡时，三相电流中任一相与三相平均值的偏差不得超过 5%。（×）

313. 电动机一般可在额定电压变动 $-5\% \sim +10\%$ 的范围内运行，其额定出力不变。（√）

314. 电动机一相突然断路，应立即停机检查。（√）

315. 弧焊机二次侧焊钳连接线不得接零（或接地），二次侧的另一条线也只能一点接零（或接地）。（√）

316. 为防跨步电压触电，绝缘靴可作为基本安全用具。（√）

317. 额定电压在 500V 以上的设备，可选用 1000V 或 2500V 绝缘电阻表进行绝缘电阻测量。（√）

318. 钳形电流表每次只能测量一相导线的电流。（√）

319. 装临时接地线时，应先装三相线路端，然后装接地端；拆时相反，先拆接地端，后拆三相线路端。（×）

320. 安全电压照明变压器使用双圈变压器，也可用自耦变压器。（×）

321. 电动机外壳一定要可靠地保护接地或接零。（√）

322. 螺口灯头的相（火）线应接于灯口的舌片上，零线接在螺纹口上。（√）

323. 异步电动机采用丫—△降压起动时，定子绕组先按△联结，后改成丫联结运行。（×）

324. 对于仅是单一的操作、事故处理操作、拉开接地刀闸和拆除仅有的一组接地线的操作，可不必填写操作票，但应记入操作记录本。（√）

325. 高压验电笔是用来检查高压网络变配电设备、架空线、电缆是否带电的工具。（√）

326. 带电设备着火时，应使用干式灭火器、CO_2 灭火器等灭火，不得使用泡沫灭火器。（√）

327. 漏电保护器发生故障，必须更换合格的漏电保护器。（√）

328. 对运行中的漏电保护器应进行定期检查，每月至少检查一次，并做好检查记录，检查内容包括外观检查、实验装置检查，接线检查，信号指示及按钮位置检查。（√）

329. 应采用安全电压的场所，不得使用漏电保护器代替，如果使用安全电压确有困难，须经企业安全管理部门批准，方可用漏电保护器作为补充保护。（√）

330. 值班人员必须熟悉电气设备，单独值班人员或值班负责人还应有实际的工作经验。（√）

331. 带电作业必须设专人监护。监护人应有带电作业实践经验的人担任。监护人不得直接操作。监护的范围不得超过一个作业点。（√）

332. 高压试验工作可以一人来完成。（×）

333. 试验现场应装设遮栏和围栏，向外悬挂"止步，高压危险！"的标示牌，并派人看守。被试设备两端不在同一地点时，另一端还应派人看守。（√）

334. 使用携带型仪器在高压回路上进行工作，需要高压设备停电或做安全措施的，可不填写工作票，就可以单人进行。（×）

335. 值班人员在高压回路上使用钳形电流表的测量工作，应有两人进行。非值班人员测量时，应填写第二种工作票。（√）

336. 使用兆欧表测量高压设备绝缘，可以一人进行。（×）

337. 电击是由于电流通过人体时造成内部器官在生理上的反应和病变。（√）

338. 《电业安全工作规程》将紧急救护方法列为电气工作人员必须具备的从业条件之一。（√）

339. 体外心脏按压法每分钟需进行 60 次左右。（×）

340. 栅栏用于室外配电装置时，其高度不应低于 1.5m，栅条间距和地面的距离不应小于 0.2m。（√）

341. 雨天室外验电，可以使用普通（不防水）的验电器或绝缘拉杆。（×）

342. 挂接地线前必须验电，防止带电挂地线。验明设备无电后，立即将三相设备接地并三相短路。（√）

343. 在一般较暗的工作环境所使用的手提灯电压为 36V。（√）

344. 一般生产车间使用的 380V 低压网络为三相四线制，零线接地。（√）

345. 电流通过人体内部，破坏心脏、肺部或神经系统的功能叫电击。（√）

346. 电伤是指电流的热效应、化学效应或机械效应对人体外部组织造成的全部伤害。（×）

347. 在高频电磁场作用下，使人产生头晕、乏力、记忆力衰退、失眠多梦等神经系统的症状为电磁生理伤害。（√）

348. 电流引起的心室颤动是电击致死的主要原因。电流越大，引起心室颤动的时间越短，致命的危险性越大。（√）

349. 单相触电时，交流电压是 110V，是比较危险的。（×）

350. 两相触电时，交流电压是 220V，触电的危险性更大一些。（×）

351. 电流通过人体的时间越长，危险性越大。（√）

352. 通过人体的心脏、肺部或神经系统的电流越大，危险性越大，所以从左手到右脚的触电事故最危险。（√）

353. 带电作业必须设专人监护。监护人员应由带电作业实践经验的人员担任。监护人不得直接操作。监护的范围不得超过一个作业点。（√）

354. 高压试验填写工作票。（×）

355. 试电笔是低压验电的主要工具，用于 500～1000V 电压的检测。（×）

356. 设备外壳接零与接地能减少人触电的危险，是因为接地电阻和人体电阻串接在

大地上。（×）

357. 临时线路使用时限一般为 15 天，要有临时接线装置审批手续。（√）

358. 电动机在额定出力运行时，相间电压不平横程度不得超过 10%。（×）

359. 值班人员在高压回路上使用钳形电流表测量工作，应有两人进行。非值班人员测量时，应填第二种工作票。（√）

360. 电流对人体的伤害分为电击、电伤和电磁生理伤害三种形式。（√）

361. 电流对人体危害程度影响因素主要有电流大小、电流途径、持续时间、电流种类、人体特征和人体电阻等。（√）

362. 为防止触电，在更换焊接、切割设备的接头时，应停电进行。（√）

363. 移动电焊机时，必须断电后操作。（√）

364. 触电救护方式的第一步应使触电者脱离电源，第二步是现场救护。（√）

365. 焊工在更换焊丝和拉闸、合闸时必须戴防护手套。（√）

366. 在进行触电救护时，使触电者脱离电源后，救护人员最好用单手进行救护。（√）

367. 电路中电流在一定的情况下，电阻两端的电压与电阻值成反比。（×）

368. 室颤电流是人体心室发生纤维颤动的最小电流。（√）

369. 摆脱电流数值不大，所以无生命危险。（×）

370. 通过人体的电流越大，致命的危险性越大。（√）

371. 电流的大小和方向不随时间变化的称为直流电。（√）

372. 电流的方向随时间作周期性变化的称为交流电。（×）

373. 带电微粒（电荷）克服阻力移动，称为电流，其大小称为电流强度。（√）

374. 电流所流经的路径称为电路。（√）

375. 电流通过导体时，受到的导体阻力称为电阻。（√）

376. 电阻率是在一定的电压下，电流所遇到的阻力系数。（×）

377. 高处作业，使用电动工具时应采用安全电压 36V。（×）

378. 在金属管道内作业，使用电动工具时应采用安全电压 24V。（×）

379. 在特别危险、潮湿的场合中，使用电动工具时应采用安全电压 12V。（√）

380. 一般情况下，我们通常把摆脱电流限值确定为安全电流值。（√）

381. 一般情况下，室颤电流能够危及生命，所以我们把它的电流限值确定为安全电流限值。（×）

382. 交流弧焊机的空载电压一般在 50V 以上，所以为保证安全电焊机外壳必须接地。（√）

383. 为防止人身接触触电危险，电焊机必须装设短路熔断器或自动断电器。（√）

384. 焊接用变压器的二次线圈与焊件相连的一端必须接零或接地。（√）

385. 如果使用焊接变压器时，变压器二次线圈与焊件相连的一端、焊钳一端必须同时接地。（×）

386. 几台设备的接零或接地时，不得串接零干线或接地线。（√）

387. 设备外壳接零与接地能减少人触电的危险，是因为接地电阻和人体电阻并接在大地上。（√）

388. 频率为 25～300Hz 的交流电对人体的伤害最大，现在使用的工频交流电是没有

危险的。（×）

二、单项选择题

1. 通过人体的电流强度取决于（C）。
    A. 触电电压   B. 人体电阻
    C. 触电电压和人体电阻   D. 都不对

2. 空气相对湿度经常超过 75％的场所属于（B）场所。
    A. 无较大危险   B. 危险   C. 特别危险

3. 电流通过人体的途径，从外部来看，（A）的触电最危险。
    A. 左手至脚   B. 右手至脚   C. 左手至右手   D. 脚至脚

4. 把接成△形异步电动机错接成Y形时的故障现象是（B）。
    A. 电动机不转   B. 转速过低   C. 剧烈振动

5. 对于各种机床、泵、风机等多种机械的电力拖动，可选用（C）。
    A. 直流电动机   B. 绕线式异步电动机
    C. 笼型异步电动机

6. 触电人已失去知觉，还有呼吸，但心脏停止跳动，应使用以下哪种急救方法（B）。
    A. 仰卧牵臂法   B. 胸外心脏按压法
    C. 俯卧压背法   D. 口对口呼吸法

7. 终端拉线用于（C）。
    A. 转角杆   B. 直线杆   C. 终端和分支杆

8. 钢管布线中，同一交流回路中的导线，必须穿于（A）内。
    A. 同一钢管   B. 不同钢管   C. 任意钢管

9. 使用螺口灯头时，中心触点应接在（B）上。
    A. 零线   B. 相线   C. 零线或相线

10. 用插头直接带负载，电感性不应大于（C）。
    A. 2000W   B. 1000W   C.500W

11. 隔离开关断开时，动、静触头间距离不得小于（B）mm。
    A. 150   B. 160   C. 182

12. 用隔离开关可以单独操作（C）。
    A. 励磁电流不超过 10A 的空载变压器   B. 运行中的高压电动机
    C. 运行中的电压互感器

13. （B）可以接通和断开正常的负载电流，而不能切断短路故障电流。
    A. 隔离开关   B. 负荷开关   C. 断路器

14. 三相五柱式电压互感器可以用来测量（C）。
    A. 相电压   B. 线电压   C. 相电压和线电压

15. 变压器一、二次绕组感应电势之比与一、二次绕组的匝数（A）。
    A. 成正比   B. 成反比   C. 无比例关系

16. 对 1600kVA 以上的变压器各相绕组电阻相互间的差别不应大于三相平均值的（B）。
    A. 1％   B. 2％   C. 4％

17. 从事 10kV 及以下高压试验时，操作人员与被试验设备的最小距离为（A）。

A. 0.7m   B. 1.5m   C. 1.2m   D. 1.0m

18. 在二次接线回路上工作，无须将高压设备停电时，应用（C）。

     A. 倒闸操作票   B. 第一种工作票   C. 第二种工作票

19. 1000W 碘钨灯表面温度可达（D）℃。

     A. 100～200   B. 300～400   C. 600～1000   D. 500～800

20. 对架空线路等高空设备进行灭火时，人体位置与带电体之间的仰角应不超过（B）。

     A. 40°   B. 45°   C. 30°   D. 60°

21. 有固体可燃物存在，并在数量和配置上能引起火灾危险的场所为（C）场所。

     A. H-1   B. H-2   C. H-3

22. 下列不属于接闪器的器件有（C）。

     A. 避雷针   B. 避雷线   C. 避雷器

23. 下列主要用于保护输电线路的器件是（D）。

     A. 避雷针   B. 避雷网   C. 避雷器   D. 避雷线

24. 两根等高避雷针之间的距离与针高之比不宜大于（C）。

     A. 1   B. 3   C. 5   D. 6

25. 通过人体的电流大小与致命的危险性（A）。

     A. 成正比   B. 成反比   C. 无关

26. 当通过人体的电流超过（B）时，触电人将不能自行摆脱带电体。

     A. 5mA   B. 10mA   C. 30mA

27. 人体触电最危险的电流途径是（C）。

     A. 胸—右手   B. 背—右手   C. 胸—左手

28. 人体电阻越小，流过人体的电流（A）。

     A. 越大   B. 越小   C. 无关

29. 人体对直流感知电流比交流数值要（B）。

     A. 小   B. 大

30. 低压电网中性点直接接地系统，单相触电危险性与电网对地绝缘电阻值（C）。

     A. 成正比   B. 成反比   C. 无关

31. 低压电网中性点不接地系统，单相触电危险性与电网对地绝缘电阻值（B）。

     A. 成正比   B. 成反比   C. 无关

32. 中性点接地电网两相触电电流与中性点不接地电网两相触电电流（A）。

     A. 相等   B. 不相等   C. 不一定

33. 中性点接地电网单相触电危险性与低压线路长度（B）。

     A. 有关   B. 无关

34. 两相触电时，作用于人体的电压等于（B）。

     A. 相电压   B. 线电压

35. 设备发生接地故障时，跨步电压值与设备运行电压值（A）。

     A. 成正比   B. 成反比   C. 无关

36. 电压互感器低压侧两相电压降为零，一相正常，一个线电压为零则说明（A）。

     A. 低压侧两相熔断器断   B. 低压侧一相铅丝断

C. 高压侧一相铅丝断　　　　　　　　　　D. 高压侧两相铅丝断

37. 电流互感器的二次额定电流一般为（C）。

    A. 10A　　　　　B. 100A　　　　　C. 5A　　　　　D. 0.5A

38. 电流互感器二次侧应（B）。

    A. 没有接地点　　　　　　　　　　B. 有一个接地点

    C. 有两个接地点　　　　　　　　　　D. 按现场情况不同，不确定

39. 电流互感器二次侧接地是为了（C）。

    A. 测量用　　　　B. 工作接地　　　　C. 保护接地　　　　D. 节省导线

40. 电流互感器二次侧不允许（A）。

    A. 开路　　　　　B. 短路　　　　　C. 接仪表　　　　D. 接保护

41. 在 6～10kV 中性点不接地系统中，发生单相接地时，非故障相的相电压降（C）。

    A. 升高一倍　　　B. 升高不明显　　C. 升高 1.73 倍　　D. 升高两倍

42. 设备发生接地时室内不得接近故障点（A）m。

    A. 4　　　　　　B. 2　　　　　　C. 3　　　　　D. 5

43. 当电力系统发生故障时，要求本线路继电保护，该动的动，不该动的不动称为继电保护的（A）。

    A. 选择性　　　　B. 灵敏性　　　　C. 可靠性　　　　D. 快速性

44. 操作票应根据值班调度员或（C）下达的操作计划和操作综合令。

    A. 上级领导　　　B. 监护人　　　　C. 值班长　　　　D. 操作人

45. 操作票由（D）填写。

    A. 监护人　　　　B. 值班长　　　　C. 所长　　　　D. 操作人

46. 操作票上的操作项目包括检查项目必须填写双重名称，即设备（D）。

    A. 位置和编号　　B. 名称和位置　　C. 名称和表记　　D. 名称和编号

47. 操作转换开关用术语是（D）。

    A. 投入、退出　　B. 拉开、合上　　C. 取下、装上　　D. 切至

48. 操作票填写完后，在空余部分（D）栏第一格左侧盖"以下空白"章，以示终结。

    A. 指令项　　　　B. 顺序项　　　　C. 操作　　　　D. 操作项目

49. 进行倒闸操作时，监护人宣读操作项目，操作人复诵，监护人确认无误，发出（B）执行命令后，操作人方可操作。

    A. 干　　　　　　B. 对！可以操作　　C. 注意点　　　D. 对！看着点

50. 操作票要妥善保管留存，保存期不少于（C），以便备查。

    A. 三个月　　　　B. 半年　　　　　C. 一年　　　　D. 两年

51. 值班运行人员与调度员进行倒闸操作联系时，要首先互报（D）。

    A. 单位、姓名、年龄　　　　　　　　B. 单位、值别、姓名

    C. 单位、姓名、运行状态　　　　　　D. 单位、姓名、时间

52. 线路停电时，必须按照（A）的顺序操作，送电时相反。

    A. 断路器、负载侧隔离开关、母线侧隔离开关

    B. 断路器、母线侧隔离开关、负载侧隔离开关

    C. 负载侧隔离开关、母线侧隔离开关、断路器

    D. 母线侧隔离开关、负载侧隔离开关、断路器

53. 不许用（C）拉合负载电流和接地故障电流。

    A. 变压器   B. 断路器   C. 隔离开关   D. 电抗器

54. 一份操作票规定由一组人员操作，（A）手中只能持有一份操作票。

    A. 监护人   B. 值长   C. 操作人   D. 专工

55. 装拆接地线的导线端时，要对（C）保持足够的安全距离，防止触电。

    A. 构架   B. 瓷质部分   C. 带电部分   D. 导线之间

56. 变压器中性线电流不应超过电压绕组额定电流的（B）。

    A. 15%   B. 25%   C. 35%   D. 45%

57. 线路送电时，必须按照（D）的顺序操作，送电时相反。

    A. 断路器、负载侧隔离开关、母线侧隔离开关

    B. 断路器、母线侧隔离开关、负载侧隔离开关

    C. 负载侧隔离开关、母线侧隔离开关、断路器

    D. 母线侧隔离开关、负载侧隔离开关、断路器

58. 操作票应根据值班调度员或（C）下达的操作计划和操作综合命令填写。

    A. 上级领导   B. 监护人   C. 值班长   D. 操作人

59. 触电急救必须分秒必争，对有心跳呼吸停止的患者应立即用（A）进行急救。

    A. 人工呼吸法   B. 心肺复苏法   C. 胸外按压法   D. 医疗器械

60. 触电伤员如神志不清，应就地仰面躺平，且确保气道畅通，并用（C）时间，呼叫伤员或轻拍其肩部，以判定伤员是否意识丧失。

    A. 3s   B. 4s   C. 5s   D. 6s

61. 口对口人工呼吸时，先连续大口吹气两次，每次（D）。

    A. 1~2s   B. 2~3s   C. 1.5~2.5s   D. 1~1.5s

62. 胸外按压要以均匀速度进行，每分钟（D）次左右。

    A. 50   B. 60   C. 70   D. 80

63. 胸外按压与口对口（鼻）人工呼吸同时进行，其节奏为：单人抢救时，每按压（C）次后吹气2次，反复进行。

    A. 5   B. 10   C. 15   D. 20

64. 若触电人呼吸和脉搏都已停止，双人抢救其节奏为按压（A）次后吹气一次。

    A. 5   B. 10   C. 15

65. 高压设备上工作需要停电应填用（A）工作票。

    A. 第一种   B. 第二种   C. 口头或电话命令

66. 带电作业和在带电设备外壳上的工作要填（B）工作票。

    A. 第一种   B. 第二种

67. 在低压配电盘、配电箱等工作要填用（B）工作票。

    A. 第一种   B. 第二种

68. 无须将高压设备停电的工作，填用（B）工作票。

    A. 第一种   B. 第二种

69. 工作人员工作中正常活动范围与10kV带电设备的安全距离要大于（A）m。

    A. 0.35   B. 0.6   C. 0.7

70. 工作人员工作中正常活动范围与35kV带电设备的安全距离要大于（B）m。

A. 0.35　　　　　　　B. 0.6　　　　　　　C. 1

71. 工作人员工作中正常活动范围与 10kV 带电设备的距离中间无安全遮栏要大于 (B) m，否则该设备要停电。

　　A. 0.6　　　　　　　B. 0.7　　　　　　　C. 1

72. 工作人员工作中与无安全遮栏的 35kV 带电设备距离要大于 (C) m，否则该设备要停电。

　　A. 0.6　　　　　　　B. 0.7　　　　　　　C. 1

73. 装设接地线必须先接 (B)。

　　A. 导体端　　　　　　B. 接地端

74. 拆除接地线必须先拆 (A)。

　　A. 导体端　　　　　　B. 接地端

75. 检修设备装设接地线，其截面不得小于 (C) mm²。

　　A. 16　　　　　　　B. 20　　　　　　　C. 25

76. 检修设备装设接地线，可采用 (B) 法。

　　A. 缠绕　　　　　　　B. 接地线卡

77. 一经合闸即可送电到工作地点或施工设备的开关和刀闸的操作把手上应悬挂 (B) 标示牌。

　　A. 禁止合闸，线路有人工作　　　　B. 禁止合闸，有人工作
　　C. 在此工作

78. 工作零线用 (B) 作安全色。

　　A. 黑色　　　　　　　B. 淡蓝色　　　　　C. 灰色

79. 设备外壳保护线（PE 线）用 (C) 作安全色。

　　A. 淡蓝色　　　　　　B. 灰色　　　　　C. 绿黄双色绞线

80. 保护中性线的安全色是 (B)。

　　A. 淡蓝色　　　　　　B. 竖条间隔淡蓝色　C. 绿黄双色

81. A 级绝缘材料极限工作温度为 (B)℃。

　　A. 95　　　　　　　B. 105　　　　　　C. 120

82. 携带式电气设备的绝缘电阻不低于 (B) MΩ。

　　A. 1　　　　　　　B. 2　　　　　　　C. 4

83. 新装和大修后的低压设备和线路绝缘电阻不低于 (A) MΩ。

　　A. 0.5　　　　　　　B. 1　　　　　　　C. 2

84. 配电盘二次线路的绝缘电阻不应低于 (B) MΩ。

　　A. 0.5　　　　　　　B. 1　　　　　　　C. 2

85. 保护接地的原理是给人体并联一个小电阻，以保证发生故障时，(B) 通过人体的电流和承受的电压。

　　A. 增大　　　　　　　B. 减小

86. TN 系统中的 N 是表示电气设备金属外壳 (B)。

　　A. 接地　　　　　　　B. 接中性导体

87. TN-C 系统是工作零线与保护线 (B) 的系统。

　　A. 分开　　　　　　　B. 共用　　　　　C. 随意

88. 由同一台变压器供电的配电网中（A）一部分电气设备采用保护接地另一部分电气设备采用保护接中性导体。

    A. 不允许   B. 允许   C. 随意

89. 多台电动机在起动时应（A）。

    A. 按容量从大到小逐台起动   B. 任意逐台起动

    C. 按容量从小到大逐台起动   D. 按位置顺序起动

90. 对称三相电源三角形连接时，线电流是（D）。

    A. 相电流   B. 3 倍的相电流

    C. 2 倍的相电流   D. 3 的平方根倍的相电流

91. 我国 220kV 及以上系统的中性点均采用（A）。

    A. 直接接地方式   B. 经消弧线圈接地方式

    C. 经大电抗器接地方式   D. 不接地方式

92. 负载是按星形连接，还是三角连接，是根据（D）。

    A. 电源的接法而定   B. 电源的额定电压而定

    C. 负载所需电流大小而定   D. 电源电压大小、负载额定电压大小而定

93. 所谓三相对称负载就是（D）。

    A. 三相的相电流有效值相等

    B. 三相的相电压相等且相位互差 120°

    C. 三相的相电流有效值相等，三相的相电压相等且相位互差 120°

    D. 三相的负荷阻抗相等，阻抗角相同

94. 为了人身和设备安全，互感器的二次侧必须实行（C）。

    A. 多点接地   B. 重复接地   C. 一点接地

95. 接受倒闸操作命令时（A）。

    A. 要有监护人和操作人在场，由监护人接受

    B. 只要监护人在场，操作人也可以接受

    C. 可由变电站（所）长接受

96. 电力变压器的油起（A）作用。

    A. 绝缘和灭弧   B. 绝缘和防锈   C. 绝缘和散热

97. 装设接地线时，应（B）。

    A. 先装中相   B. 先装接地端，再装导线端

    C. 先装导线端，再装接地端

98. 戴绝缘手套进行操作时，应将外衣袖口（A）。

    A. 装入绝缘手套中   B. 卷上去   C. 套在手套外面

99. 低压电气设备保护接地电阻不大于（C）。

    A. 0.5Ω   B. 2Ω   C. 4Ω   D. 10Ω

100. 在变压器中性接地系统中，电气设备严禁采用（A）。

    A. 接地保护   B. 接零保护   C. 接地与接零保护 D. 都不对

101. （A）工具在防止触电的保护方面不仅依靠基本绝缘，而且它还包含一个附加的安全预防措施。

    A. Ⅰ类   B. Ⅱ类   C. Ⅲ类

102. 通过熔体的电流越大，熔体的熔断时间越（B）。
    A. 长　　　　　　B. 短　　　　　　C. 不变

103. 在二次接线回路上工作，无须将高压设备停电时，应用（C）。
    A. 倒闸操作票　　B. 第一种操作票　C. 第二种操作票

104. 测量 500V 以下设备的绝缘应选用（B）的兆欧表。
    A. 2500V　　　　B. 1000V　　　　C. 5000V

105. 用万用表 R×100 挡测电阻，当读数为 50Ω 时，实际被测电阻为（B）。
    A. 100Ω　　　　B. 5000Ω　　　　C. 50Ω

106. 万用表使用完毕后应将旋钮置于（B）挡。
    A. 电阻挡　　　　B. 交流电压最高挡　C. 电流挡

107. 手持电动工具，应有专人管理，经常检查安全可靠性，尽量选用（B）。
    A. Ⅰ类、Ⅱ类　　　　　　　　　　B. Ⅱ类、Ⅲ类
    C. Ⅰ类、Ⅲ类　　　　　　　　　　D. Ⅰ类、Ⅱ类、Ⅲ类

108. 接到严重违反电气安全工作规程制度的命令时，应该（C）。
    A. 考虑执行　　　B. 部分执行　　　C. 拒绝执行

109. 施行胸外心脏按压法时，每分钟的动作次数应为（B）。
    A. 16 次　　　　B. 80 次　　　　C. 不小于 120 次

110. 若电路中的电流增大到熔丝的额定值时，熔丝将（C）。
    A. 立即熔断　　　B. 1 小时内熔断　C. 不会熔断

111. 熔断器内的熔体，在电路里所起的作用是（C）。
    A. 过载保护　　　B. 失电压保护　　C. 短路保护

112. 工厂区低压架空线路的对地距离应不低于（B）。
    A. 4.5m　　　　B. 6.0m　　　　C. 7.5m

113. 电动机若采用 Y-△ 起动时，其起动电流为全压起动的（B）。
    A. 1/2 倍　　　　B. 1/3 倍　　　　C. 3 倍

114. 对 36V 电压线路的绝缘电阻，要求不小于（C）。
    A. 0.036MΩ　　　B. 0.22MΩ　　　C. 0.5MΩ

115. 发生电气火灾后必须进行带电灭火时，应该使用（B）。
    A. 消防水喷射　　B. 二氧化碳灭火器　C. 泡沫灭火器

116. 起重机具与 1kV 以下带电体的距离，应该为（B）
    A. 1.0m　　　　B. 1.5m　　　　C. 2.0m

117. 直流电流表与电压表指示的数值，是反映该交变量的（B）。
    A. 最大值　　　　B. 平均值　　　　C. 有效值

118. 当变压器处在下列状态下运行时，其工作效率最高（B）。
    A. 近于满载　　　B. 半载左右　　　C. 轻载

119. 对于中小型电力变压器，投入运行后每隔（C）要大修一次。
    A. 1 年　　　　B. 2~4 年　　　　C. 5~10 年　　　　D. 15 年

120. 电压表的内阻（B）。
    A. 越小越好　　　B. 越大越好　　　C. 适中为好

121. 机床上的低压照明灯，其电压不应超过（B）。

A. 110V B. 36V C. 2V

122. 不允许自起动的电动机，还应装有（C）。

A. 反时限保护 B. 连锁保护 C. 失压脱扣保护

123. 操作票填写字迹要工整、清楚，提倡使用（C）并不得涂改。

A. 圆珠笔 B. 钢笔 C. 仿宋体 D. 印刷体

124. 工作票的字迹要填写工整、清楚，符合（B）的要求。

A. 仿宋体 B. 规程 C. 楷书 D. 印刷体

125. 为了保障人身安全，将电气设备正常情况下不带电的金属外壳接地称为（B）。

A. 工作接地 B. 保护接地 C. 工作接零 D. 保护接零

126. 变压器中性点接地叫（A）。

A. 工作接地 B. 保护接地 C. 工作接零 D. 保护接零

127. 重复接地的接地电阻要求阻值小于（C）Ω。

A. 0.5 B. 4 C. 10 D. 55

128. 变压器铭牌上的额定容量是指（C）。

A. 有功功率 B. 无功功率 C. 视在功率 D. 平均功率

129. 互感器的二次绕组必须一端接地，其目的是（B）

A. 防雷 B. 保护人身及设备的安全

C. 防鼠 D. 起牢固作用

130. 要测量380V的交流电动机绝缘电阻，应选额定电压为（B）的绝缘电阻表。

A. 250V B. 500V C. 1000V D. 1500V

131. 运行中电压互感器二次侧不允许短路，电流互感器二次侧不允许（B）。

A. 短路 B. 开路 C. 短接 D. 串联

132. 电力系统电压互感器的二次侧额定电压均为（D）V。

A. 220 B. 380 C. 36 D. 100

133. 带负载的线路合闸时，断路器和隔离开关操作顺序是先合隔离开关，后合（B）。

A. 隔离开关 B. 断路器 C. 断开导线 D. 隔离刀闸

134. 带负载的线路拉闸时，先拉断路器后拉（A）。

A. 隔离开关 B. 断路器 C. 电源导线 D. 负荷开关

135. 电力系统电流互感器的二次侧额定电流均为（C）A。

A. 220 B. 380 C. 5 D. 100

136. 万用表用完后，应将选择开关拨在（C）挡。

A. 电阻 B. 电压 C. 交流电压 D. 电流

137. 工伤保险条例规定：用人单位应当为本单位全部职工或者雇工缴纳（B）费。

A. 社会保险 B. 工伤保险 C. 人寿保险 D. 健康保险

138. 对从事特种作业人员的文化程度要求是（B）。

A. 高中以上 B. 初中以上 C. 小学以上 D. 初中以下

139. 钳形电流表使用时应先用较大量程，然后再视被测电流的大小变换量程。切换量程时应（B）。

A. 直接转动量程开关 B. 先将钳口打开，再转动量程开关

140. 要测量380V交流电动机绝缘电阻，应选用额定电压为（B）的绝缘电阻表。

A. 250V　　　　　B. 500V　　　　　C. 1000V

141. 用绝缘电阻表摇测绝缘电阻时，要用单根电线分别将线路 L 及接地 E 端与被测物连接。其中（B）端的连接线要与大地保持良好绝缘。

　　A. L　　　　　B. E　　　　　C. G

142. 室外雨天使用高压绝缘棒，为隔阻水流和保持一定的干燥表面，需加适量的防雨罩，防雨罩安装在绝缘棒的中部，额定电压 10kV 及以下的，装设防雨罩不少于（A）。

　　A. 2 只　　　　B. 3 只　　　　C. 4 只　　　　D. 5 只

143. 室外雨天使用高压绝缘棒，为隔阻水流和保持一定的干燥表面，需加适量的防雨罩，防雨罩安装在绝缘棒的中部，额定电压 10kV 及以下的，额定电压 35kV 不少于（C）。

　　A. 2 只　　　　B. 3 只　　　　C. 4 只　　　　D. 5 只

144. 触电时通过人体的电流强度取决于（C）。

　　A. 触电电压　　　　　　　　　B. 人体电阻
　　C. 触电电压和人体电阻　　　　D. 都不对

145. 两只额定电压相同的电阻，串联在电路中，则阻值较大的电阻（A）

　　A. 发热量较大　　B. 发热量较小　　C. 没有明显差别

146. 绝缘手套的测验周期是（B）。

　　A. 每年一次　　B. 六个月一次　　C. 五个月一次

147. 绝缘靴的试验周期是（B）。

　　A. 每年一次　　B. 六个月一次　　C. 三个月一次

148. 在值班期间需要移开或越过遮栏时（C）。

　　A. 必须有领导在场　　B. 必须先停电　　C. 必须有监护人在场

149. 值班人员巡视高压设备（A）。

　　A. 一般由二人进行　　　　　　B. 值班员可以干其他工作
　　C. 若发现问题可以随时处理

150. 倒闸操作票执行后，必须（B）。

　　A. 保存至交接班　　B. 保存三个月　　C. 长时间保存

151. 使用Ⅰ类单相手持式电动工具，电源线采用（B）橡皮绝缘软电缆。

　　A. 二芯　　　　B. 三芯　　　　C. 四芯

152. 电器的容量在（B）kW 以下的电感性负载可用插销代替开关。

　　A. 0.2　　　　B. 0.5　　　　C. 2

153. 照明每一路配线容量不得大于（A）kW。

　　A. 2　　　　B. 1　　　　C. 0.5

154. 验电器电气试验周期为（B）。

　　A. 一年　　　　B. 六个月　　　　C. 三个月

155. 绝缘手套（B）要进行电气试验。

　　A. 一年　　　　B. 六个月　　　　C. 三个月

156. 负载星形接法，线电流比相电流（C）。

　　A. 大　　　　B. 小　　　　C. 相等

157. 负载三角形接法，线电流比相电流（B）。

A. 相等　　　　　　B. 大　　　　　　C. 小

158. 负载星形联结，线电压比相电压（C）。

A. 相等　　　　　　B. 小　　　　　　C. 大

159. 负载三角形联结，线电压比相电压（A）。

A. 相等　　　　　　B. 小　　　　　　C. 大

160. 电动机绕组断线应（A）。

A. 停机检查　　　　B. 观察情况　　　　C. 继续运行

161. 电动机一相断路应采取（C）。

A. 继续运行　　　　B. 观察情况　　　　C. 停机检查

162. 重复接地电阻不大于（C）Ω。

A. 3　　　　　　　　B. 5　　　　　　　C. 10

163. 当电源容量大于 100kVA 时，低压设备保护接地电阻要小于（B）Ω。

A. 3　　　　　　　　B. 4　　　　　　　C. 10

164. 安全电压额定值有 24V、12V、36V、（B）和 6V。

A. 50V　　　　　　B. 42V　　　　　　C. 60V

165. 测量高压设备的绝缘电阻（A）担任。

A. 两人　　　　　　B. 一人

166. 额定电压在 500V 以上的设备，可选用（B）及以上的绝缘电阻表。

A. 500V　　　　　　B. 1000V

167. 用兆欧表测量设备的绝缘，完毕后应先（A）。

A. 取下测量用引线　　　　　　　　B. 停止摇动摇把

168. 用钳形电流表测小电流时，为了准确，在钳口内绕几圈导线，但表示值应（B）导线缠绕的圈数。

A. 乘　　　　　　　B. 除以

169. 测量高电压时，可通过（B）将电压表并联在二次侧。

A. 电流互感器　　　B. 电压互感器

170. 正常运行中，电流互感器二次侧不能（A）。

A. 开路　　　　　　B. 短路

171. 需要扩大测量仪表的量程，将电流表串联在（B）二次侧。

A. 电压互感器　　　B. 电流互感器

172. 正常运行中，电压互感器二次侧不能（B）。

A. 开路　　　　　　B. 短路

173. 测高压大电流电能，需用 TA 和 TV，则表的读数要（A）二者的倍率才是所测之值。

A. 乘　　　　　　　B. 除

174. 非当值值班人员用钳形电流表测量高压回路的电流，要填用（B）工作票。

A. 第一种　　　　　B. 第二种　　　　　C. 按口头或电话命令

175. 电击触电事故方式可分为单相触电、两相触电和（C）触电。

A. 单相接地　　　　B. 两相短路　　　　C. 跨步电压

176. 口对口人工呼吸每分钟（B）次。

A. 10   B. 12   C. 20

177. 胸外心脏按压每分钟（C）次左右。

A. 60   B. 70   C. 80

178. 保证安全的组织措施有工作票制度、工作监护制度、（C）和工作间断转移和终结制度。

A. 工作申报制度   B. 工作批准制度   C. 工作许可制度

179. 在高压设备上工作需要部分停电，要填用（A）工作票。

A. 第一种   B. 第二种   C. 口头或电话

180. 更换低压导线时，要填用（A）工作票。

A. 第一种   B. 第二种   C. 口头或电话

181. 两台变压器供电，低压线路零线连在一起，当测量其中一台变压器低压侧中性点接地电阻时，应将（B）。

A. 被测变压器停电   B. 两台变压器停电   C. 两台变压器不停电

182. 电源容量大于 100kVA，要求低压电气设备接地电阻不超过（A）Ω。

A. 4   B. 10   C. 30

183. 家用电器回路漏电保护器的动作电流值为（C）mA。

A. 6   B. 15   C. 30

184. 电气设备过热有以下几种情况：短路、过载、（A）、铁心发热和散热不良。

A. 接触不良   B. 温度过高   C. 电流过大

185. 负荷开关用来切、合的电路为（B）。

A. 空载电路   B. 负载电路   C. 短路故障电路

186. 中性点不接地系统发生单相接地时应（C）。

A. 立即跳闸   B. 带时限跳闸   C. 动作与发出信号

187. 安装配电盘控制盘上的电气仪表外壳（B）。

A. 必须接地   B. 不必接地   C. 视情况而定

188. 电力变压器的油起（C）作用。

A. 线圈润滑   B. 绝缘和防锈   C. 绝缘和散热

189. 小电流接地系统发生单相接地时中性点对地电压上升为相电压。非接地两相对地电压为（C）。

A. 相电压   B. 电压下降   C. 线电压

190. 灯泡上标有"220V、40W"的字样，其意义是（B）。

A. 接在 220V 以下的电源上，其功率为 40W

B. 接在 220V 电源上，其功率为 40W

C. 接在 220V 以上的电源上，其功率为 40W

D. 接在 40V 电源上，其功率为 220W

191. 电气工作人员对《电业安全工作规程》应每年考试一次。因故间断电气工作连续（B）以上者，必须重新温习本规程，并经考试合格后，方能恢复工作。

A. 一年   B. 3 个月   C. 6 个月   D. 两年

192. 如果线路上有人工作，停电作业时应在线路开关和刀闸操作手柄上悬挂（B）的标志牌。

A. 止步、高压危险　　　　　　　　B. 禁止合闸、线路有人工作

C. 在此工作

193. 10kV 以下带电设备与操作人员正常活动范围的最小安全距离为（C）。

A. 0.35m　　　　　　B. 0.4m　　　　　　C. 0.6m

194. 在电路中，电流之所以能流动，是由电源两端的电位差造成的，我们把这个电位差叫做（A）。

A. 电压　　　　　　B. 电源　　　　　　C. 电流　　　　　　D. 电容

195. 在一恒压的电路中，电阻 R 增大，电流随之（A）。

A. 减小　　　　　　B. 增大　　　　　　C. 不变　　　　　　D. 不一定

196. 几个电阻的两端分别接在一起，每个电阻两端承受同一电压，这种电阻连接方法称为电阻的（B）。

A. 串联　　　　　　B. 并联　　　　　　C. 串并联　　　　　　D. 级联

197. 电压互感器二次短路会使一次（C）。

A. 电压升高　　　B. 电压降低　　　C. 熔断器熔断　　　D. 不变

198. 绝缘材料的电阻率是（B）Ω·m 范围。

A. $10^2 \sim 10^6$　　　　B. $10^6 \sim 10^{16}$

199. 导电体的电阻率为（A）。

A. $10^8 \sim 10^6$　　　　B. $10^6 \sim 10^{16}$

200. 触电时作用于人体的电流一般分为三个级别，我们把（B）称为有较大危险的界限。

A. 感知电流　　　B. 摆脱电流　　　C. 室颤电流

201. 按 50％概率分析，男子触电的摆脱电流一般为（C）。

A. 10.5mA　　　　B. 1.1mA　　　　C. 16mA

202. 按 50％概率分析，女子触电的摆脱电流一般为（B）。

A. 16mA　　　　B. 10.5mA　　　　C. 20mA

203. 电击是触电事故中最严重最危险的伤害，电击触电的特征是（B）。

A. 出现皮肤金属化　　　　　　B. 在人体的外表没有显著的痕迹

C. 造成青光眼

204. 电击触电事故极易造成死亡事故。其特征是（C）。

A. 致命电流较大　　B. 电伤　　　C. 伤害人体内部

205. 我国规定工频安全电压的限值不超过（A）。

A. 50V　　　　B. 36V　　　　C. 12V

206. 我国规定直流电压的安全限值不超过（A）。

A. 120V　　　　B. 50V　　　　C. 42V

207. 我国规定在水下作业场所使用的安全电压限制应为（C）。

A. 36V　　　　B. 12V　　　　C. 6V

208. 我国规定在金属容器内使用的电气设备安全电压限值为（B）。

A. 36V　　　　B. 12V　　　　C. 42V

209. 在特别潮湿处和特别危险处使用电气安全电压限制在（C）。

A. 36V　　　　B. 24V　　　　C. 12V

210. 在危险环境中使用手动电气设备时，应采用安全电压限制在（A）。

    A. 42V   B. 110V   C. 接地良好的 220V

211. 单相三线，三相五线制电路中，（A）应穿过零序电流互感器。

    A. 中性线   B. 保护线   C. 保护中性线

212. 漏电保护器的额定电流应（B）被保护电路的最大电流。

    A. 小于   B. 大于   C. 随意

213. TN—C 系统中（C）应穿过零序电流互感器。

    A. 零线   B. 相线   C. 相线和零线

214. Ⅰ类手持式电动工具（A）装设漏电保护器。

    A. 应该   B. 不必   C. 无触电危险

215. 载流导体产生的热量与电流平方成（B）。

    A. 反比   B. 正比   C. 不成比例

216. 三相四线制低压系统中，相线要验电，零线（B）。

    A. 不必   B. 也要   C. 无危险

217. 停电拉闸操作必须按照（A）顺序依次进行。

    A. 断路器—负载侧隔离开关—母线侧隔离开关

    B. 母线侧隔离开关—断路器—负载侧隔离开关

    C. 断路器—母线侧隔离开关—负载侧隔离开关

218. 钳形电流表测量单相负载电流的方法是（A）。

    A. 钳口夹住一根导线   B. 钳口夹住两根导线

    C. 钳形电流表与负载并联

219. 10.5/0.4kV 变压器分接开关有Ⅰ、Ⅱ、Ⅲ挡，正常运行在Ⅱ挡，当二次侧电压偏低，应将分接开关调到（B）。

    A. Ⅰ挡   B. Ⅲ挡   C. 可不调

220. 在带电设备外壳上工作，要填用（B）工作票。

    A. 第一种   B. 第二种   C. 按口头或电话命令

221. 保证安全的技术措施有停电、验电、装设接地线和（C）。

    A. 拉开断路器和隔离开关   B. 三相电源短路

    C. 悬挂标示牌和装设遮栏

222. 电流对人体危害程度影响因素主要有电流大小、电流途径、（C）、电流种类、人体特征和人体电阻等。

    A. 直流电流   B. 感知电流   C. 持续时间

223. 更换变压器低压套管需填（A）工作票。

    A. 第一种   B. 第二种   C. 按口头或电话命令

224. 我国规定安全电压额定值有 42V、36V、（B）、12V 和 6V。

    A. 30V   B. 24V   C. 16V

225. 高压断路器既能切断工作电流，又能切断（B）。

    A. 短路电流   B. 过载电流   C. A 和 B

226. 当工作接地电阻不超过 10Ω 时，允许重复接地电阻不少于 3 处且电阻不超过（C）Ω。

A. 4   B. 10   C. 30

227. 低压带电作业，（A）专人监护。

     A. 应有   B. 不必   C. 没关系

228. 爆炸危险环境中如由低压接地系统配电，应采用 TN—S 系统，不得采用（B）系统。

     A. IT   B. TN—C   C. 高阻抗接地

229. 雷电按危害方式分为直击雷、感应雷和（C）。

     A. 电磁感应   B. 静电感应   C. 雷电侵入波

230. 高压设备发生接地时，室内不得接近故障点 4m 以内，室外（B）m 内。

     A. 4   B. 8   C. 10

231. 高压隔离开关可通断激磁电流不超过（A）的空载变压器。

     A. 2A   B. 5A   C. 10A

232. 220V 单相供电网络运行电压允许波动范围在（B）。

     A. ±7%   B. +7%～−10%   C. ±10%

233. 高压隔离开关可通断电容电流不超过（B）的空载线路。

     A. 2A   B. 5A   C. 10A

234. 油浸变压器上层油温不得超过（B）℃。

     A. 105   B. 95   C. 85

235. 中性点不接地系统，单相触电危险性与电网对地绝缘电阻值成（B）。

     A. 正比   B. 反比   C. 无关

236. TN—S 系统是保护导体与工作零线（B）的系统。

     A. 分开   B. 合用   C. 三相四线

237. 同一台变压器供电，一部分电气设备保护接地，而另一部分保护接零（B）。

     A. 允许   B. 不允许   C. 无关系

238. 当工作接地电阻不超过 4Ω 时，每处重复接地电阻不得超过（B）Ω。

     A. 4   B. 10   C. 30

239. 直接埋地电缆深度不得小于（B）m。

     A. 0.5   B. 0.7   C. 1

240. 中性点直接接地电网，单相触电危险性与电网对地绝缘电阻值（B）。

     A. 有关   B. 无关   C. 不考虑

241. A 级绝缘材料的极限工作温度为（A）℃。

     A. 105   B. 120   C. 130

242. 35kV 设备不停电时的安全距离为（C）m。

     A. 0.6   B. 0.7   C. 1

243. 保护接地线用（B）色线。

     A. 淡蓝   B. 黄绿   C. 浅绿

244. 携带式电气设备的绝缘电阻不低于（A）MΩ。

     A. 2   B. 1   C. 0.5

245. 工作人员工作中正常活动范围与 380V 带电设备的安全距离应大于（C）m。

     A. 0.7   B. 0.6   C. 0.35

246. 验电时，要在检修设备的（C）验电。
  A. 出线   B. 进线   C. 进出线两侧

247. 在室外高压设备上工作，应在工作地点四周用绳子做好围栏，并挂朝向（B）的标示牌。
  A. 里面   B. 外面   C. 随意

248. 绝缘手套电气试验周期为（C）。
  A. 两年   B. 一年   C. 半年

249. 通过人体引起心室发生纤维性颤动的（B）电流称为室颤电流。
  A. 最大   B. 最小   C. 稳定

250. 当停电检修的低压电网与运行的低压电网共用零线时，零线上（B）接地线。
  A. 不装设   B. 装设   C. 无危害

251. 电气操作过程中发生疑问或发现异常时，应（A）。
  A. 立即停止操作 B. 继续进行   C. 更改操作票

252. 在保护接地系统中，当碰触有电设备外壳，其外壳对地电压与单相短路电流（A）。
  A. 成正比   B. 成反比   C. 无关

253. 装有刀开关和熔断器的电路进行停电操作时，因刀开关机械故障拉不开，只得采取（C）的办法将电路停电。
  A. 取下熔断器 B. 拉下负荷开关 C. 将设备停电

254. 绝缘靴每隔（C）年应进行一次电气试验。
  A. 二   B. 一   C. 半

255. 保护中性线（PEN 线）的标志色是（B）。
  A. 淡蓝   B. 竖条间隔淡蓝 C. 绿黄双色

256. 中性点直接接地的三相四线制配电系统中的零线是（C）。
  A. 中性线   B. 保护线   C. 保护中性线

257. 在保护接零系统中，零线上（B）装设熔断器。
  A. 可以   B. 不允许   C. 随意

258. TN 系统是指电源中性点直接接地，系统内所有电气设备的外露导电部分与单独的接地装置（B）。
  A. 相连接   B. 不连接   C. 随意

259. TT 系统是指电源中性点直接接地，系统内所有电气设备的外露导电部分与单独的接地装置（A）。
  A. 相连接   B. 不连接   C. 随意

260. 不允许自起动的电动机，还应装有如下保护（C）。
  A. 反时限保护 B. 连锁保护   C. 失电压脱扣保护

261. 电流的大小是指每秒钟内通过导体横截面积的（B）量。
  A. 有功   B. 电荷   C. 无功

262. 当人体触电时间越长，人体的电阻值（B）。
  A. 变大   B. 变小   C. 不变

263. 电气设备保护接地电阻越大，发生故障时漏电设备外壳对地电压（C）。

A. 越低　　　　　　B. 不变　　　　　　C. 越高

264. 测量变压器绕组对地绝缘电阻值接近零值，说明该绕组（C）。
　　A. 受潮　　　　　　B. 正常　　　　　　C. 绝缘击穿或接地短路

265. 在容器内工作时，照明电压应选用（A）V。
　　A. 12　　　　　　B. 24　　　　　　C. 36

266. 当某一电力线路发生接地，距接地点越近，跨步电压（C）。
　　A. 不变　　　　　　B. 越低　　　　　　C. 越高

267. 在带电设备周围进行测量工作时，工作人员应使用（A）。
　　A. 钢卷尺　　　　　B. 线尺　　　　　　C. 加强型皮尺

268. 隔离开关的主要作用是（B）。
　　A. 断开负载电路　　B. 断开无负载电路　C. 断开短路电流

269. 1kV 及以下架空线路通过居民区时，导线与地面的距离在导线最大尺度时，应不小于（B）。
　　A. 5m　　　　　　B. 6m　　　　　　C. 7m

270. 电缆从地下引至电杆、设备、墙外表面或屋外行人容易接近处，距地面高度（C）以下的一段需穿保护管或加装保护罩。
　　A. 1m　　　　　　B. 1.5m　　　　　　C. 2m

271. 变压器停电退出运行，首先应（A）。
　　A. 断开各负载　　　B. 断开高压侧开关　C. 断开低压侧开关

272. 新装和大修后的低压线路和设备对地绝缘电阻不应小于（C）。
　　A. 1MΩ　　　　　B. 0.1MΩ　　　　　C. 0.5MΩ

273. 电器设备未经验电，一律视为（C）。
　　A. 有电，不准用手触及　　　　　　B. 无电，可以用手触及
　　C. 无危险电压

274. 电流互感器的二次侧应（B）。
　　A. 没有接地点　　　　　　　　　　B. 有一个接地点
　　C. 有两个接地点　　　　　　　　　D. 按现场情况不同，不确定

275. 电流互感器二次侧接地是为了（C）。
　　A. 测量用　　　　B. 工作接地　　　C. 保护接地　　　D. 节省导线

276. 重复接地的接地电阻要求电阻值小于（C）Ω。
　　A. 0.5　　　　　B. 4　　　　　　C. 10　　　　　D. 55

277. 互感器的二次绕组必须一端接地，其目的是（B）。
　　A. 防雷　　　　　　　　　　　　　B. 保护人身及设备的安全
　　C. 防鼠　　　　　　　　　　　　　D. 起牢固作用

278. 电力系统电压互感器的二次侧额定电压均为（D）V。
　　A. 220　　　　　B. 380　　　　　C. 36　　　　　D. 100

279. 互感器的二次绕组必须一端接地，其目的是（D）。
　　A. 提高测量精度　　　　　　　　　B. 确定测量范围
　　C. 防止二次过载　　　　　　　　　D. 保证人身安全

280. 电气工作人员在 10kV 配电装置附近工作时，其正常活动范围与带电设备的最

小安全距离是（D）。

    A. 0.2m   B. 0.35m   C. 0.4m   D. 0.5m

281. 电流通过人体最危险的途径是（B）。

    A. 左手到右手   B. 左手到脚   C. 右手到脚   D. 左脚到右脚

282. A级绝缘材料的最高工作温度为（A）。

    A. 90℃   B. 105℃   C. 120℃   D. 130℃

283. 在30Ω电阻的两端加60V的电压，则通过该电阻的电流是（D）。

    A. 1800A   B. 90A   C. 30A   D. 2A

284. 在一电压恒定的直流电路中，电阻值增大时，电流（C）。

    A. 不变   B. 增大   C. 减小   D. 变化不定

285. 正弦交流电的三要素是最大值、频率和（D）。

    A. 有效值   B. 最小值   C. 周期   D. 初相角

286. 我们使用的照明电压为220V，这个值是交流电的（A）。

    A. 有效值   B. 最大值   C. 恒定值   D. 瞬时值

287. 一只标有"1kΩ、10W"的电阻，允许电压（B）。

    A. 无限制   B. 有最高限制   C. 有最低限制   D. 无法表示

288. 交流电路中，某元件电流的（C）值是随时间不断变化的量。

    A. 有效   B. 平均   C. 瞬时   D. 最大

289. 当线圈中的电流（A）时，线圈两端产生自感电动势。

    A. 变化时   B. 不变时   C. 很大时   D. 很小时

290. 运行中的电压互感器，为避免产生很大的短路电流而烧坏互感器，要求互感器（D）。

    A. 必须一点接地   B. 严禁过载   C. 要两点接地   D. 严禁二次短路

291. 隔离开关的主要作用是（C）。

    A. 断开电流   B. 拉合线路   C. 隔断电源   D. 拉合空母线

292. 电气设备外壳接地属于（C）。

    A. 工作接地   B. 防雷接地   C. 保护接地   D. 大接地

293. 线路的过电流保护是保护（C）的。

    A. 开关   B. 变流器   C. 线路   D. 母线

294. 测量额定电压为1kV以上的变压器线圈的绝缘电阻时，必须使用（D）V的绝缘电阻表。

    A. 500   B. 1000   C. 1500   D. 2500

295. 测量10kV以上变压器绕组绝缘电阻，采用（A）V绝缘电阻表。

    A. 2500   B. 500   C. 1000   D. 1500

296. 照明灯具的螺口灯头接电时，（A）。

    A. 相线应接在中心触点端上   B. 零线应接在中心触点端上

    C. 可任意接   D. 相线、零线都接在螺纹端上

297. 电流互感器正常工作时二次侧回路可以（B）。

    A. 开路   B. 短路   C. 装熔断器   D. 接无穷大电阻

298. 电流互感器的二次侧不允许（A）。

A. 开路　　　　　　B. 短路　　　　　　C. 接仪表　　　　　D. 接保护

299. 在 6～10kV 中性点不接地系统中，发生单相接地时，非故障相的相电压将（C）。

A. 升高一倍　　　B. 升高不明显　　C. 升高 1.73 倍　　D. 升高两倍

300. 发现断路器严重漏油时，应（C）。

A. 立即将重合闸停用　　　　　　B. 立即断开断路器

C. 采取禁止跳闸的措施　　　　　D. 不用采取

三、多项选择题

1. 高压设备上工作，必须遵守（ABC）。

A. 填用工作票或口头、电话命令

B. 至少应有两人在一起工作

C. 完成保证工作人员安全的组织措施和技术措施

2. 在电气设备上工作，保证安全的组织措施有（ABC）。

A. 工作票制度　　　B. 工作许可制度　　C. 工作监护制度　　D. 监护人制度

3. 在电气设备上工作，应填用工作票或按命令执行，其方式有（ABC）。

A. 填用第一种工作票

B. 填用第二种工作票

C. 口头或电话命令

4. 填用第二种工作票的工作包括（BCD）。

A. 在停电线路上工作

B. 带电作业和在带电设备外壳上的工作

C. 控制盘和低压配电盘、配电箱、电源干线上的工作

D. 二次接线回路上的工作，无须将高压设备停电者

5. 工作票签发人的安全责任包括（CD）。

A. 工作票上所填安全措施是否正确完备

B. 所派工作负责人和工作班人员是否适当和足够，精神状态是否良好

C. 工作票上所填安全措施是否正确完备

D. 所派工作负责人和工作班人员是否适当和足够，精神状态是否良好

6. 工作许可人（值班员）在完成施工现场的安全措施后，还应（ABC）。

A. 会同工作负责人到现场再次检查所做的安全措施，以手触试，证明检修设备确无电压

B. 为工作负责人指明带电设备的位置和注意事项

C. 和工作负责人在工作票上分别签名

7. 检修工作结束以前，若需将设备试加工作电压，可按下列条件进行（ABC）。

A. 全体工作人员撤离工作地点

B. 将该系统的所有工作票收回，拆除临时遮栏、接地线和标示牌，恢复常设遮栏

C. 应在工作负责人和值班员进行全面检查无误后，由值班员进行加压试验

D. 现场工作人员只要全部停止了工作就可以进行

8. 在全部停电或部分停电的电气设备上工作，必须完成下列措施（ABCD）。

A. 停电　　　　　　　　　　　　B. 验电

C. 装设接地线　　　　　　　　　　D. 悬挂标示牌和装设遮栏

9. 某工人在火车上将粮包搬运到皮带输送机上，当一只手扶住车门框，另一只手触及到皮带机铁架子时，突然触电摔下火车死亡。经查皮带机的金属结构系保护接零，附近有一照明灯，当开关合上后灯不亮，但电压加在零线和皮带机的保护零线上。由于零干线用铜线过渡到铝线，接头处严重氧化腐蚀处于断线状态，当一只手摸皮带机架，另一只手把在货车门框上，电流通过两手及货车和轨道入地回到电源形成通路而触电。事故教训及防范措施包括（ACD）。

A. 由于铜铝接触时产生电化学作用，使之接触不良电阻增大。若采用铜铝两种金属材料连接，应使用过渡性连接材料（如铜铝过渡板）

B. 保护接零效果不如保护接地

C. 零线断线造成中性点位移，三相电压不平衡，不仅能使单相电气设备烧毁，还会危及人身安全。所以零线要牢固安全可靠。

D. 零干线断线，将使断线处以下采取保护接零设备的金属外壳带电，此电压大大超过安全电压，电工要经常进行检查，以免断线。

10. 某变电站值班人员根据工作票，按停电操作顺序于 9 时将 35kV 和厂内各供电线路全部停电。14 时许，值班员甲见线路检修工作票交回（共两项任务，只交回一份，其中还混有另一份以前用过的 35kV 工作票），拆除接地线等安全措施后合上了 35kV 隔离开关。值班员乙不了解一下情况，也跟着将断路器合上，35kV 线路带电。可此线路有人工作，因触电从门型架上摔下，经抢救无效死亡。事故教训及防范措施包括（ABC）。

A. 变电站"两票制度"不落实，工作票管理混乱，将两项工作票当成一项去处理

B. 值班员违反规程，操作时要填写操作票，在模拟盘上演练无误后进行现场操作

C. 操作时要一人唱票一人复诵无误后合闸送电，这起事故的发生是二人同时操作，没按要求去做

D. 工作人应负责，没打招呼。触电人不小心造成的。

11. 驾驶员王某脚穿拖鞋，使用高压水泵冲刷车辆，因电线漏电触电倒地，经抢救无效死亡。经查水泵电源线系临时线，没有架高与地面分离，而绝缘层已破损，使用水泵时导线泡在水中，拖鞋底也破透，造成了触电。事故教训及防范措施包括（CDE）。

A. 使用水泵时间过长

B. 导线不沾水不会触电

C. 水泵电源线要正规铺设，并应装漏电保护器

D. 定期检查电线绝缘情况，发现问题及时整改

E. 使用水泵应戴绝缘手套和穿绝缘靴

12. 电工×× 在整理临时用电线路时，由于现场线路布局杂乱，多处破损并接头外露，没及时处置，因漏电碰触后死亡。事故教训及防范措施包括（ACD）。

A. 应采用绝缘良好的导线，严禁乱架乱拉，接头处按工艺要求做

B. 填写工作票，装设接地线

C. 对临时线路要加强安全管理，严格实行审批手续，使用期限为 15 天，逾期办理手续定人定时日常检查

D. 有可能触及到的线路架空或穿管铺设，电源处装漏电保护器，临时装置安全可靠

13. 工作地点，必须停电的设备有（ABCD）。

A. 检修的设备

B. 与工作人员在进行工作中正常活动范围的距离小于表2规定的设备

C. 在44kV以下的设备上进行工作，上述安全距离虽大于表2规定，但小于表1规定，同时又无安全遮栏措施的设备

D. 带电部分在工作人员后面或两侧无可靠安全措施的设备

14. 带电作业有下列情况之一者应停用重合闸，并不得强送电，（ABC）。

A. 中性点有效接地的系统中有可能引起单相接地的作业

B. 中性点非有效接地的系统中有可能引起相间短路的作业

C. 工作票签发人或工作负责人认为需要停用重合闸的作业

15. 检修高压电动机和起动装置时，应做好下列安全措施（ABCD）。

A. 断开电源断路器（开关）、隔离开关（刀闸），经验明确无电压后装设接地线或在隔离开关（刀闸）间装绝缘隔板，小车开关应从成套配电装置内拉出并关门上锁

B. 在断路器（开关）、隔离开关（刀闸）把手上悬挂"禁止合闸，有人工作！"的标示牌

C. 拆开后的电缆头须三相短路接地

D. 做好防止被其带动的机械（如水泵、空气压缩机、引风机等）引起电动机转动的措施，并在阀门上悬挂"禁止合闸，有人工作！"的标示牌

16. 触电伤员呼吸和心跳均停止时，应立即按心肺复苏法支持生命的三项基本措施，正确进行就地抢救（ABC）。

A. 通畅气道　　　　　　　　　B. 口对口（鼻）人工呼吸

C. 胸外按压（人工循环）

17. 陈某清理场地时，由于电焊机绝缘损坏使外壳带电，使在电气上联成一体的工作台也带电，当其手与工作台接触即发生了触电事故。由于电焊机接地线过长，清扫场地时被断开，失去保护造成单相触电。事故教训及防范措施包括（BCD）。

A. 电焊机电源线装熔断器进行保护

B. 电焊机外壳接地（或接零），保护线要经常检查，安装牢固，不能被折断

C. 电源线处装漏电保护器

D. 装RCD后，保护接地（或接零）不能撤掉

18. 王某使用的扩大机用220V电源供电，导线用的三芯软线，无插头，将三根芯线中的保护接地线与工作零线拧在了一起，然后将两个线头捅到两孔插座里，接通了扩大机电源，扩大机外壳有电，话筒线外层是金属网状屏蔽线，话筒也有电，王某脚穿绝缘鞋手拿话筒，当接触到铁梯子时，由于铁梯接地良好，王某两只手经铁梯构成了电的路径，瞬时倒地触电而亡。事故教训及防范措施包括（ABD）。

A. 接地保护线不能与工作零线联结在一起，王某就是在零线插到插座相线孔，造成地线带电

B. 电源线使用插头，保护接地线单独接地

C. 穿绝缘靴可以防止触电，或踏在木板上也可

D. 使用二芯导线做电源线，扩大机外壳另用导线接地

19. 特种作业人员必须持双证上岗，即特种作业（BD）证。

    A. 合格　　　　　　B. 资格　　　　　　C. 上岗　　　　　　D. 操作资格

20. 从业人员应当具备的基本职业道德包括（AC）。

    A. 爱岗、尽责　　　B. 文明、礼貌　　　C. 文明、守则

    D. 保证质量　　　　E. 严格、守则

21. 对从事特种作业人员的身体条件要求是身体健康。无妨碍从事本工种作业的（AC）缺陷。

    A. 疾病　　　　　　B. 心理　　　　　　C. 生理　　　　　　D. 性格

22. 下列（BDFGH）做法属不安全行为。

    A. 工作前戴好手套，穿好绝缘鞋和工作服

    B. 用手推、拉电源闸刀

    C. 工作前检查设备、工具的绝缘层及接地，接零是否良好

    D. 将焊钳夹在腋下去搬弄焊件

    E. 在检修焊机、更换熔丝、改变极性时先切断电源

    F. 衣服潮湿时，倚靠在工作台上休息

    G. 为腾出手将电缆绕挂在脖颈上

    H. 利用厂房的金属结构，将管道或其他金属搭起来作为导线使用

23. 使触电者尽快脱离低压电源的方法可选择（AB）。

    A. 就近拉闸　　　　　　　　　　B. 用绝缘工具剪断电源线

    C. 通知供电部门拉闸　　　　　　D. 用手拉开电线

24. 影响电流对人体伤害严重程度的因素有（ACDEF）等。

    A. 电流的大小　　　　　　　　　B. 通电形式

    C. 电流通过人体的途径　　　　　D. 电流的种类和频率

    E. 触电者的身体健康状况　　　　F. 通电的时间

    G. 触电者的重视

25. 正确的按压位置是保证胸外按压效果的重要前提。确定正确按压位置的步骤：（ABC）。

    A. 右手的食指和中指沿触电伤员的右侧肋弓下缘向上，找到肋骨和胸骨接合处的中点

    B. 两手指并齐，中指放在切迹中点（剑突底部），食指平放在胸骨下部

    C. 另一只手的掌根紧挨食指上缘，置于胸骨上，即为正确按压位置

附录

附表 1　　　　常用建筑图例符号

图例	名称	图例	名称
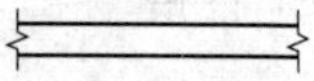	普通砖墙		自然土壤
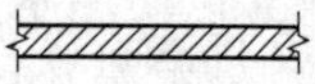	普通砖墙		砂、灰土及粉刷材料
	普通砖柱	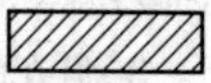	普通砖
	钢筋混凝土柱		混凝土
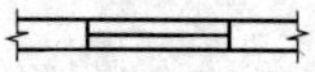	窗户		钢筋混凝土
	窗	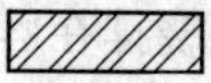	金属
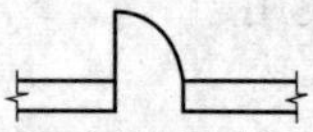	单扇门		木材
	双扇门	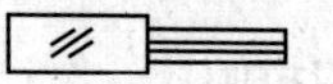	玻璃
	双扇弹簧门	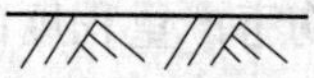	素土夯实
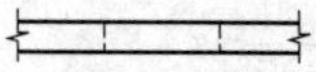	不可见孔洞		空门洞
	可见孔洞		墙内单扇推拉门
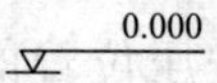 0.000	高程符号（用 m 表示）		污水池
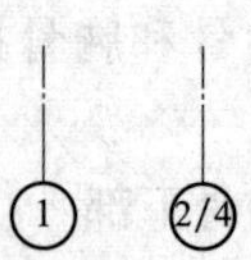 ① 2/4	轴线号与附加轴线号	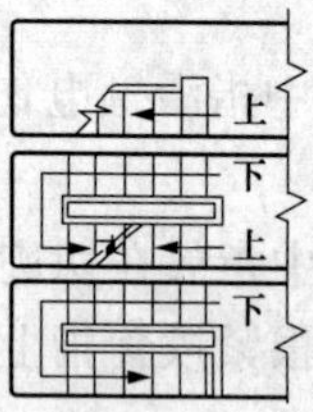	楼梯底层中间层顶层

附表 2　　　　常用电器分类及图形符号、文字符号

分　类	名　称	图形符号文字符号	分　类	名　称	图形符号文字符号
A 组件部件	起动装置	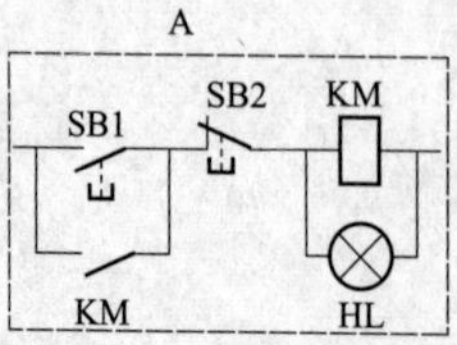 （SB1 SB2 KM KM HL 电路图）	B 将电量变换成非电量，将非电量变换成电量	扬声器	 B（将电量变换成非电量）
				传声器	 B（将非电量变换成电量）

续表

分　类	名　称	图形符号文字符号	分　类	名　称	图形符号文字符号
C 电容器	一般电容器	⊣⊢C	H 信号器件	信号灯	⊗ HL
	极性电容器	⊣⊢C	I		（不使用）
	可变电容器	⊣⊢C	J		（不使用）
D 二进制元件	与门	D &	K 继电器，接触器	中间继电器	KA KA
	或门	D ≥1		通用继电器	KA KA
	非门	D		接触器	KM KM
E 其他	照明灯	⊗ EL		通电延时型时间继电器	KT 或 KT / KT KT 或 KT KT
F 保护器件	欠电流继电器	I< FA			
	过电流继电器	I> FA		断电延时型时间继电器	KT 或 KT / KT KT 或 KT KT
	欠电压继电器	U< FV			
	过电压继电器	U> FV	L 电感器，电抗器	电感器	L （一般符号） L （带磁芯符号）
	热继电器	FR FR FR FR FR			
	熔断器	FU		可变电感器	L
G 发生器，发电机，电源	交流发电机	G ∼		电抗器	L
	直流发电机	G			
	电池	GB	M 电动机	鼠笼型电动机	U V W M 3∼
H 信号器件	电喇叭	HA			
	蜂鸣器	HA HA 优选形　一般形			

263

续表

分 类	名 称	图形符号文字符号	分 类	名 称	图形符号文字符号
M 电动机	绕线型电动机	U V W M 3~	Q 电力电路的开关器件	刀熔开关	QS
	它励直流电动机	M		手动开关	QS QS
	并励直流电动机	M		双投刀开关	QS
	串励直流电动机	M		组合开关旋转开关	QS
	三相步进电动机	M		负荷开关	QL
	永磁直流电动机	M	R 电阻器	电阻	R
N 模拟元件	运算放大器	▷ ∞ N + +		固定抽头电阻	R
	反相放大器	N ▷ I + −		可变电阻	R
	数—模转换器	#/U N		电位器	RP
	模—数转换器	U/# N		频敏变阻器	RF
O		（不使用）	S 控制、记忆、信号电路开关器件选择器	按钮	E E SB
P 测量设备，试验设备	电流表	PA A		急停按钮	SB
	电压表	PV V		行程开关	SQ
	有功功率表	kW PW		压力继电器	SP
	有功电度表	kWh PJ		液位继电器	SL SL SL SL
Q 电力电路的开关器件	断路器	QF		速度继电器	SV SV SV
	隔离开关	QS		选择开关	SA
				接近开关	SQ
				万能转换开关，凸轮控制器	SA 2 1 0 1 2

分　类	名　称	图形符号文字符号	分　类	名　称	图形符号文字符号
T 变压器 互感器	单相 变压器		W 传输通道， 波导，天线	导线，电缆， 母线	W
	自耦变压器	 形式1　形式2		天线	W
	三相变压器（星形/三角形接线）	 形式1　形式2	X 端子插头插座	插头	XP 优选型　其他型
				插座	XS 优选型　其他型
	电压互感器	电压互感器与变压器图形符号相同，文字符号为 TV		插头插座	X 优选型　其他型
	电流互感器	TA 形式1　形式2	X 端子插头插座	连接片	断开时 接通时　XB
U 调制器 变换器	整流器	U	Y 电器操作的机械器件	电磁铁	或 YA
	桥式全波整流器	U		电磁吸盘	或 YH
	逆变器	U		电磁制动器	YB
	变频器	U		电磁阀	或 或 YV
V 电子管 晶体管	二极管	V	Z 滤波器、限幅器、均衡器、终端设备	滤波器	Z
	三极管	V　 V PNP型　　NPN型		限幅器	Z
	晶闸管	V　 V 阳极侧受控　阴极侧受控		均衡器	Z